レイテ沖海戦〈新装版〉

半藤一利

PHP文庫

○本表紙図柄＝ロゼッタ・ストーン（大英博物館蔵）
○本表紙デザイン＋紋章＝上田晃郷

レイテ沖海戦〈新装版〉

●目次●

プロローグ

昭和十九年（一九四四）十月に戦われたレイテ沖海戦は、史上最大の海戦であった。字義どおり空前にして絶後、恐らく、世界最後の艦隊決戦になるであろう。北は沖縄から、南はフィリピン南端を洗うセレベス海におよび、東はサマール島沖合から、西はパラワン水道にいたる広大な戦場で、艦艇（駆逐艦以上）百九十八隻、飛行機二千機が敵味方に分かれ、レイテ湾に入った七百隻以上の艦艇および輸送船、レイテ島に上陸した十万数千名のマッカーサー軍を焦点として、死闘を繰り返した。

連合艦隊は、どんな犠牲を払ってもフィリピンに米軍を上陸させてはならぬ。上陸させたら日本本土の生命線は絶たれる。上陸を阻止するためには艦隊をすり潰しても悔いはないと、惨(さん)たる決意を固めた。なぜ、これほどまでに追いつめられたのか。そのことを知るためには、少しく歴史を溯(さかのぼ)ってみなければならない。

昭和十九年六月十九日から二日間にわたって戦われたマリアナ沖海戦（あ号作戦）で、連合艦隊は雌伏二年余で鍛え上げた全戦力を投入、サイパン島上陸の米軍に海空決戦を挑み、完敗した。マリアナ諸島は、十八年九月の御前会議によって、日本軍が全力を傾け尽くして防衛線を築いた最重要拠点である。それを失うことは、日本が戦争をつづけていくこと自体に、最大の打撃を受けることであった。いや、その戦いに敗れたのは、戦争における日本の勝利は完全になくなったことを意味している。ことは、深刻そのものとなった。

連合艦隊参謀長だった草鹿龍之介少将（のち中将）が戦後に記したように、「あ号作戦以後の戦いは出たとこ勝負で、敵が攻めかかって来たら、所在の陸海軍の全力を挙げてこれに反撃を加え、全面的に展開している航空部隊をこれに集中し、機会があれば水上艦隊の全力を挙げてこれに突入」（『連合艦隊』）して戦うほかはないところにまで追い込まれたのである。

その水上戦闘部隊（第二艦隊）は栗田健男中将指揮のもと、敗北のマリアナ海域から蹌踉として日本本土に引き揚げてきた。戦艦大和・武蔵以下の戦艦七、重巡十三、軽巡六、駆逐艦三十一隻、堂々たる戦力である。暗い戦局の中にそこだけ晴れ間がのぞいたように、巨砲は虚空を睨んで艨艟（軍艦）は健在である。しかし、日本本土には重油がない。やむなく軍令部総長が指示した。

「水上部隊はリンガ泊地（スマトラ東南岸）に行って、そこで十分に訓練に励んでいてもらいたい。内地には燃料がない。作戦方針はいずれ決定次第、通知する」

命ぜられて栗田艦隊の主力が、来るべき戦闘のために針鼠のように対空火器を積んで、瀬戸内海からリンガ泊地に向けて出港したのが七月八日である。その時点で栗田長官をはじめ第二艦隊の将兵は、誰一人として、次の戦闘が狭い港湾への殴り込みになるなどと、考える者はいなかった。栗田艦隊がリンガ泊地に無事に着いたのは、七月十六日である。

その五日後の七月二十一日、大本営は開戦いらい初めて陸海軍部が合同で研究し、次期の「作戦指導大綱」を決定した。それは、決戦にさいしては「空海陸の戦力を極度に集中し、敵空母及輸送船を所在を求めてこれを必殺す」るというのである。海軍側はなお、伝統的戦術ともいうべき敵機動部隊撃滅に固執したが、陸軍側の主張する「船団を撃滅することによって、米軍の人命を徹底的に奪い、その戦意を破砕することもできる」案に、相当以上に了解せざるをえなかったのである。

七月二十六日、大本営海軍部は連合艦隊司令長官に指示を発し、次期作戦名を通達する。戦勝を呼び込むための象徴として「決戦を捷号作戦と呼称し」、敵の来攻が予期される決戦正面の区分を次のように定めた。

捷一号　比島方面
捷二号　九州南部、南西諸島及台湾方面
捷三号　本州・四国・九州方面及情況により小笠原諸島方面

捷四号　北海道方面

さらに翌二十七日、軍令部総長官邸で図演の研究会が開かれ、海軍中央は実に連日にわたっていざ決戦への気構えを強めていった。ところが、この研究会で、大本営および連合艦隊の作戦方針に向けて、第一線の各部隊首脳陣から不満と批判とがいっせいに噴き上がってきた。

それは、攻撃目標を輸送船団とすることにたいするものであった。また、一部は水上艦隊の使用法、殴り込み戦法にたいするものであった。

しかし八月四日、反対意見に動かされることなく、連合艦隊は麾下の全部隊に正式に「捷号作戦要領」を発令した。最後の決戦は、この要領に準拠する。それは、既定の作戦方針を変更せずそのままに堅持するものである。

原資料はいま残ってはいないが、その骨子は、

(イ)第一、第二航空艦隊（基地航空部隊）は比島に集中する。敵が輸送船団を伴わず機動空襲を仕掛けてきた場合は、機略に富む簡単な奇襲をかけるだけで、極力兵力の損耗を避ける。そして、敵上陸時を捉え全力決戦をかける。ただし敵を撃滅しうる戦機を捉えた場合には、敵空母を捕捉撃滅することがある。

(ロ)水上部隊（栗田艦隊）は特命によって出撃する。そして敵上陸二日以内に、航空撃滅戦に策応して敵上陸点に突入する。機動部隊本隊（小沢艦隊）と第二遊

撃部隊（志摩艦隊）はおおむね敵を北方に牽制する。

というこ とにあった。つまりは、捷一号作戦の主体はあくまで基地航空戦力であり、これで敵機動部隊および輸送船団を撃滅するというものである（註＝攻撃目標が輸送船団には変わりなし）。それ以前に、敵の陽動攻撃に誘い出され、基地航空兵力を潰されては、捷一号作戦が水泡に帰すゆえに、極力温存を図るとした。そして敵の上陸時点を狙って全戦力集中の猛攻をかける。

水上部隊は空からの攻撃に策応して上陸地点に突入、輸送船団を撃滅する（註＝殴り込み）のである。そこには頑固なまでの、豊田連合艦隊司令長官の意思が貫き通されている。

豊田副武（とよだそえむ）、大分県出身、海軍兵学校三十三期、当時六十歳。人並み外れた頑固な気骨をもって鳴る提督である。その人柄に円転滑脱（えんてんかつだつ）な面は毫（ごう）もなく、悪く言えば傲（ごう）岸（がん）不遜、その面構えぴたりの容赦のない厳格な精神の持ち主。闘志満々、攻撃一本槍。しかし、その風貌姿勢にある積極攻撃性とは裏腹に、保守的な、正攻法な戦術を信条ともしていた。

こうして連合艦隊司令長官の確たる決意によって、最後の決戦構想は策定されたのである。「作戦要領」が謳（うた）い上げるように、あとは各艦隊司令長官が「森厳（しんげん）なる統帥に徹し、必勝不敗の信念を堅持し、指揮官陣頭に立ち、万策を尽してこの一戦に敵の必滅を期する」のみである。

しかし、敵を必滅するのは、一片の命令書ではない。人間そのものがすることである。万策を練り、戦闘を指揮し、決断を下すのは指揮官その人の人間性なのである。どんなに強大で、精緻なメカニズムを誇る軍隊があっても、戦うものは人である。そこには人本来の過誤、油断、疲労、迂闊さ、そして不信や不手際がつきまとう。誤りは組織の誤りではなく、すべて人の判断なのである。転瞬の間に事の決する戦場においては、特に然りであろう。

捷一号作戦において水上部隊を指揮するのは、栗田健男（第一遊撃部隊主力）、小沢治三郎（空母部隊）、西村祥治（第一遊撃部隊別働隊）、志摩清英（第二遊撃部隊）の四人の中将である。かれらは多くの部下を率い、戦術上ほとんど勝算皆無に等しい作戦に、能否を超えて捨て身にならねばならぬことを命令された。

それだけに、作戦を巧妙に実行すべく緊密な連繋プレーが重要であった。連合艦隊司令長官を含め、指揮官相互の、互いの任務にたいする正確な認識とともに、深い信頼感がなければならなかった。だが現実は、かならずしもぴったりとはいっていなかった。

たとえば栗田中将である。作戦要領発令時に、他の三人の指揮官は日本内地にあったから、連合艦隊の作戦目的を十分に理解できたであろう。しかし、栗田中将は遠くリンガ泊地にあった。

　そして、栗田中将麾下の第一戦隊司令官宇垣纒中将の日誌『戦藻録』にあるように、栗田艦隊は「ただ漫然と努力せよとて人間の本当の力は出せざるよう」な訓練を闇雲につづけながら作戦計画の到着を待ち望むという、疎外された状況下に長く置かれていた。将兵の中央にたいする不信不満はかなりのものがあった。

　そこへ八月四日、作戦要領が電命され、相次いで連合艦隊より詳細なる作戦打ち合わせのために参謀が飛来するとの報も届いた。栗田艦隊司令部にとって、それこそは旱天の慈雨に等しかったから、少なくとも連合艦隊参謀長の飛来があり、十分な説明があるであろうと期待した。ところが、マニラでの会議の席でかれらが見たのは、作戦参謀の神重徳の精悍そのものという面構えだけであった。

　当然のことのように栗田司令部は、自分たちを軽視するような連合艦隊司令部の処置に不快を抱き、ムクれた。このために、八月十日（と定説ではなっている）のマニラでの会議では、「殴り込み」による輸送船団撃滅という基本認識と、はるかに離れた結論へと導き出されていった。

「次の作戦はあくまで基地航空兵力による撃滅戦だが、もちろん、水上部隊も使用する。栗田艦隊はあらかじめブルネイ湾に前進待機する。そして命令一下出撃し、敵輸送船団を洋上に捉えて撃滅する。もし手遅れになり、敵がすでに上陸を開始した場合には、可及的速やかに上陸地点に殴り込み、上陸部隊を撃滅し進攻意図を粉砕する。つまり、比島を絶対に敵に渡さぬということである。海上部隊の突入は遅くとも上陸開始二日以内とし、航空撃滅戦はその二日前から敢行される」

この神参謀の説明に、栗田艦隊の参謀長は驚倒した。大和・武蔵以下艦艇三十九隻の虎の子の戦闘部隊に、敵主力撃滅を目標とせず、輸送船を相手に海軍掉尾(とうび)の戦いをせよという驚天動地の命令なのである。木っ端のような輸送船と刺し違えて、全艦艇を潰してもかまわぬというのか。不幸全滅するも敵主力に容易ならざる損害を与えてこそ、最終決戦に死に花を咲かせることであり、男子の本懐ではないのか。そのために日本海軍は営々として軍備を整え、作戦を練り、兵員を鍛えてきたのではないのか。

そうした参謀長らの抗議にたいして、神参謀は無情にも言い放った。

「比島を奪われては南方資源地帯との連絡を絶たれ、帝国は自滅あるのみです。どんな大艦隊を擁しようが動けなくては宝の持ち腐れとなる。比島を確保するためのこの一戦に、連合艦隊をすり潰してもあえて悔いはない。これが長官のご決心です」

「よし、よくわかった。連合艦隊司令長官がそれほどの決心をしておられるなら、

それ以上いう必要はない」と参謀長は答えた。だがつづけて、

「しかし、突入作戦は簡単にできるものではない。阻止すべく敵機動艦隊が現れ、輸送船団か敵主力部隊か、二者いずれを選ぶべきやに惑う場合は、輸送船を捨てて、敵主力撃滅に専念するが、それで差し支えないな」

と問い質した。これにたいして神参謀は「差し支えありません」と答えた、ということになっている。参謀長の戦後の手記（小柳冨次『栗田艦隊』）には確かにそう書かれている。

これでは決死の作戦計画に〝例外事項〟が紛れ込んだような感がある。神参謀ははたしてそう確言したのか。作戦の細部については実施部隊の自由裁量に任すのが日本海軍の通例であったとしても、攻撃目標と攻撃目的とは作戦の根幹に関わる大事である。少なくとも、神参謀が承知したのは、いざとなれば敵主力艦隊も攻撃するという〝精神〟であり、いやしくも基本の作戦計画の変更ではなかった。しかし、参謀長がとっさに理解したのは、海軍伝統の艦隊決戦第一主義の確認を連合艦隊から得た、ということであった。つまり例外事項の承認であった。

結論をさきにいえば、この例外事項の承認という誤断が戦闘に悲劇をうむことになる。ギャップを埋めぬまま出撃し、レイテ沖で栗田艦隊は、なんとも割り切れない、もどかしい行動をとりつづける。そして結果として戦いは敗れ、連合艦隊はそ

の姿を水上より完全に没するのである。

その総指揮官の栗田健男、茨城県出身、海軍兵学校三十八期、当時五十五歳。海軍生活三十四年のうち陸上勤務は約九年間だけ。専門は水雷、ひたすら駆逐艦・巡洋艦乗りで終始した根っからの〝船乗り〟提督である。武骨な、不言実行を信条とした潮臭い荒武者の評が高いが、開戦いらいその戦闘指揮ぶりには、なぜか優柔不断の陰翳（いんえい）がまとわりついている。ややもすると戦場より後退することが多かった。

そして、その栗田中将の戦闘指揮の消極性を、過去においてたっぷり味わわされていたのが、あ号作戦における小沢治三郎中将であった。航空戦に敗れた小沢中将が、最後の手段として第二艦隊に命じた夜戦にたいし、栗田部隊はきわめて消極的であったのである。なにかと理窟をつけ、ついに実行されることなく終った。

のちに、小沢中将は痛烈きわまる皮肉を放ったという。

「もし自分が連合艦隊司令長官として現場に来ていたのであったとすれば、二十日夜、全部隊を率いて徹底的に夜戦をやったであろう」

消極的でありすぎる栗田中将にたいする不満であるとともに、それは決戦の陣頭に立とうとはしない連合艦隊司令長官豊田大将にたいする激越な批判でもあった。

小沢治三郎、宮崎県出身、海軍兵学校三十七期、当時五十八歳。水雷出身ながら航空戦略に早くから着眼、機動部隊編成を具申し、近代海戦の基本を構想した。豪放な外見とは別に慎重であり、戦略眼・戦術眼ともに独創的であり、積極的であった。意思決定に幕僚の補佐を必要としない稀な提督であったが、それだけに自分の戦略戦術にたいしては強固な自信をもち、不屈、剛直すぎる一面をもっていた。この小沢の剛直さが、捷一号作戦をめぐって「なぜ連合艦隊司令長官が陣頭に立たないのか」と、豊田の頑固さとしばしば正面衝突をつづけていた。

酷評をあえてすれば、敗れれば連合艦隊消滅を覚悟したほどの決戦、しかも作戦実行上に、また精神的にも、緊密な連繋なくしては万に一つの成功を期しえぬ流動的な水上の決戦に、主将たちは互いに〝不信〟と〝不満〟と〝頑固さ〟とを抱いて臨んだ、としか思えないのである。

豊田大将と小沢中将は明らかに「栗田不信」を胸裡に秘めている。連合艦隊と栗田艦隊との打ち合わせがただの一回、というのはその証しである。豊田は総指揮を栗田ではなく、小沢にとらせるつもりでいた。小沢は、最後の決戦の指揮は栗田にはまかせられない、豊田自身がとれと頑固にいいつづけた。結局は、豊田と小沢の対立は、栗田不信に根ざしていた。

しかし、海軍首脳のさまざまな思惑と議論よりさきに、戦局のほうが猛烈なスピードで動いてしまった。

九月中旬、ハルゼイ大将指揮の米大機動部隊の空襲で、比島中南部に展開していた決戦主力の基地航空部隊が大打撃を受ける。九月下旬のルソン島空襲でさらに叩かれ、基地航空部隊二つの主力の一つである第一航空艦隊は、戦力を完全に失うという悲惨に直面する。輸送船団を伴わない敵機動部隊の攻撃には、基地航空兵力は攻撃をひかえ、温存せよという作戦方針が裏目に出たのである。

敵機動部隊の攻撃をまず躱し、戦機を捉えて集中攻撃するという手前本位な捷一号作戦計画は、圧倒的で、素早い機動が自在の米軍の大空襲作戦を前に、あまりにも無力であった。つぎつぎと基地にいるところを奇襲されて、第一線航空戦力は飛び立たぬまま消耗させられた。

じり貧は我慢がならない。基地に秘匿して叩き潰されるより、好機とみて徹底的に攻撃したほうが作戦的に有利ではないか、とする攻撃精神が基地航空部隊に台頭しはじめた。そのときに、ハルゼイ大将指揮の機動部隊が沖縄、そして台湾を襲ったのである。

十月十二日より十五日までの四日間、〝ハルゼイ台風〟にたいして連合艦隊は「捷一号作戦発動」を令し、ついに基地航空部隊全力による航空撃滅戦を敢行してしまった。敵は輸送船団を伴わぬ機動部隊であったが、容赦はならぬ。やられっ放しは許せないとばかりに、全航空部隊はまなじりを決したのである。温存も輸送船団もへちまもない。台湾沖で熾烈な戦闘が展開され、陸軍航空部隊も魚雷を抱いて出撃した。

大戦果が報告された。最終的に「空母十九隻、戦艦四隻など撃沈破四十五隻」となった戦勝である。折から前線基地の視察と激励をかねて、豊田は台湾の航空基地にあった。米軍機の乱舞する下にあって、はらわたを煮えくり返らせていた豊田が、重なる戦果報告に躍動した。大将の剛直さが全軍に大号令を発せしめた。

「豊田大将が風呂上がりで、石鹼の匂いをプンプンさせながら、浴衣がけと草履ばきで作戦室に入ってきた。しばらく作戦図を見ていたが、やがて『追撃だ、追撃！』と独り言のように口走った……」

当時の基地航空部隊参謀であった人の証言である。

この連合艦隊司令長官の「追撃命令」が、水上部隊レイテ湾突入の指揮権をめぐっての豊田・小沢論争に、一挙に決着をつけた。連合艦隊が、小沢中将麾下の、猛訓練を重ねることでようやく航空兵力たらんとしている空母航空戦隊にも、出動を命じたからである。

しかし、これを出して基地航空部隊の指揮下に入れ突撃させれば、今度こそ日本の機動部隊は完全に無戦力となる。小沢部隊の作戦参謀は、思わず秘密電話に怒声を放り込んだのである。

「小沢中将は、比島にたいする爾後の敵の本格的上陸作戦がはじまったとき、空母部隊の出撃を連合艦隊司令長官が断念しているのか、確かめよといっている。さもなくば、せっかく母艦発着訓練までやった航空隊を、基地作戦で潰したくはない、という強い意向だ」

受話器の向こうから甲高い神参謀の鹿児島弁が響く。

「敵機動部隊を叩く好機は、戦果が大いに上がっているいまなのだ。この戦機に全力を集中するのが、連合艦隊の方針である。もちろん、つぎの作戦には、母艦部隊を使用する考えはない！」

こうして小沢中将が丹精を込めて錬磨しつつあった母艦飛行機隊は、内地の各基地から沖縄へ向けて飛び立った。

ところが、なんたることか、台湾沖の航空撃滅戦の戦果はすべて誤報であったのである。冷静になってその後に戦果を検討した軍令部と連合艦隊は、空母四隻程度の撃沈と心細く判断した。しかも、その直後の十月十七日、スルアン島上陸を皮切りとする米軍のレイテ島進攻の本格的大上陸作戦が開始されたのである。なんと不運なことであることか。

米艦載機千四百にたいして、日本軍は陸海軍機を合わせて決戦当日の実働機は百十二にすぎない。後詰めを加えてあと九十機余が精いっぱいである。ハルゼイ大将の一連の空襲と、台湾沖航空撃滅戦とによる日本軍の損失は、合計七百機以上に上っていた。これでは、敵の比島上陸を迎え撃ち、基地航空全兵力による輸送船団撃滅、という捷一号作戦の基本戦略は一片の紙きれとなる。「作戦要領」の実行はもう完全に不可能である。といって、改めて作戦方針の策定などしている余裕はない。

残された主要な戦力は、栗田中将指揮の水上部隊のみである。よし、その殴り込みによる上陸地点突入だ、これに万事を託そう――。

だが当然のことに、制空権のないところに水上部隊を進撃させることは無謀である。そのことは言われなくともわかっている。しかし、「作戦要領」を策定したときにすでに全滅か全勝かを賭したのである。その後に重大な情況変化が現れ、航空戦力のほとんどを消失し、作戦計画は崩壊し去ったが、それが何だというのか。いまになって、何の逡巡のあるものか。水上部隊を出撃させ、捷一号作戦を規定方針どおり実施するという海軍中央の烈々たる闘志がほとばしった。いまさら計画の全面見直しなど必要とはしない。

いわんや、水上部隊指揮官に人を得ていないのではないか、などという懸念は吹き飛んでしまった。大和・武蔵をまっしぐらに上陸点目指して殴り込ませる。艦隊特攻である。この殴り込み作戦計画でいまや海軍中央は激震した。作戦当事者はみずからを騙し、作戦指導はおのずから狂いに狂っていかざるをえない。

小沢司令部の作戦室に、ふたたび神参謀の確信のある鹿児島弁が躍り込んできた。

「小沢部隊もただちに出動、栗田部隊のレイテ湾突入に策応して、作戦計画どおり敵機動部隊を北方に牽制してもらいたい」

小沢司令部の参謀の怒髪は天を衝いた。

「戦力のほとんどない空母部隊に北方に牽制もないもんだ。ハダカで何ができるというのか。それにカラの空母は出さぬという約束だったではないか」

神参謀の返事は冷たく、無情に響いた。

「新情勢に応ずるため全力を尽くす必要があるのだ。小沢部隊にはオトリになってもらう」

これを耳にした参謀は唖然とした。が、小沢中将は、何もかも見通していたかのように、参謀の報告にも動じなかった。

「それが必要というなら、やろうじゃないか」

もう一人、「それが必要というなら」ということで、〝鬼〟となる覚悟をきめている提督がいた。大西瀧治郎中将である。可動機わずか三十機となった第一航空艦隊司令長官の内命をうけ、十月十九日夕刻、最前線の比島マラバカット基地に姿をみせた大西は、前任者との引きつぎをすることもなく、悲壮な決意を固めていた。この基地に布陣している二〇一航空隊（戦闘機隊）の五人の幹部が、大西をとり囲んだ。

しばらく黙然としていた大西中将が、全員を睨むように眺めわたしてから、最初に口を切った。とにかく、捷一号作戦すなわち栗田艦隊のレイテ湾突入はぜひとも一航艦（第一航空艦隊）としても成功させねばならぬ、と強調した後、

「小沢艦隊の艦載機は台湾沖航空戦に出撃し、戦力はないにひとしい。そのため、一航艦としては敵機動部隊を叩いて、少なくとも一週間くらい、その甲板を使えないようにする必要があると思うのだが……」

二〇一空副長・玉井浅一中佐にもその理論はすぐ首肯できた。戦局挽回のため、あえて行う艦隊特攻であり、なろうことなら、基地航空部隊としては、全力をあげて直衛、さらには協同攻撃を実現せねばならぬところである。しかるに機足らず、人また足らず、可動機数わずか手もちの三十機。六〇キロの小型爆弾二発をもつ戦闘機三十機で何ができるというのか。

玉井中佐の刺すような視線は、鋭く中将を射ていた。同席する猪口力平一航艦参謀をはじめ、吉岡忠一参謀、指宿、横山両飛行隊長またしかりである。

それらの視線をはねかえさんばかりに、眼にぐっと力を入れ、しかし、言葉は静かに大西は語りついだ。

「それには……零戦に二五〇キロ爆弾を抱かせての体当たり戦法によるよりほかに、確実な攻撃法もなく、戦勢挽回の手段はないと考えるのだが……」

血の流れがとまったようであった。誰も答えるものはなかった。眼を伏せ、粛然と息をのむなかに、ひとり大西中将だけが昂然と頭を上げていた。

レイテ沖海戦はここに幕をあける。栗田艦隊は西村艦隊をともない、リンガ泊地よりボルネオ島のブルネイ湾に進出した。小沢〝おとり〟艦隊も十月二十日に、栗田艦隊がブルネイ湾に集結したころ、日本本土から比島沖に向けて出撃した。日本海軍の最後の渾身の力がレイテ湾に向かって刻々と絞られていった。恐るべき物理的なエネルギーの集中である。それはまた、ひたすらに敵撃滅に凝結した意思と悲願、つまりは精神のエネルギーの集中というものでもあった。

出撃 〈十月二十二日〉

「われわれは誓って生還は期さない」

長門（ながと）
戦艦。昭和19年（1944）、ブルネイにて〈資料提供：大和ミュージアム〉

1

「立錨」

伝令が、錨甲板からの電話を復唱する。

出撃である。揚錨機が重々しく回りはじめる。錨鎖が一リンク、一リンクずつ劃然として巻き揚げられた。艦の頭脳というべき艦橋と、手足となる各部の指揮官の間に、命令と指令と報告とがいりみだれて交叉し、艦内は、秩序正しくも騒然たる動きを見せはじめた。

十月二十二日午前八時。日曜日、曇。

将兵二万五千は決められた配置についている。栗田健男中将の坐乗する第二艦隊の旗艦愛宕の檣頭に出撃を告げるブルーの旗旒信号がするするとあがり、バルブが開かれ、蒸気がタービンに送られ、各艦のスクリューが紺碧の水を蹴りはじめた。ラッパの音が湾内に流れ、巨艦群はゆるやかに作動をおこした。

第二水雷戦隊の旗艦能代（軽巡）を嚮導艦として、駆逐艦八隻が軽快に波を蹴立てて進撃する。愛宕・高雄・鳥海・摩耶の重巡第四戦隊。その後に妙高・羽黒の重巡第五戦隊、そしてあとにつづいて戦艦大和、武蔵、さらに帝国海軍を象徴する戦艦長門の第一戦隊の三巨艦が、ゆるぎない自信を満身にたたえながら航進した。三戦艦が錨地を動きだしたころ、蜿蜒たる単縦陣を形づくった栗田艦隊第一部隊先頭の軽巡能代はブルネイ湾口を出て、敵潜水艦に対する警戒を厳にしながら右に回頭しはじめている。目ざすはレイテ湾。さかんなる出撃行である。出撃する第一、第二部隊を、戦艦山城、扶桑を中心とする第三部隊（西村艦隊）の将兵たちが見送っていた。その数七隻の艦隊。かれらは登舷礼式で次々と湾を出ていく栗田艦隊に火を吹くような視線を送った。作戦計画によれば、栗田艦隊は北方航路をとって目標であるレイテ湾まで一二〇〇浬の航程をつき進む。速力の劣る西村艦隊は後発し、南方航路八〇〇浬を突破、相呼応して同じレイテ湾に殴り込む。送るも送られるも、航路こそ違え、やがては同じ戦場へ、時を同じくして突入する。それまでのしばしの別れなのである。

栗田艦隊の旗艦である重巡愛宕の右舷高角砲機銃群指揮官・高橋準少尉は、いい知れぬ心の高まりを覚えながら、送別の帽振れを受け止めている。手すきのものが手を振り帽子を振るだけの海の男同士の別れであった。それが淡々とし無言であるだけに、高橋少尉の心を動かした。自分自身のうちに生命そのものの深い鼓動が脈うつのをかれは感じた。かりに、レイテ湾口で再会し得たとして、果たして艦隊三十九隻の全将兵が無傷のままに攻撃できるかどうか。

二十歳の高橋少尉は、同じ艦隊に配乗された幾人もの同期生の少尉の顔を思い出していた。前日の夕刻、愛宕艦上で艦隊幹部による最後の作戦打ち合わせがあったとき、少尉は舷門で戦隊司令官や各艦艦長を出迎え、その折に、短艇、内火艇などを指揮して主将を送り届けてきた同期生たちと顔を合わせた。リンガ泊地を発してより訓練につぐ訓練で、かれらには言葉をかわす機会もなかった。なつかしい顔ばかりがそろっていた。陽焼けして、白い歯を光らせ、戦場で見る顔は学生気分を洗いおとし、たくましさを増している。中にはあ号作戦で初陣の銃砲火を身をもって体験し、その年の春に兵学校を卒えたばかりの若輩とは思えぬほどに、眼つきがするどくふてぶてしい面貌に変じているものもあった。高橋少尉がいま愛宕の戦闘指揮所にあって、遠ざかり、また追尾してくる僚艦や、低いなだらかな線となって灰色の雲のもとに霞んでゆくボルネオの島影を見ながら、ふと思い出すのは、そうした男たちのさわやかな笑顔であり、別れの握手をしたときの骨太の掌の温かい感触であった。

ゆさぶられるような感動を味わっているものはほかにもいた。大和にある砲術士・

市川通雄少尉がその一人である。前日に、少尉が見ることを許された電文によれば、出撃していくボルネオ全島に、作戦可能の飛行機はわずか五機であるという。いま、この前進基地をあとに、艦隊は、空からの護りなき大洋を、粛々と進撃していくのである。比島東方海面にあるアメリカ機動部隊よりの猛攻は予測されている。それにしても援護機の皆無ということが、いわず語らずのうちに、将兵の心を悲壮味を帯びた興奮にかりたてている。間違いなく激しい戦いが待ち受けている。しかし、戦争である以上、いかに苛酷な作戦行動であろうと完遂せねばならない。市川少尉は帽子のあご紐をしめながら、再び生きて見ることがないであろうブルネイ湾をもう一度振り返ってみた。海岸線まで深緑がせまっている湾である。ところどころに貧弱な小屋のような家。それにまじって点在する洋館の赤い屋根が朝日に映えていた。それにしても大和には多くのことが賭けられている、と、あ号作戦の体験から少尉は痛切に思えてならなかった。大和こそがこんどの作戦の主力であり、成否を握るカギであった。いや、それはもとより、日本の生命線が維持できるかどうかということまでが、この巨大な艦にかかっている。

第一部隊のあと、戦艦金剛を旗艦とする第二部隊十三隻が航進を起こした。第一、第二部隊合して総勢栗田艦隊三十二隻、ブルネイ湾口を出ると対潜警戒序列をとり、北上を開始する。速力一八ノット。直後に、全艦は烈しいスコールの中に突進した。日本内地の夕立にみるような生やさしいものではなく、それは巨大な瀑布（ばくふ）の中に突入したようであり、視界をまったくうばわれ、見えるものは眼下に沸騰（ふっとう）する黒緑色の海だけとなる。波頭は白く抱だち、泡はかみつくように艦の舳（へさき）にあたると、飛沫（しぶき）となってとび散っていった。

スコールをくぐり抜けたところで、艦隊は陣型をととのえ之字運動（のじうんどう）にうつった。潜水艦よりの攻撃をはずすために三分、五分と不規則な間隔をおいて舵をとり、ジグザグに進路を変えつつ航進するのである。第一、第二部隊をへだてること約六キロ。そして各艦はそれぞれ二キロの間隔をとり、数少ない直衛の駆逐艦を両側と中央に配置する五列の縦隊で、黙々と北上をつづけた。

「……本職ハ勇躍陣頭ニ立チ各員ノ勇戦力闘ヲ期待シ　誓ッテ敵艦隊ヲ撃滅シ　以テ聖慮ヲ安ンジ奉ラントス」

艦隊司令長官・栗田中将の長文の全軍布告はこう結ばれている。それはガリ版刷りにされて、各艦の各居住区の壁にのりづけされ留められていた。戦場のおきては無慈悲であり、それに対応するためには勇戦力闘よりほかにはない。その言葉どおり、栗田長官坐乗の愛宕は、白波を蹴立てて、艨艟（もうどう）三十二隻の陣頭に立っている。栗田艦隊は、強力で、実戦に鍛えぬかれた百戦錬磨の闘争集団であった。

第十戦隊旗艦の軽巡矢矧は、第二部隊の中央列の先頭を走っていた。その艦橋では、副直士官として当直に当たっていた大坪寅郎少尉が、当直参謀の好意により捷一号作戦についての詳細な作戦命令書を見る機会を与えられ、それに眼を通している。海は静かにうねっているだけで、それに応じて矢矧もゆるやかに上下し、かすかな機関の振動がびびびと艦橋にまで達してくる。平穏な、しかし警戒はゆるめられない航海がつづいた。作戦命令書は分厚いもので、大坪少尉がすばやく読み通すには、かなり骨の折れることであった。それでも少尉は知った。こんどの作戦が、思いもかけないほど広大な海域で、連合艦隊の残存全艦艇が北方、中央、南方から出撃し、しかも時計の針を合わせたような緊密な連繋のもとに展開されることを。少尉は、その雄大さに、思わず若いはりきった身体のうちに武者ぶるいを感じた。戦争というものの巨大な力が自分に対決をせまって近づいてきたように思った。

　そして、昨夜、准士官以上の士官は、全員集合を命ぜられ、艦長・吉村真武大佐より作戦に関する全般的な注意と訓示とを受けた、そのときのことを大坪少尉は思い出した。レイテ湾突入は第十戦隊を先頭とし、矢矧がその一番乗りとなる、と艦長は語った。それ故に、と吉村大佐はいった。

「われわれは決して生還は期さない。諸子は各々の戦闘配置にいままでの訓練の全力を発揮し、悔いを残さぬよう戦って、最後のご奉公をしてもらいたい」と。
このとき、艦長の力強い言葉をうけ、先任参謀の南中佐が、この作戦にはフィリピン基地の航空艦隊も協力、十死零生の神風（かみかぜ）特別攻撃隊が出陣することを初めて、あきらかにした。驚天動地の作戦にちがいなかったが、それだけに一層若い中・少尉の勇猛心を烈しくかりたてた。

もちろん、二十歳の大坪少尉には、生命を惜しいとする気持は初めからなかった。心の準備は出撃のときからすでに完了している。いつ死んでもいいのである。むしろ祖国の運命を決する大作戦に参加している、それこそは「日本男子の本懐」であり、生き甲斐もあれば死に甲斐もあることと思う。しかも、われに大和、そして武蔵ありという気持が、凄惨な戦闘というよりも、敵撃滅という勇壮さに結びついていく。海は静かで、灰色の空に黒灰色の断雲が飛んでいる。大坪少尉はのび上がってみた。が、第一部隊の大和・武蔵ははるか前方、水平線の彼方にあって、第二部隊の矢矧の低い艦橋からのぞみ見ることなどできないことであった……。

その大和と武蔵を直接に右舷後ろに見て航行する第二駆逐隊の駆逐艦早霜（はやしも）の乗組員にとって、確かに、微動だにせずすべるように進む巨大戦艦の勇姿は、大きい精神的な支えとなっていた。ちっぽけな駆逐艦から見れば、がっしりした山嶺が動くようである。幾層もの構造物が重なり、上甲板、艦橋、戦闘指揮所、見張所、そして前檣のてっぺんの電探まで、まるで精密にして巨大な機械をつみ重ねた巨塊のようにも眺められる。甲板はゆるやかに波うち、後ろに反った突起のない檣楼、低くはった砲塔、全体が流れるような構造をともなっている。高角砲座、機銃座とハリネズミのように重武装した鋼鉄の、それは不落の城のようではないか。

　それに比べれば、第二駆逐隊の司令駆逐艦として司令旗をかかげて航進する早霜のなんと小さいことか、と航海士・山口裕一郎少尉は思った。しかし、少尉は知っていた。この早霜が、僚艦の秋霜・清霜とともに、昭和十九年建造の霜クラス駆逐艦のいわゆる最新鋭であることを。艦内の気風は、戦艦のお屋敷住まい、重巡の文化住宅住まいに対比して、気楽な長屋住まいにも当たろうか、というのが実感である。そして、それがまた駆逐艦のいちばんいいところでもあった……。それにしても司令駆逐艦となって駆逐隊司令が坐乗したために、艦長以下順々に士官私室が入れ替わり、艦の最下級士官である山口少尉は、とうとう私室を出され士官室のソファーで寝る羽目になっている。それでごく自然に駆逐隊付として乗艦してきた同期生の阿部啓一少尉と同室になり、ソファーで、駆逐艦こそがこの戦争の主役なのだと意気軒昂として語ることになった。

　そして、大艦無能論を語りながらも山口少尉は、生なかの人間などに予知できない人の世の因縁というものを感じていた。海兵同期の阿部少尉と一緒になったのも奇しき縁なら、自分の小学校時代の先生が応召され、早霜に乗り組んできたのには、もっと深い天の配剤があるような気がしておどろかされた。秋山武司先生、いまは秋山二等兵曹が、リンガ泊地での訓練中に新しく着任し、ある日、士官室のソファーに憩っていた少尉の前に不動の姿勢をとって立ったのである。先生はすでに四十を過ぎていた。日本はそうした老兵をも第一線に引き出さねばならぬほどに追いつめられていた。

早朝の駆け足、手旗信号、海洋の不思議、自然の美しさ、それらは小学校三年生のときに、山口少年が秋山先生より教えられたことである。あるいは海軍士官としての山口少尉の今日があるのも、その先生あってのことかも知れない。かつての師弟が同じ艦に乗り、ともに決死の戦士として戦うことの不思議さを、少尉は真面目に考えてみた。それはなぜということなしに、かれの心にさわやかな風を送ってきた。幾日かぶりで家郷を思い、肉親のことを思いうかべた。たたなえる信州の山河。下手な安曇節が口をついて出る。〽何がーしあんの有明山にー……。殺伐とした戦場に突撃する前に、こんな風にしみじみとした気持になれたことは、少尉には嬉しいことであった。

山口少尉が、故郷の山河を思い出しているころ、大和の艦橋において市川少尉は、大海亀が戦争などどこ吹く風とばかりに、悠々と、波に乗ってたわむれながら艦影と並行してゆく姿をみとめ、思わず微笑をさそわれていた。大和には幸運がついているような気がした。海亀は、不惜身命の出撃行にあたって大勝利を約する瑞兆のごとくに、若い少尉には感じられてならなかった。

――こうして、栗田艦隊三十二隻は、総員二万五千余名の将兵がひとりひとりの感慨をのせ、群青の海をおしのけ、ひたすら北進をつづけていく。艦首で二つに割られた濃紺の海は、艦尾でくだけて純白の表情をみせた。ときどきうす陽が射し、また雲間に消えた。沈黙の時間が長くつづいている。刻一刻が生死の関頭に将兵を追い込むのである。任務は捨て身を要求するであろう。将兵には互いに語るべきなにものもなかった。だれもが、何事か起こって欲しいとは思っていない。しかし、やがてそれは起こると覚悟を決めねばならないのである。それがいつ、どこであるか、神ならぬ身にはわかり得るはずはない……。

2

栗田艦隊が進みつつある方向から北東ほぼ八〇〇浬はなれた海域には、小沢治三郎中将の指揮する機動部隊（第三艦隊）が、栗田艦隊と反航しフィリピン諸島に向かって南下をつづけていた。日本内地を離れて三日、各艦の艦首や煙突にはふいたように塩の白さが浮いている。航空戦艦二隻、空母四隻、巡洋艦三隻、駆逐艦八隻の日本海軍最後の機動部隊である。与えられた任務はフィリピン近海にある米機動部隊に発見され、これをはるか北方に引きよせ、しかるのちに徹底的に戦うにあった。敵を撃滅するのではなく、いわば敵に撃滅されるのが目的であるともいえる。ありていにいえば、中央の栗田艦隊の損害を軽減してレイテ湾突入を成功させるための苦肉の策〝おとり〟であり、身を犠牲にして大を助け、損害を全くかえりみないという悲劇の艦隊である。

四隻の空母が搭載する飛行機は、戦闘機（零戦（ゼロ））四十八、戦闘爆撃機（爆弾をつんだ零戦）二十八、艦上爆撃機（彗星（すいせい））八、艦上攻撃機（天山（てんざん））二十四の計百八機。アメリカの新鋭高速空母一隻分でしかない機数を分載し、強力を装った。いや、それは正確ないい方ではない。実は、これだけが台湾沖航空戦残存の可動機ならびに搭乗員をのこらずかき集めて編成した母艦航空部隊の総力であったのである。戦争開始いらい、めざましい働きで太平洋を駆け回ったベテラン搭乗員たちは、ミッドウェイ、南太平洋、ソロモン海、マリアナ沖、台湾沖などの海空戦で次々と傷つき、戦死し、補充のつかないままに、やっと発着艦のできる搭乗員までもこんどの戦闘には投入しなければならない。そして飛行機には旧式なものがまじり、集中協同攻撃をするためにはスピードにおいても、火力においても、バランスを欠いていた。

このおとり艦隊一万二千の将兵を統率した小沢中将は、何年かあとにこう語った。「おとり作戦にはじめから確たる自信があったわけではない。しかし、そうするよりほかに方法はなかった。本来、おとり作戦なるものは通常の艦隊兵力をもってしても困難きわまりないものなのだ。いわんや防御力の弱い空母部隊を使って敢行する場合、それは困難などという言葉ではいいあらわせない」。そして、眼をむいてつけ加えた。「成否は五〇対五〇(フィフティ・フィフティ)の大きな賭けであった」と。

その二分の一の確率のもとに、それを成功させるために、三日前に豊後(ぶんご)水道より十七隻はうって出たのである。海戦史の常識などこの艦隊には不要である。おとり艦隊であるからには、ある時期までは隠密裡に行動する必要がある。一艦たりともそのときまでに失いたくはないのである。そしてある時期、主力の栗田艦隊がレイテ湾に突入する前後のいちばん肝腎（かんじん）の〝そのとき〟となれば、全滅を期して一挙に敵機動部隊に決戦をいどみ、これを決戦場のレイテ湾よりはるか遠くに引き寄せねばならなかった。

二十日、秋色の内地に別れをつげ豊後水道を出ていらい、崩れかけていた空はやがて雨となり、ずっと艦隊は雨雲と霧のベールに包まれて南下した。速力は一六ノット（一ノットは時速一・八五キロ）。終日灰色のみが濃い海上を敵に発見されることなく進んできた。くる日もくる日も〝細雨視界不良〟の日がつづいた。そして三日目のこの日二十二日、ようやく天候が東の方より回復しはじめ、海は南海特有の青色にかわってきたのである。その、どす黒い海が青く透きとおるような水の色に変化した海域で、第三航空戦隊の空母千歳（ちとせ）の艦長付岩松重裕（いわまつしげひろ）少尉が、忙しい通常任務のあい間あい間にひとり空を見上げては溜息をもらしていた。心にかかることがあり、かれは責任を感じ、気をもみつづけている。

それはその朝早く発艦した索敵機の、予備学生出身の、同い年ぐらいの若い搭乗員の生命に関することである。艦長から出た索敵命令を搭乗員に伝えることが十九歳の岩松少尉の任務の一つであった。出撃いらい索敵機は四隻の空母より連日のように明け方に飛び立った。この日、千歳にも一機割り当てられ、少尉はそれを若い、同じ少尉である搭乗員に伝令したのである。そのときのこと、搭乗員は言葉をにご

すようにし、

「実は、あまり自信がないのだが……」

と、暗にほかの搭乗員との交代を申し出た。岩松少尉はぜんぜん気づかず、なんにたいして自信がないのかと問いただした。顔を紅潮させて搭乗員はいった。

「うむ、まったくなっちゃねえ話なんだが、この広い海を、動き回っている母艦を求めて飛んで、もう一度戻ってくるだけの自信が、正直のところないといっていいのさ」

聞いていた岩松少尉は唖然（あぜん）とした。が、飛行少尉は、自分そのものに腹を立てているような言い方で、そうした海上飛行の訓練を十分に受けていない現実を隠すことなく語った。岩松少尉は思わず眼を伏せた。母艦に発着する技術すら、三カ月や半歳の短期間で習得できるほど生やさしいものではない。かりに発進できたとして、記憶にとどめる目標一つない広い大洋を風に流されながら、敵を求めて何百マイルも飛行し、その間に縦横に作戦行動をしている味方の母艦を探し求め、再び帰ってくるということは、容易ならざることであった。兵学校を卒えていらいわずか半歳、ずっと艦隊勤務であった岩松少尉にも、それくらいのことは十分に察せられた。十分な訓練も経ていない搭乗員が、海軍最後の栄光のために、この乾坤一擲（けんこんいってき）の戦場にのり込んできている。

しかし、至難を至難としつつもそれをのり越え、大いなる目的のため、できないことをも敢行せねばならないときである。岩松少尉は、搭乗員の肩を一つポンと叩いて快活にいった。

「心配するなよ。母艦(ふね)の位置は、貴様の帰ってくる時分には、かならずこの海域になっているから」と、くわしく経緯度をさし示し、「安心していってこい。吉報を待ってるぞ」。

搭乗員は不安の色を消そうともしなかった。

「本当に……間違いないか」

と念を押した。岩松少尉はもう答えようとはせず、微笑をおくり胸を叩いて自信のほどをさし示すのだった。

未明であった。明るさと暗さとがしっとりと調和するなかで、天候はおもむろに回復しようとしていた。厚ぼったい灰色の暗雲がところどころ千切れて、南の方から藍色の空がひろがりはじめている。その空に、索敵機群は翼を振って消えていった。

それから数時間たち、艦隊は決められた航路の上を進んでいた。岩松少尉は、いいか、教えてやった地点に戻ってくるのだぞ、と何度も呼びかけている。「そのとき、千歳は間違いなくそこにいる……」。戦闘を目前にして、少尉の心は明るくはずんだ。

そして、ふと、故郷に残してきた婚約者の笑顔を胸の中であたためた。
そのとき、思いもかけなかった命令が、旗艦・瑞鶴(ずいかく)より全艦隊にとどけられたのである。決戦に備えて、航続距離の短い駆逐艦、巡洋艦などは、空母から最後の燃料補給を受けなければならない。敵前、しかも洋上での給油であった。敵潜水艦の攻撃などによる不測のことが起こらぬともかぎらない。これを避けるべく、南から東へと小沢艦隊の針路は変えられた。それは冷静な岩松少尉をすっかりあわてさせた。なぜなら、それではあの索敵機が帰れなくなる！

午前十一時、栗田艦隊の早霜艦上で山口少尉が故国の山河に想いをはせ、大和の市川少尉が海亀の泳ぐのによい知らせを感じたころ、小沢艦隊ではいそがしい洋上補給作業がはじめられていた。進路は東。この間にも、米潜水艦より発する無電がしばしばキャッチされ、あるいは敵の暗号電話を傍受した艦もあり、機動部隊におおいかぶさっている緊張はいっそう強まった。出撃いらい将兵はつねに戦闘配置にいるといってよかった。砲座の側をはなれず砲員は鉄の床の上にわずかに服装をゆるめてごろ寝した。当直交代の許された時間に、伸びた無精ひげにカミソリをあてるもの、海軍体操で硬くはった腰をのばすもの。そして、洋上補給の数時間がつづいた。

そのゆるやかな時の流れの中にあって、岩松少尉はひとり気をもんでいる。千歳の索敵機に艦隊の針路変更を知らせるなんらかの方法はないかと思案するのである。出撃いらい、旗艦瑞鶴の発する無電をのぞいては、ほかの艦のものは封鎖されていた。おとりが完全におとりであるためには、やみくもに艦隊のベールをぬぐわけにはいかない。したがって、索敵機への針路変更、帰艦コースの修正の通信なども瑞鶴から発信された。そのため岩松少尉には不可抗力の歯がゆさだけがある。こうして南の空をずっと見やりながら、胸をしめつけられている。そして、あの若い予備学生出身の搭乗員の顔を脳裏にはせるのである。

友の顔を思い出している人はほかにもあった。空母に曳航（えいこう）されながら、いま燃料の補給を受けようとしている第三十一戦隊の旗艦の軽巡五十鈴（いすず）の航海士・竹下哲夫少尉には、忘れようにも忘れられない十人の若い仲間の顔があった。それはフィルムの一コマ一コマを見るように思い出されてくる。夕陽のマリアナ海域であった。次々に起こる誘爆、立ち昇る黒煙と炎の中、左舷に大きく傾いた空母翔鶴（しょうかく）の甲板上に、海軍兵学校同期の、十一人の二十歳の男たちが集まった。あ号作戦は完敗のままに幕を閉じようとしている。甲板上にある顔はどれも硝煙と油とにまみれ、眼を血走らせている。真珠湾いらいの歴戦の空母の最後が急速に訪れ、軍艦旗を中心

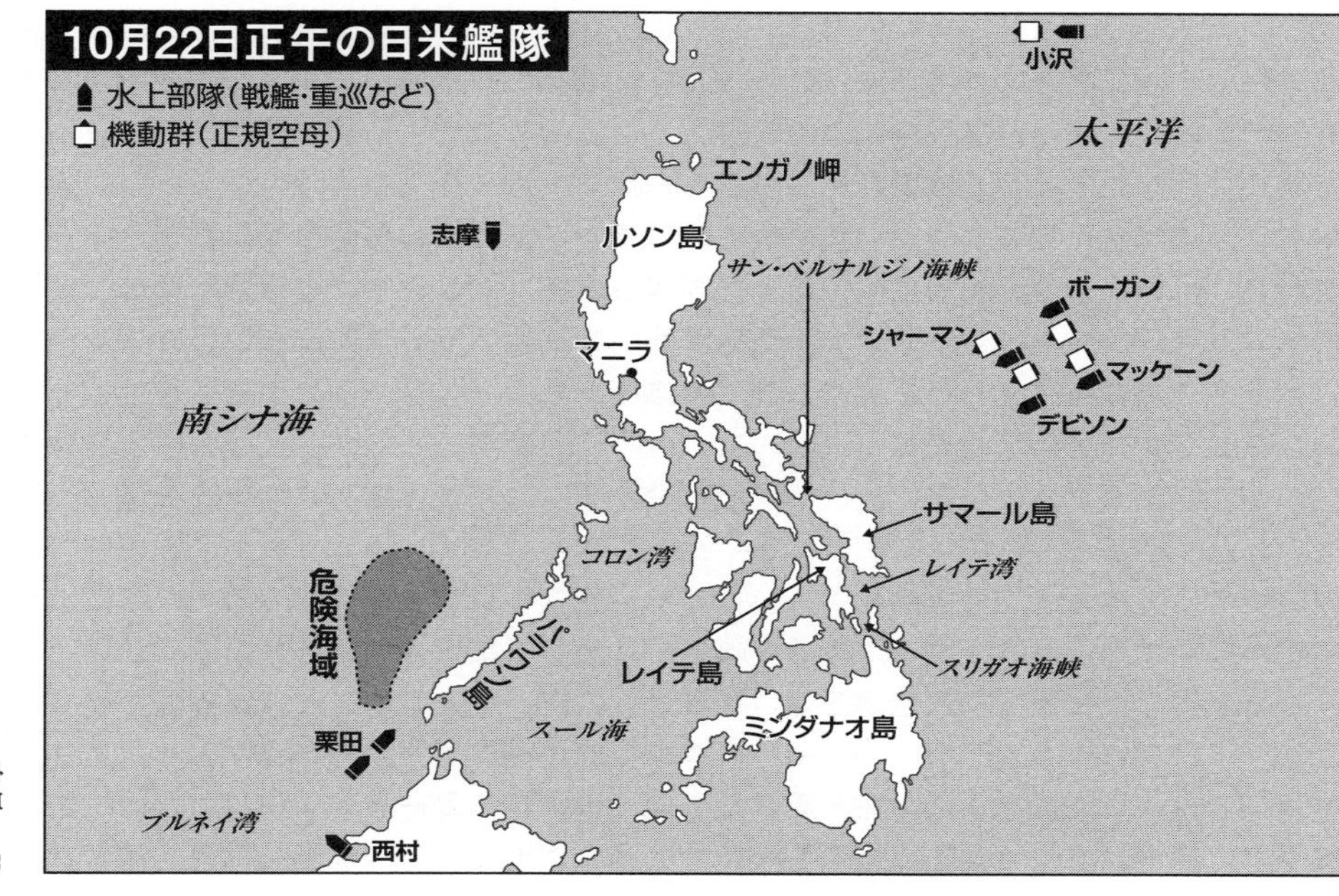

10月22日正午の日米艦隊
水上部隊（戦艦・重巡など）
機動群（正規空母）
小沢
太平洋
エンガノ岬
志摩
ルソン島
サン・ベルナルジノ海峡
ボーガン
シャーマン
マッケーン
マニラ
デビソン
南シナ海
サマール島
コロン湾
レイテ湾
危険海域
パラワン島
レイテ島
スリガオ海峡
スール海
ミンダナオ島
栗田
ブルネイ湾
西村

にして、艦長、副長が最後の別れをかわした。思う存分に戦ったのである。竹下候補生をはじめ十一人の少尉候補生も、互いの敢闘を祝し、また逢う日までの別れをかわした。記憶のフィルムはそこでとぎれてしまう……。

その直後だった。艦は大きく揺れはじめ、つぎの瞬間には、あっという間もなく左舷前部からのめるように海中に突っ込んでいった。甲板上にあった将兵はまるで豆粒のように逆巻く海中にころげ落ちていった……。死神が口をひろげている海底に。

紙一重のところで奪われかけていた生命をとりもどした、と竹下少尉は思う。だれの力によってでもない、運命のいたずらによって、である。あのとき甲板にいた十一名の同期生のうちの、だれが生き残り、だれが死んでも不思議はなかったのである。自分と川端淑郎(かわばたとしろう)少尉候補生の二人だけが生き残ったのは、と竹下少尉は考える。単なる偶然でしかないと。死者の犠牲の上に生きているものがいる、とすれば、生きていることの意味は何であろうか。あのとき感じた悲哀は何であろうか。生き残ったことが、なぜか、取り残されたように思えてならないのである。かれが得た恐ろしいほどの体験は、かれを圧倒した。生と死の区別があるなどとはどうしても思えなかった。次はこの新しい軽巡五十鈴とともに俺が死ぬ番なのだと、少尉はきわめて自然に覚悟を決めるのであった。

小山のようにゆったりとした翔鶴に比べて、三本煙突の旧式の軽巡洋艦は、死に場所としてはいささか見劣りがする。マリアナ沖で、巨艦は魚雷四本を受けて沈んだ。乗組員には短いながら生と死との境があった。それに比べれば、五十鈴は魚雷一本でも十分すぎるであろう。それだけ死に近いわけだと、竹下少尉は自分の死に方に妙に大胆な安心感をもつのである。艦の大きさとか、殺戮(さつりく)の時間とか、死に方とかが、おどろきや悲しみの対象になっていた。そうしたものは戦争の悲惨さの序の口であることが、まだこのとき、竹下少尉にはわかっていなかったのかもしれない。

3

確かに、大きな艦、新しい艦、強力な火器を誇る艦に乗り組んでいる方が、戦闘においていくらかは気の安まるものがあろう。スピードといい舵のきき方といい、立派な性能をもっている新鋭艦ほど、戦場において生き残る可能性が大きいであろう。山城と扶桑は巨大な戦艦でありながら、しかし、海軍のベテランの下士官たちの嫌われものになっていた。大正の初期に建艦され、昭和十年にともに大改装されたとはいえ、最大戦速二四ノット、加速度的にスピード化した太平洋の戦闘においては、速力の点で、結局は〝旧式〟戦艦の域を脱することができなかった。そのためか、開戦いらい内海西部の訓練部隊に編入されたり、横須賀砲術学校の練習艦になったりして、ほとんど戦争の裏方的役割しか果たしてこなかったのである。

この山城と扶桑は同型艦である。前檣楼、煙突、後檣が、小山のように一つにまとめられた大和や武蔵の敵を圧するような近代的な艦型に対し、それらが前部、中央部、後部と、はなればなれに突起していた。その姿は、たしかに欲目にみても古くさく映じた。さらに外観を損ね、憐笑を買いやすくしたものに対空火器があった。それも遅く九月十日になって捷一号作戦に参加と決まり、あわただしく取り付けられたためか、機銃座、高角砲座などが、探照灯や測距儀の中にはさまってごてごてとおかれ、いかにも間にあわせの感じをこの戦艦に与えていたのである。

とはいっても、三万三〇〇〇トンの巨体である。主砲は三六サンチ砲十二門。栗田艦隊第二部隊の主力艦の戦艦金剛、榛名の八門に比べればその威力は抜群といってていいのである。およそ毛嫌いされねばならないわけがなかった。ただ一点、速力の遅いという点をのぞいては。

「おじいちゃんの扶桑、山城と一緒じゃ、脚の速い最上さんは、やりきれんな」

「どうせ死ぬなら本隊と一緒になって、勇ましいとこ、バリバリやりたいよ」

山城、扶桑とともに第二戦隊の一艦として西村艦隊（第三部隊）に編入された重巡最上の艦上、そんな遠慮のない会話が下士官・兵の間でかわされていたのも、やむを得ないことであったろうか。最上はいわば開戦いらい第一線で働きつづけてきた千軍万馬の艦である。戦局不利にともない、おっとり刀で十月十日に南方へ初めてやってきた扶桑、山城とは違うという自負があった。速力も三七ノットという快速である。そうした会話を最上の航海士・山羽正雄（やまはまさお）少尉は口もとに微笑をうかべながら黙って聞いていた。

　大和、武蔵を中心にした大艦隊が出撃したあとのブルネイ湾は、ひっそりと静まりかえり、ただでなくとも広い湾は、第三部隊七隻の軍艦をうかべるだけで、より一層広々として見えた。西村艦隊の出撃は午後三時である。最上の艦長・藤間良（とうまりょう）大佐は昼過ぎ総員を前甲板に集合させて、作戦計画の全容を語っている。

「わが第二艦隊は、きたる二十五日未明、二手に分かれてレイテ泊地に進入し、敵上陸船団を撃滅する。山城、扶桑ならびに本艦は別働隊となり、スリガオ水道をへて、レイテ泊地に南方より突入、泊地の北方より進入する愛宕以下の主力の戦闘に策応する計画である」

　山羽少尉をはじめ、乗組員全員が、一言も聞きのがすまいと艦長の訓示に耳をそばだてた。皇国の興廃は、艦長の言をまつまでもなく、この一戦にあるであろう。

生きて還ることは不可能かもしれない。連合艦隊の全艦艇がいまや〝特攻〟のとき。しかも、作戦目的は、決戦部隊の将兵にとっては聞いたこともない港湾突入、輸送船団の撃滅である。海戦の思想が変わってきていたのである。

二十二日午後三時、西村艦隊は予定どおりブルネイ湾を抜錨、大洋にのり出していった。見送るものとてもなかった。わずか七隻の小部隊は、三列の警戒航行序列をとった。中央に最上、一〇〇〇メートル離れて旗艦山城、さらに一〇〇〇メートル後方に扶桑。左右両側に一二〇〇メートルひらいて、駆逐艦が側衛の位置についた。右が第四駆逐隊の満潮と朝雲、左がおなじ第四駆逐隊の山雲と、第二十七駆逐隊のただ一隻の駆逐艦時雨――川の字の真ん中を長くした陣型であった。

これら側衛について波をきって進む駆逐艦はすべて開戦いらい諸々の海戦を戦い生きぬいてきた幸運な艦ばかりである。速力三五ノット、一二・七サンチ砲六門（時雨は五門）、魚雷発射管八門という武装は、世界各国海軍の水準をはるかにぬいている。最上の山羽少尉には、それらはたのもしい強力な仲間のように映った。

満潮には高田昌之進、中鹿良太郎、朝雲には川元哲郎、そして山雲には鴇矢義郎のそれぞれ最下級少尉が乗り組んでいた。かれらは、栗田艦隊あるいは小沢艦隊にいる大和の市川、矢矧の大坪、早霜の山口、千歳の岩松、五十鈴の竹下の各少尉たちとともに、同期生として兵学校の校庭で学び、勇猛果敢な棒倒し競技で格闘し、静かな江田島（えだじま）湾の月を見て感傷にふけり、そして同じ釜の飯をもりもりと食った仲間である。かれらはその年の三月、七月卒業予定を繰り上げられて卒業し、直ちに第一線にはせ参じた。そして、いま、肩をよせあうようにして、それぞれの軍艦に乗り組み、一つの目標をめざしておもむこうとするのである。

レイテ湾まで八〇〇浬。栗田艦隊の堂々たる陣列と違ってわずか七隻だが、やがてくるであろう戦闘が、自分の生死を賭した戦いであることを、西村艦隊の将兵のひとりひとりが覚悟した。それはまた、日本という愛する国の運命を賭けた戦闘でもあった。

扶桑の電測士・金谷茂二（かなやしげじ）少尉はそうした想いを振り切るようにレーダー盤に注目する。昭和十八年秋いらい、アメリカ海軍のレーダーのために、しばしば苦杯をなめさせられてきた日本海軍も、やっと昭和十九年秋になって電波探信儀を完成させ、主なる軍艦にそれを取り付けた。老齢艦とはいえ、扶桑のごてごてと積み木を重ねたような四〇メートルの檣楼の頂上にも、アンテナが取り付けられた。そして、その直下の電探室が、金谷少尉の、扶桑におけるいわば〝城〟であったのである。

レーダーとはなにか。先輩の海軍将校にとってはほぼ不可解の取りあつかいにくい兵器であった。そのために兵学校卒業直前、にわか仕込みのそしりはまぬがれないとしても、とにかく勉強させられて知識をつめ込み、いま第一線で操作する重責をあたえられたのが、金谷少尉らの最年少の少尉たちである。四〇メートルのてっぺんの〝天守閣〟から、金谷少尉は戦艦扶桑三万三〇〇〇トンを睥睨し、千四百名の乗組員を足下にふみしき、近代戦の先頭にたっている想いを味わうのである。それは少しく若い少尉を得意な面持ちにはさせるが、そう思う矢先に、少尉は反省する。新兵器が次々にあらわれて、どんなに戦争が非人間的、科学的になってゆくように思われても、つまりは問題となるのは人間の判断なのだ、という風に……。

4

レイテ湾に突入するのは、ブルネイ湾から出撃し、北方航路をとった栗田艦隊と、南方航路をとった西村艦隊だけではなかった。前日の二十一日午後四時、台湾の馬公よりマニラに向けて出撃したもう一つの艦隊があった。台湾沖航空戦の残敵掃蕩任務のために日本内地を出撃し、途中で、航空戦の大戦果に不審がもたれたことから任務中止で、馬公にもどっていた志摩艦隊（第五艦隊）である。
この艦隊はもともとは小沢機動部隊麾下にあった、が、馬公に向かう途中で、南西方面艦隊の指揮下に移され、そしてその命によってマニラに向かって出港した。兵力は重巡那智を旗艦として、ほかに重巡足柄、第一水雷戦隊の旗艦の軽巡阿武隈、駆逐艦曙、潮、不知火、霞の計七隻。第五艦隊とはいうものの、兵力は大きな水雷戦隊なみというほかはなかった。

かれらはやみくもにマニラへ向けて夜の闇の中を突っ走った。司令長官・志摩清英中将は前々日すでにレイテ湾へ突入させてくれとの意見具申を方面艦隊司令部に出していたが、それについてなんらの正式の返答はない。ただマニラへいけ、である。実は、その少し前の時点からこの艦隊をいかに活用するかについて、連合艦隊司令部も直率の南西方面艦隊司令部も、迷いぬいていたのである。指揮をもとに戻して、小沢おとり艦隊に協力させるか、あるいは栗田突入艦隊に参加させるべきか、いや、レイテ島守備隊増援のための輸送護衛に活用するか。連合艦隊司令長官の決定は、ずるずると遅れていた。

二十二日の朝が艦隊を訪れ、昼になり、マニラ湾を指呼の間に見出すころになり、初めて正式の命令書が那智の電信室に送られてきた。志摩中将指揮の第二遊撃部隊は、栗田中将指揮の第一遊撃部隊に策応、西村中将の第三部隊とともにレイテ湾に突入すべし、という明瞭にして簡単な命令である。突入時刻のデッド・エンドも決められている。すべてはそこから逆算される。マニラ寄港は中止された。コロン湾に入港、油槽船より燃料の補給を受けることになった。艦隊は舳をそのまま一路南に向けた。戦場はレイテ湾となり、突入路はスリガオ海峡なのである。

第十八駆逐隊の駆逐艦霞は、僚艦の不知火とともに、主力の巡洋艦の外側にあって、対潜警戒に当たっていた。その中部機銃群指揮官・加藤新少尉は、紺碧の海面に盛り上がる熱帯特有のまぶしい積雲を見上げながら、しばしの感慨にふけっている。

十四日に岩国沖を出撃してより、もう一週間余になる。「損傷して残存せる敵空母」を求めてこれを撃滅すべく大海にのり出してから、奄美大島へ避退せよ、馬公へ行けの、マニラへ行けのと、志摩艦隊はひき回された。その中の一駆逐艦、それも司令駆逐艦ではない小艦の悲しさで、事情不明のまま、たび重なる任務変更に黙々と従うほかはなかった。まして、十九歳の加藤少尉は、霞の最下級士官である。作戦とか現下の状況とかについては、およそあずかり知らぬところにおかれていた。

それにしても海上の一週間は、感傷に縁のない若い少尉にも、ある種の感慨をもよおさせたのは事実である。連装二基の機銃や水中聴音器、取舵いっぱいや面舵や爆雷、月、風、そして手旗信号。当直が訪れ、当直があけ、また当直がきて、少尉はいつの間にか自分が闘志あふるる一人の戦士になっているのに気づく。

戦闘がどういう風にはじまっていくのか、初陣の少尉にはわからないことである。しかし、わからなくともよいのであろう。紺色の空と海と、まぶしいような南海の白い積乱雲を見ながら、少尉は思わず、戦闘準備をととのえている黒灰色の対空兵器をたたき、自分の心のうちをつぶやくのである。

「おお、はるけくも来つるものかよ」と。

第二十一戦隊二番艦の重巡足柄となると、情報や戦況に関しては少しくましのようであった。同じように機銃群指揮官である安部時寛少尉は、自分の所属する第二遊撃部隊の任務がなんであるかについて、漠然としたものであったが、大よそのことを知らされていた。

扶桑、山城を中心とした艦隊が先行してスリガオ海峡に突っ込む。それと呼応して、主力の栗田艦隊がレイテ湾に殴り込み、敵を撃滅する。さらに、志摩艦隊はその直後に、レイテ湾に突入し、主力攻撃後の湾内にいる残存敵艦隊を殲滅する、というのが、少尉が知った作戦計画の概要である。

このために、航海中の足柄のガンルーム（士官次室）では、元気のよい少・中尉たちが集まっては、レイテ突入の机上演習に舌戦の花を咲かせるのである。それは他愛のない〝遊び〟でしかない。実戦になってみなければわからないことであった。なぜなら、足柄は緒戦のころに蘭印攻略作戦で活躍したものの、その後は戦闘らしい戦闘のなかった北方水域にあって、戦局の悪化変転にただ髀肉（ひにく）の嘆（たん）をかこつばかりであったからである。安部少尉が初陣であると同じように、ある意味では、悽愴（せいそう）苛烈な戦場へ、志摩第五艦隊そのものが初陣であったのである。海軍仲間でいいはやされる「五艦隊は動かん隊だ」という冷笑を、安部少尉たちは悔し涙をのんで聞いていた。それだけに、

「内地を出撃するときは〝損傷して残存せる敵空母〟であり、こんどは〝損傷して残存せるレイテ湾内の敵護送船団〟の掃蕩が任務というのだから、シマラネエ話よ」

と若い士官たちは不平不満を一気に爆発させている。「動かん隊」といった冗談話でなく、志摩艦隊はその兵力も練度も劣弱で、全艦隊の中でもっとも弱い艦隊という公言も、かれら青年士官の耳に入らないではなかった。

血気の安部少尉などは、足柄配乗を命ぜられたとき、そのことに悲憤して他艦に配乗と決まった同期生とやりあったものであった。

「やってみなけりゃ、わからんじゃねえか」と。

確かに、砲火を相交えてみなければわからないことである。大きな弾孔や、ひんめくれた鉄板、流れる血潮の中でこそ、その真価が発揮される。そしていまこそ、そのことを実証してみせるチャンスが訪れたのである。作戦全般の中でみれば、こんどの場合も従属的であることが気に入らないことではあったが、志摩艦隊が、足柄が、いや安部少尉自身が、その実力を存分に発揮し、敵にも味方にも目にものをみせてやれるときが近づいているのである。ガンルームの模擬レイテ湾撃滅作戦に参加しながら、二十歳の若い安部少尉は、足柄の二〇サンチ砲十門の主砲が敵に向かって斉射(せいしゃ)される轟音(ごうおん)を、その耳にはっきりと聞くのである。

泳げる自信のあるものが助からず、泳げないものが助かっている、人生とはこんなものか。いくらあがいても助かるときは助かるし、死ぬときは死ぬと、運命を達観している若い少尉もあった。第七駆逐隊の駆逐艦潮(うしお)の通信兼航海士・森田衛(もりたまもる)少尉の死生観は、荒天の中で被雷沈没した空母雲鷹(うんよう)の乗組員救助に当たったとき、身をもって学んだ辛い体験が基礎になっている。生死は、天の命ずるままよ、一人の戦士としてなすべきことは、ただおのれの任務にはげむのみと、少尉は考える。

しかし、童貞のまま死ぬのはもったいないな、とする気持も森田少尉の腹の底にはあった。女というものがすばらしいもののように思えた。内地を出撃する前の晩、航海長と軍医長の二人が、女性を知らずして死ぬのは男と生まれてさぞ心残りであろうと、その後見役を買って出て、艦よりウィスキーを各自一本ぶら下げ料亭で痛飲した。少尉の記憶では、たしかに女性がとなりにはべっていた。が、一夜をともにした甘美な想いはない。見事に酔いつぶれてしまい「きれいな身体で」朝を迎えたためである。おかげで、と森田少尉は思い出し笑いを、口もとにうかべた。

「出撃第一日は二日酔いと船酔いでさんざんだった」と。

5

レイテ湾をめざす四つの艦隊はそろった。さらに、この日、福留繁（ふくとめしげる）中将の指揮する第二航空艦隊の飛行機約三百機が、台湾よりフィリピンに進出、陸上基地に全機無事着陸した。大西瀧治郎中将指揮の「全軍特攻」の第一航空艦隊の可動機三十機と合わせて基地航空部隊も勢ぞろいした。指揮する将、参加する兵の闘魂は燃え、敵を倒すための知謀と策略のあらんかぎりのものがしぼられた。海と空と、日本海軍が総力をあげての出撃は壮大なパノラマであった。

七千と称せられる島嶼群からなるフィリピン海域に、二十二日の陽が落ちて、灰色の夕闇が海上をおおいはじめた。そして、しばらくうす明かりが保たれていたが、やがて闇がすっぽりと四つの艦隊と陸上基地とを包み込んだ。

四つの艦隊の各艦は、先行する艦の蹴立てる白波を目じるしに、漆黒の海上を突き進んでいる。海は死者のように静かに凪いでいた。四万二千人の一人一人の将兵が、自分のしなければならないことを着実に、正確に行っていた。

主力栗田艦隊は、午後七時、速力を一八ノットより一六ノットに減速し、之字運動をやめた。やがてパラワン水道に入る。右にパラワン島をのぞみ、左側には危険堆と称せられる浅瀬がずっと広がっている。この狭水路で、大艦隊が夜間に之字運動をするわけにはいかないのである。静かな夜の航海になった。艦隊は暗い水道を灯火管制を厳重にして黙々として進んだ。この水域には、アメリカ潜水艦がたえず哨戒をつづけていることを、艦隊首脳陣は承知していた。いまさら潜水艦を恐れてはならないことであった。

第四戦隊二番艦の重巡高雄は、旗艦愛宕をすぐ前方にのぞみながら、静寂のうちに航行をつづけた。電測士・橋本文作少尉は、艦橋にあるレーダーの受信装置を前に、緊張した数時間を過ごし、襲いくる眠気のうちに疲労を感じていた。暗夜の中で行動している潜水艦を見張ることは、なかなかの難事であり、神経のすりへる仕事である。眠ってはならない。それでなくとも瞬間的に海面に出現する潜望鏡を黒一色の闇の中に発見するのは、不可能に近い。それだからこそ、見張員は二時間ごとに交代し、疲労のない眼を海上に光らせた。そして定期的に艦橋に報告を送ってくる。

「異状なし」……「異状なし」

そうした報告以外に、ほの暗い艦橋は、まったく咳一つない静寂の中におかれていた。その中で、橋本少尉は、レーダーを見つめながら考えつづけている。見張員の異状なしは、ただ雷跡と発射気泡を発見していないだけのこと、敵潜水艦はかならず足もとにいる。

さらに少尉は考える。

《レイテ湾に全滅を期して突入するのはいいが、その最終目的が輸送船団撃滅というのが、ちょっと気に入らないことだ》

輸送船団の撃滅は、これまで潜水艦や駆逐艦の作戦分野であって、戦艦、重巡などの主力艦隊のあずかり知らぬものである。艦隊の伝統は敵主力部隊の撃滅にあり、と思う。だが、そう思うそばから、十九歳という若さが、この小柄な少尉を大きく快活にし、いともも無造作な結論に到達させるのである。自分ひとりにしてみれば、どっちにしても大差はない。

「いいさ、死ねばいいンだから……」


　同じころ、現実の死に直面して、小沢艦隊の空母千歳の岩松少尉は自分が命じた責任の重大さに打ちのめされていた。旗艦瑞鶴は、各索敵機に針路変更を連絡したというが、千歳より飛び立った予備学生出身の少尉が操縦する飛行機はついに帰ってこなかった。かれは半ばいやいやながらはげまされて飛び立っていった。かれがもし死んでしまっているとしたら、まさしくいやいやながらの死以外のなにものでもない。死にたくて死んだのではなく、無駄死にであり、殺されたに等しいのではあるまいか。岩松少尉は、少尉が空しく死んでしまったとは信じたくはなかった。しかし、そう思うそばから、その死はまったくの犬死にではないか、とささやく声を耳にする。そして、殺したのは俺だ、とつぶやくもう一人のおのれを強く意識するのである。

「死ぬなよ、死ぬんじゃねえぞ」

　夜空にようやくうかんできた星に、少尉は呼びかける。虚空は少尉の祈りをのみ込んで頭の上に無限にひろがっている。

午後七時三十分ごろ、小沢艦隊は第一警戒航行序列をとり、千歳は艦隊の先頭をきって進んでいた。栗田艦隊や西村艦隊が進撃する海域と異なり、ルソン島北方の海面は波だっていた。星くずのまたたく大空の下に、海はひだをよせながら黒ずんで果てしない。白く砕け散る波頭をおしわけて艦隊は航行をつづけた。速力二〇ノット、ひたすら南下、決戦場におもむくのである。

同じころ、昼間の燃料補給の際、終了直前にアメリカ潜水艦の襲撃があり、瑞鶴の横腹めがけて魚雷が走ってきたことを、前部左舷高角砲指揮官・峯真佐雄少尉は、あらためて戦慄をもって思い出している。あのとき、雷跡の刻一刻と近接してくるのを、少尉は指揮所に突っ立ってじっと見つめた。ただ手をこまねいて見ているほかはない自分が、なぐりつけたいほど歯がゆく思えた。十九歳で自分の生命が終わってしまうのを、一秒きざみで見る想いであった。

しかし、少尉は意識しなかったが、瑞鶴の舳はゆっくりではあるが、確実に魚雷の方向に変わっていたのである。見方によっては、魚雷の方が真横から徐々に方向を変えて、艦首と平行した線上に位置を移したようにも見える。そして、巨艦と泡をふく殺戮者は、あっと思う間もなく、たがいにすれ違っていた。

「へエー、操艦のうまい艦長だな」

と、峯少尉は、ひどく感心したが、このときの潜水艦の攻撃は思いもかけぬ効果をもたらしていた。燃料補給を中止し、艦隊は一時全速で東方に避退したため、駆逐艦の二隻は補給未了、作戦続行が不可能となり、日本内地へ戻ることを余儀なくされたのである。小沢艦隊は、それでなくとも不足の駆逐艦二隻をこうして失った。若い峯少尉はそんな事情を知らず、ただ、その夜の月の美しかったことを、しっかりと脳裏に刻みつけている。

出撃の日の二十二日は、いま、終わろうとする。明日は、小沢艦隊をのぞくフィリピン西方海域にある三艦隊は、モロタイ島基地から発進する米大型機の哨戒圏内に入る。艦隊周辺の海には、すでにして潜水艦から発する無電がキャッチされた。空も敵、海底もまた敵。しかも、大和、武蔵などの巨艦の高いアンテナから艦橋の隊内電話の受話器に、敵潜水艦同士の会話が、ときどきとび込んでくるようになっていた。

明日の敵の空襲は必至であろう。となれば……と、多くの将兵は考える。いつやられてもいいだけの身支度は必要であろう。彼らは当直を交代するといそいでそれぞれの居住区に戻り、下着を取り換えた。なかには信号旗旒の廃品で赤い長いふんどしを作っているものもいた。なんだい、そりゃ？　とからかい顔の質問者があらわれると、彼は平然というのである。

「あすの朝あたりは泳がにゃいかんかも知れん。この辺の海はフカが多いちゅうじゃないか。食われんようにの赤ふんどしじゃい」と。

接敵〈十月二十三日〉

「旗艦愛宕がやられた、煙が出ている」

レイテ沖海戦の提督たち
（上段左から）
豊田副武（1885-1957）
栗田健男（1889-1977）
小沢治三郎（1886-1966）
（下段左から）
西村祥治（1889-1944）
志摩清英（1890-1973）

出所：NH 63365, NH 63694, NH 63425, NH 63424, NH 63426 courtesy of the Naval History & Heritage Command

1

こうして海軍兵学校第七十三期出身の少尉二百十六名は、四つの艦隊六十四隻に分かれて乗り組み、最下級最年少の指揮官として、黙々と、戦場へのり出していった。かれらは戦場に散るのを本懐と考え、二十歳を自分の生涯と覚悟する戦士である。みずから率先して生命を捨てることによって、アメリカ軍の進攻が食い止められ、貴重な時がかせげる。その結果として反撃体制がととのえられるものなら、いさぎよく死のうと熱望する男たちであった。しかし、真にかれらの死の意味を、若い少尉たちが知っていたかどうか。

それまでの二十年のかれらの人生とは何であったろうか。昭和がはじまるとともに、かれらの人生もはじまった。かれらは戦火とともに生きてきた。その多くのものは満洲事変勃発の年に小学校に入学する。ものごころついたとき、国は戦争の中にあった。軍縮の嵐、満洲国建設、天皇機関説事件、二・二六事件、日中戦争、さらにノモンハン事件と、荒々しい吐息と軍靴の響きと、きらめく銃剣とそして硝煙(しょうえん)のニュースの中で、小・中学生時代を過ごした。かれらが国家を意識し、そして国のためにしたことは、紙の小旗を持ち出征兵士を見送ることであり、黒い額縁の写真と白い箱を出迎えることであった。悲惨、痛哭がどんなにそばにあろうと、国のために死ぬことが疑われたことはない。国のために死ぬ、殉国がかれらの美意識をささえた。重苦しい戦時のほかの祖国日本をかれらは知らなかった。かれらは生まれた瞬間からいわゆる聖戦の子であり、中国は膺懲されるべき国であり、米英は鬼畜にひとしい存在であったのである。

そして、航空部隊にいったものをふくめて、かれら九百一名が海軍兵学校第七十三期生として、広島県江田島にある兵学校の門をくぐったのは、昭和十六年十二月一日である。歴史は、このとき、すでに太平洋での戦争がはじまっていたことを記録している。かれらが入学した翌日に行われた天皇の御前会議で、日本は対米英戦争開戦を決定した。

もちろん、そのとき、国家の決意について知ることはなかったが、戦争が近くにあることは、少年であるかれらも、うっすらと感づいてはいた。町には〝米英討つべし〟の勇ましい声があふれていた。栗田艦隊第一部隊の第五戦隊の重巡羽黒の甲板士官・長谷川保雄少尉は、いまレイテへ向かう漆黒の海で、夜光虫のかがやき流れるのをみながら、開戦前の日本の静かな興奮を回想するのである。……海兵合格に胸ふくらませて呉へ向かう汽車の中のことであった。海側の窓には、軍命令で強制的に蛇腹扉を降ろさせられ、人々の眼はふさがれた。トイレへ立ったとき、少尉は、なんという気もなしに外をのぞいてみたのである。かれが、そのとき、窓の外、瀬戸内の海に見たものは、舷を相接するようにして湾をうめていた輸送船団である。少尉は、新しい戦争だと予感した。思いもかけず、国のために生命を捨てる日が近いことを知った。兵学校生活がはじめられたとき、同室のものたちに、かれは自分の予感をうちあけた。

対米英戦争が開始されたとき、兵学校は興奮と緊張をたたえながらも、骨太の一本すじのとおった静けさを保っていた。これでより短くなったそれぞれの生を、より充実させようとするかのように。いずれにせよ、重苦しいような日々が終わって、きっぱりと決着をつけられたさわやかさを、かれらは感じたのである。

きびしい戦火の中で、かれらの訓練生活、その華やかな少尉候補生としての青春は、平時と同じにつづけられた。しかし、根底にあるのは、本能を抑制することによって精神を鍛え、身体を鍛え、儒教的精神武装をより完成させた戦士を作ることにあった。戦争一色に染めあげられた青春、やがてその戦争の中で死ぬために学び、鍛えた青春。だが、反面でかれらには常に飢餓感がつきまとっていた。飢餓は食物だけのそれではない。知識や美にたいするそれや、父と母と子がいて囲炉裏があって、というたあいのない人間的な生活に絶望的な飢餓感を抱いていたという。

戦勢の悪化にともない、教育・訓練はスピード化され、苛烈化をたどり、いっそう死と向き合ったものとなった。かれらは先輩を送り後輩を迎えた。いままで教官として恐れられていた先輩が、戦場へおもむいた翌日に、白木の箱におさまって帰ってきた。かれらは生死について論じあった記憶をもっていない。それは戦いの場における死を自明の理としたからにほかならない。人生について考える習慣もあまりなかった。無目的な読書、無目的な山歩き、無目的な孤独、青春を成りたたせているそうした個人的な自由は切り捨てられた。「一人の人間の生命が全宇宙より重い」などという考え方は、想像すらできないことである。生も死も、かれらにあっては遅速の問題でしかない。国に殉ずることを本懐とする戦士たらんと、心身を鍛えること、そのために、かれらはあらゆる場合に〝おのれに恥じ〟、また〝修正〟といわれる肉体的な罰を受けねばならなかった。かれらは、しかし、くじけない。

スマートで目先が利いて几帳面
負けじ魂　これぞ船乗り

海軍士官になろうとするもののだれもが教えられる格言の〝スマート〟とは、身なりの整ったという意味でなく、痛烈な、きびきびした、敢闘精神が旺盛という意味を持った言葉であることをかれらはいやというほど学ばされた。

祖国日本の敗色のようやく濃くなった十九年三月二十二日、「一日も早く前線へ」の要請に応え、六カ月間の短縮でかれらは兵学校を卒業する。晴れの日に「おめでとう」という言葉をだれひとり口にしない卒業式であった。家族の出席は許されなかった。そのときあったのは「俺たちの屍を踏み越えてついてこいよ」という下級生への烈しいかれらの言葉のみであった。そして、わずか一週間の休暇をとっただけで、四月一日に東京に集合、つづいて四月三日に天皇に拝謁、翌日それぞれ任地に散っていった。霞ヶ浦航空隊へいった約五百名と違い、艦隊勤務となった残り四百名に近いものにとって、任地とはそのまま戦場につながった。平時なら、少尉候補生として遠洋航海の楽しい教育を受けるときであったろうが、いまは、士官に任官するための最後の教育が、死と隣り合わせた苛烈な実戦だったのである。かれらはおかれている戦局についてそれほどくわしくはなかった。たとえ、くわしかったにせよ、もはや、かれらにとっては、どうすることもできぬ現実であった。

そうした現実は、艦隊配乗を命ぜられたものの大部分が、乗艦する軍艦を見出すのに苦労をさせられたことで、まず知らされた。戦艦をはじめとして小さな水雷艇にいたるまで、いまどこの港湾にあって待機しているか、海軍の首脳のほんの一つかみの人しか知らなかった。あるものは呉へいき、佐世保へいき、横須賀へいき、また呉へいきと、乗艦を求め走り回らねばならなかった。この間にパラオ、ヤップ、ウルシーの敵機動部隊来襲があり、連合艦隊司令長官・古賀峯一大将の戦死があった。戦局は容易ならざるところにさしかかっている。またそうであるから、国家はかれらの殉国の精神を必要としたのである。

そのころ、敵の次の攻撃に備え、連合艦隊の主力はスマトラ島リンガ泊地に集結、猛訓練をつづけていた。艦隊配乗となったかれらのうちの大部分は、呉より戦艦大和に乗せられ、五月一日にリンガ泊地に運ばれた。卒業してからわずか一カ月余りで、二十歳のかれらは早くも多くの部下をあずかる指揮官として第一線に立たされた。

要求されたことは、実に簡単なことである。「一日も早く一人前の指揮官となり出撃に間に合うようにせよ」ということ。それほど事態は切迫していたのである。

しかし、兵学校の士官教育がいかにすぐれたものであり、合理的であり、徹底的であり、実際的であるとはいっても、乗艦後に最初の仕事として自信をもってやれるものはなに一つとしてなかった。とくに大和などの巨艦になると、艦の構造、たとえば狭い、迷路のような通路一つを覚えるだけでも大仕事である。歩いているうちに右舷か左舷かわからなくなる。厚さ三〇センチもある土蔵の扉のような防御ハッチ、弾庫内の巨大な弾丸、六畳ほどもある尾栓。かれらは先輩将校にどなられ、なぐさめられ、はげまされ、海軍士官としての自信を身につけていく。

その点に関しては、駆逐艦に配乗された候補生の場合は、いくぶんか幸福であった。それぞれの艦に、消耗品としての駆逐艦乗り独得の、手荒く、すさまじい気風があったにせよ。栗田艦隊第三十一駆逐隊の駆逐艦朝霜に乗り組んだ航海士・矢花冨佐勝少尉はすぐ艦にとけ込むことができた。といっても、かれがそのことで何か重要な訓練の一翼をになったような気持になれたものは、朝の総員体操ぐらいであった。かれは、それでも大いに張り切って、朝七時の総員起こしの前に起床し、率先して砲塔の上に立ち一、二、三と朝もやの中で号令をかけた。先輩士官の揶揄や憫笑をのり越えて、二十歳の若さと純真さとが、かれに自分のできる尊い任務の一つと感じさせた。

しかし、他艦に配乗していった同期の戦友が、もっと重要な任務を楽々とこなしているのではないかという気がかりが、少尉の心をつねにとらえている。そうしたある日、朝霜の近くに停泊している同じ隊の駆逐艦岸波に注意を向け、矢花少尉は艦橋から双眼鏡で友や如何と偵察したことがあった。岸波には同期生の成瀬謙治少尉が乗艦していた。そのとき、矢花少尉の双眼鏡に映じたものは、同じように朝の体操の号令をかけている友の張り切った姿なのである。

それから十数日たった日に、また矢花少尉は成瀬少尉のその後の演練ぶりを知ろうと双眼鏡をあててみた。そのとき、岸波の艦橋で、双眼鏡をあててこちらをさぐっている士官が、小さな視野の中に映しだされてきた。二人の士官は、双眼鏡の底の、無言の映像にたいして、たがいに手をあげて笑いあった。二人だけに通う同じ青春の、汲んでつきせぬ友情の交流があった。しかし、矢花少尉は、感傷的になるよりも、むしろ滑稽さを先に感じた。新米士官の考えていることは、結局、同じか、と。そしてひとり苦笑するのである。

出動命令がきた。かれらのリンガ泊地での訓練半ばを過ぎた五月中旬である。敵大機動部隊の攻勢下に、マリアナ方面の情勢が緊迫化した。日本の全艦隊がタウイタウイに進出、つづく六月中旬にあ号作戦が発動された。卒業後百日にしての初陣(ういじん)である。マリアナ海域の戦場においてかれらは勇み立った。しかし、海戦の様相が航空戦と変わったときにあって、敵の姿を見ぬうちにかれらは〝敗北〟を目のあたりに見せつけられ、そして仲間たちのいさぎよい、それだけに空しくも感ぜられる〝死〟に出会うことになった。空母大鳳(たいほう)、翔鶴(しょうかく)の沈没。十四名の少尉候補生は初陣の初日に艦と運命をともにした。二日目の敵空襲で、機銃群指揮官の候補生たちは、初めて見参する敵機を相手に激しく戦ったが、敵の機銃弾に倒れるものも続出した。

戦争が苛烈で悲惨なことを、かれらはこのときに学んだ。戦闘が終わってかれらが生き残ったのは、転瞬の差で、たまたま生と死とに分かれたにすぎない。殺すか殺されるしかない戦場にあっては、後方にあってされるような反省や分析にふけってはいられない。無我夢中の中では、戦争の正義も不正義もなかった。作戦の合理も不合理もない。正当性も大誤算もない。戦場に立って、かれらが体得したものは、どうにも説明のしようもないおのれひとりのギリギリの生か死かの問題であった。戦闘とは、多くの書物が説くように敵の戦闘力の撃滅以外のなにものでもない。そこには必然的に犠牲をともなう。そこまでの論理は正しい。しかし、その犠牲者が自分であった場合、それはなんのための犠牲なのか。おのれの死の意味はなんであるのか。生き残ったとき、かれらは苦痛と吐き気をともなって考えさせられた。

日本へ帰り、なつかしの兵学校を訪れたかれらを見て、下級生たちは、半歳足らずのうちに、いっぺんに老成し、あきらめに似た落ち着きを持っていることに、おどろかされたという。父母の、いたいけな弟や妹たちの、あるいは美しい恋人の生命と幸せが少しでも保障されるなら、喜んで生命をなげうって犠牲になろう……、かれらがそう考えついたことは、果たしてあきらめでもあったのか。

しかし、かれらはなお年若く、自分の死をば現実として考えるにふさわしくない未熟さを残している。戦場における死の恐怖は実感し得ても、若さの持つ特権で、おのれの死はなお抽象的でしかなかったのである。栗田艦隊第四戦隊の重巡摩耶（まや）の砲術士・池田清少尉は、あ号作戦で、至近弾による破片で部下八名を失い、その死をみとるという生涯で初めての体験をもった。当時十九歳の候補生は、すでにことされて眼球のくぼんだ一人の部下の死に顔をじっとのぞきこんだとき、背すじに冷たいものの走るのを実感したという。一人前の軍人として、死とはむごいものとする心の準備がないわけではない、が、実際に死に直面したとき、受けたショックはやはり異常かつ激烈にすぎた。候補生は思わず両手で眼を覆った。しかし、戦いは終わり、敗北の艦隊は瀬戸内海へ、そして摩耶は横須賀に帰りついた。しかし、眼のくぼんだ死相は、ついにかれの脳裏からは消えることがなかった。

その池田候補生は少尉として、いままた、摩耶の測的指揮官となり、直率の部下二十八名の先頭にたって、勇躍レイテ湾に向かおうとしているのである。与えられている任務は昼は距離敵針敵速の算出、夜は探照灯の照射指揮であった。任官は九月一日、晴れて海軍士官となる。少尉任官はかならずしも喜びではなかった。任官を待たずして三十四名の友が、太平洋に散っていたからである。

池田少尉は、暗黒のパラワン水道の海面と、先行する羽黒（はぐろ）の蹴立てる白波を見ながら、自分と摩耶との不思議な縁について改めて思い浮かべた。見えない運命の絆（きずな）で、自分の一生が摩耶に結びつけられているように思う。小学校に入る前の年、進水まもない最新鋭艦の摩耶が、かれの村の海岸の沖合に仮泊して、水上機の発射訓練を行ったことがあった。池田少年は、このとき将来は海軍に入ろうという夢をもった。二回目の摩耶との出合いは昭和十六年の春である。すでに兵学校受験の願書を出していた少年は、先輩に招待され摩耶を訪れる機会をもった。摩耶は桜島を背景にして、鏡のように澄んだ水面に、くろがねの男性美をくっきりと投影して浮いていた。鋭くとがった舳（へさき）、はげしくそりかえった煙突、そして荒々しく盛り上がった艦橋、それらは不調和のうちに奇妙な調和と男性的な美しさをもっていた。

いま、池田少尉はあこがれの軍艦の艦橋で副直勤務に立っている。午前零時を過ぎ、十月二十三日がパラワン海をいく栗田艦隊の上に訪れた。少尉は、艦橋右よりの椅子に深々と腰をおろして暗い海を凝視している艦長・大江覧治（おおえらんじ）大佐の姿を、見るともなく見た。眼が充血し、心なしかその肩が落ちている。大佐の長男の一郎少尉と、池田少尉は同期生であった。大江一郎少尉は軽巡名取（なとり）に配乗され、二カ月ほど前に米潜水艦に艦が撃沈されたとき、消息をたった。艦長・大江大佐はブルネイ出撃の前の晩に、水雷長・宇都宮道春（うつのみやみちはる）大尉にひとり言のようにいったという。

「私なんぞは子供も死んでしまったし、いまさら生きる望みはないんだ」と。

池田少尉は、その言葉を思い出し、そして不吉なきざしを感じた。が、それ以上は強いて自分の心に尋ねようとはしない。尋ねてみる必要もないのである。こんどは摩耶も沈むかもしれない、死が間違いなくやってくるかもしれない。一抹の不安が艦橋左舷後方の所定の位置に立つ少尉の心をかすめて消えた。

2

二十三日零時十六分、パトロール中の米潜水艦ダーターの艦橋に立つマクリントック艦長に、司令塔内から報告がきた。「レーダーに反応。目標は船」。ダーターのすぐ隣には僚艦デースが浮上していた。マ艦長は、すぐクラゲット艦長にメガホンでどなった。

「ジャップだ。レッツ・ゴー！」

四十分後、目標が大型艦十一隻を中心とする強力な日本艦隊であることがわかった。両艦はただちに緊急報告を打電、さらに夜の明けるまでに二通の接敵報告を行った。それはハルゼイ大将が日本艦隊について知った最初の情報になった。戦端の火蓋は切って落とされる。

3

栗田艦隊にもぬかりのあろうはずはなかった。この潜水艦の電波を愛宕（あたご）はキャッチしていた。といって狭水道では高速を出して敵潜水艦網を振り切ることは不可能である。当然予想されることは艦影の見え出す夜明けの攻撃である。栗田長官は全艦隊にあてて作戦緊急信を送り、警戒をより厳にした。

「発信中ノ潜電波八四七〇kc（キロサイクル）感五、極メテ大」

五時二十分である。

十分後、艦隊は一八ノットに増速し、同時に、各艦には前後してけたたましいラッパの音とブザーが流れた。そして「配置につけ」の命令が飛んだ。

黎明（れいめい）訓練のために総員が戦闘配置につき、砲員は砲の操作と照準訓練を、機銃員は機銃の射撃操法を、水雷科員は魚雷発射操作を、そして応急員は応急訓練をはじめた。敵を見るまでは、ひたすらに日常の猛訓練がつづけられる。

もっとも、見張員や電測員たちにとってはすでに戦闘がはじまっている。黎明と薄暮は視界が急激に変化する。人間の眼が容易になれないため、攻撃側に絶好の機会が与えられることが多かった。艦隊はレイテ湾突入まで大砲を一門なりとも減らしてはならぬ守勢に立たされている。二分、三分、眼を皿にして海面をにらみつける時間がつづいている。

愛宕の高橋少尉は、当直として右舷見張指揮所にあって警戒の視線を海面に送りながら、そっと忍びよる朝の訪れを心地よく感じていた。暗黒の海が濃灰に変わり、同じような暗さの中で、同じような色の海と空との混淆（こんこう）があった。それは灰色から青一色の海へとゆるやかに変わるであろう。少尉には、同期の衛兵副司令・久島守少尉が間違いなくこの時間には艦橋にいるのだろうか、と妙なことが一瞬気になった。

出撃前に、少尉と久島少尉とは、二人だけの約束をかわした。艦橋には天皇、皇后の写真が安置され、艦に万一のことがあったとき、天皇の写真は衛兵副司令が、皇后の写真は庶務主任が背負って泳ぐことがとりきめとなっている。しかし、久島少尉は水泳にあまり自信がなく、ましてや桐の箱に入れた重い写真をズック鞄に入れ、それを背負って泳ぐことにある種の不安を感じていた。しかも白昼は、久島少尉の戦闘配置は下甲板と決められている。それならばと、高橋少尉がみずから買ってでた。もともと五月に異動がなければ衛兵副司令は高橋少尉の受け持ちであったのである。高橋少尉は久島少尉に、こういった。

「夜は貴様が艦橋にいるのだから、貴様がやれ。昼は近くにいる俺が背負ってやるぞ。安心せい、俺がついている」

二人の少尉は、こうして二人だけの秘密協定を結んだ。だから、高橋少尉が昼とも夜ともわからぬ混沌とした時間に、ご真影の責任分担のことを気にしたのはやむを得ないことであったかもしれない。

六時半、早朝訓練が終わると同時に、艦隊は之字運動(のじうんどう)A法を再開した。高橋少尉は、訓練を無事に終えたあとに決まって訪れるほっとしたような気分にしばし浸っていた。右前方、はるか遠くに島かげを認めた。壮厳な夜明けである。朝の光が水平に朱色の線をつくり、やがてゆっくりと空一面を染めはじめ、淡紅色を背にパラワン島が低く海面にはうようにして横たわった。南端の山嶺がぽつんとそびえている。少尉は測距塔の上に腰をおろし、じっとその稜線に視線を送った。

「今日はあのへんから敵機がくるのではないかな」

と、かれは部下の兵たちに話しかけた。右前方から愛宕に向かって一直線に突き進んでくる雷跡に気づいたのはそのときである。少尉はバネで跳ねとばされたように立ち上がると叫んだ。

「雷跡ッ」

一瞬に感じた恐怖で声はひきつっていた。

　雷跡を発見したのは、高橋少尉だけではない。右前列にあった直衛駆逐艦岸波は、白い蒸気を吹き上げ、つづいて狂ったように汽笛を鳴らした。全艦隊への緊急敵発見の信号であった。それは之字運動をはじめて二度目の転舵に移り舵が左に切られたとき、と多くの将兵は記憶している。駆逐艦を間にはさみ、左縦列の愛宕とならんで右縦列の先頭には第五戦隊旗艦の重巡妙高が長い澪を夜明けの海にひいていた。その右舷機銃群指揮官・島田八郎少尉がつぎの瞬間に見たものは、愛宕の舷側の砲塔付近にキラッと光った白色の閃光であった。六時三十二分。つづいて白いほっそりした水柱がもり上がり、みるみるマスト以上の高さに達すると、そのままに停止した。やがて、しぶきとなって、一万トンの艦を覆いつくした。さらに中部、後部に水柱が二本、三本……。

「対潜戦闘」

　という艦内令達器からのかみつくような号令を耳にして初めて、島田少尉は茫然となっているおのれを発見した。かれもあ号作戦の生き残りで、そのころ抱いていた戦局観は、あ号作戦までは日本にもまだ勝機があるということであった。しかし、それに敗れたとき、少尉は日本の前途を痛切に憂えた。負けるとまでは思わないにしても、勝つためには、尋常な手段では不可能であろう。つまりは、全滅。一兵残らず死んだあとにして、日本の栄光が訪れるかもしれないという悲壮なものに変わっていた。丸裸で出撃するレイテ作戦に初めから必勝の信念などもてようはずはない。しかし、それでもなお、勝ちたいと思った。願望はそのまま当為につながっていく。勝ちたいのではなく、勝たねばならない。その矢先に、総大将の坐乗する旗艦が真っ先にやられたのである。あ号作戦でも、旗艦大鳳が第一にやられ、それがずるずる敗戦につながった。その記憶のなお新たな少尉の受けたショックはかなり大きいものがあった。

愛宕の高橋少尉の受けたショックは、精神的なものではなく、肉体的なものであった。それもまったく個人的に加えられたもののように感じた。最初の一撃の水柱の勢いに吹きとばされ、少尉は、その痩せた身が空中に浮いたのをおぼえながら、心の中で「落ち着けッ」と叫んだ。甲板に叩きつけられころがったとき、強烈な痛みと同時に、俺は生きているなと思った。つづいて二度、三度と衝撃を感じ、甲鉄の引き裂かれる音を聞き、少尉は立ち上がろうとしてまたころがった。そのまま立とうとしてもどうしても立てなかった。愛宕は、三〇度ほど右舷に傾いていた。いたるところで声がしていた。

「不要物は捨てろ。可燃物は海中へ」

少尉は義務に忠実であった。とっさに「水上射撃に備え」と号令をかけたが、一番砲三番砲はともに仰角零、射撃準備を断念するほかはない。つづいて、少尉はきびしい命令を耳にした。

「総員左舷に移れ」

床の鉄板をよじ登るようにして、少尉は必死に左舷に移っていった。この間に傾斜による転倒、誘爆を恐れ、魚雷、砲弾が次々に海中に放棄された。そのときになっても、少尉は自分のおかれた位置についての明確な自覚はなかった。愛宕が魚雷を食って断末魔のあえぎをしていることが信じられなかった。しかし、甲板のひどい傾き方はそれ以外の解釈をかれに許さない。部下が全員左舷に移ったのを確認してから、高橋少尉は高射指揮所の分隊長・奥西中尉に大声で報告した。そして、自分も、やっと高くもち上がった左舷によじ登ったころ、乗組員が次々に海に飛び込んでいるのをみとめた。木材木箱のようなものが一緒に放りこまれた。高橋少尉は退艦命令を聞いたはっきりとした記憶はなかったが、前よりずっと静かになり、乗組員が無言のうちに整然と海中に身を躍らせるところからみると、艦長以下の必死最善の努力も結局は空しかったのだなと納得するものがあった。そして、久島のやつ、ご真影をうまく運びだしただろうか、という懸念がちらと頭をかすめた。

高橋少尉の記憶がはっきりしているのはそこまでであった。

愛宕が雷撃を受けたとき、すぐ後ろを航行する高雄（たかお）の電測士・橋本少尉は戦闘配置の電探室にいた。真夜中の敵潜の無線電話傍受の報告は確かに彼の耳にもとどいていたし、それからずっと、艦隊が触接を受けていることは明らかであった。しかし、肝腎のレーダーに敵潜水艦は影すら映ってこなかった。いわば橋本少尉は高雄の眼であり神経である。それがなんら感覚をもたないときの、敵潜からの攻撃である。その上に、

「愛宕がやられた。煙が出ている」

という伝声を、橋本少尉が室で聞いた直後であった。高雄の右舷の一番連管（魚雷発射管）の真下と、舵取機室付近に計二本の魚雷が命中した。轟然（ごうぜん）たる爆発が二発あいついで起こり、つづけざまであったので一つとなり、大音響を夜明けの海にとどろかした。激しい衝撃が小柄な橋本少尉の身体を吹っ飛ばそうとし、少尉は背骨をへし折られそうに感じたが、辛うじてそれに耐えた。衝撃と爆音がおさまったとき、高雄は生きもののように一万トンの巨体をふるわせると、ゆっくりと、そして、わずかに傾斜した。それ以上、なんの動きもないのが、室にある少尉にはかえって不気味であり、心細く感じられた。いぜんレーダーには感度なし。

第一部隊の駆逐隊は、狂奔していた。「戦闘配置ッ」「第一戦速」「爆雷戦用意」という命令が連続した。愛宕、高雄をのぞいた第一部隊の巨艦群は、大和よりとっさに出された「青々」の信号で、緊急右一斉回頭、前進をつづける。そのため整然たる隊型に乱れを見せた。航跡と航跡とが交錯し、そこに爆雷投射の噴出するような渦がのしかかり、静穏の海は攪乱されて、波頭が飛沫をあげて散った。傾斜したままで停止し濛々たる黒煙を吐く愛宕に、直衛の岸波と朝霜がぐるぐる回りながら近づいていく。高雄は「ワレ舵故障」の旗旒を掲げて隊列から落伍しはじめている。その周囲をめぐって駆逐艦がなおも見えざる敵潜に爆雷攻撃をつづけた。記録によれば、その数三十六発。

右縦列二番艦の羽黒はこのとき（六時三十七分）左一六〇度に敵の潜水艦らしきものを発見した。快活な甲板士官・長谷川少尉は「あれだ、敵潜だ」と拳をにぎりしめた。艦隊は前進する艦あり、回頭する艦あり、いわば支離滅裂の状態に陥っている。

壮厳なる南海の日の出がその間に訪れた。暗い水平線の東端に淡赤色のメスが入り、その線は見るまに萌黄色の面となってひろがっていく。

愛宕の高橋少尉は明るくなりはじめた海の上にぽっかり浮いている自分に気づいた。まわりはすべて水で、つかみどころがなく、当然のことながら身をささえるものがないのが頼りなく感じられた。時間の感覚はなくなっている。重巡を離れてから一分間なのか、一時間も経っているのか、またどの方向にいてどっちを向いて浮いているのかわからなかった。わけのわからないままに、少なくとも危険は身のまわりを通りすぎたのだろうと思った。艦上にいたときは気づかなかったが、海上には小さなうねりがある。うねりの頂上に押し上げられたとき、すぐそばに駆逐艦が近づいて停止しているのをみとめて、その後部をめざしてかれはゆっくりと泳ぎはじめた。が、すぐにそれは自分を死地に追いやるにひとしいことを思い知らされた。駆逐艦の両舷に愛宕の乗組員が泳いで殺到していた。そのころは艦隊乗員の補充も思うにまかせず、三、四カ月の海兵団教育で配乗され、あまり泳ぎの得意ではない若年兵も多かった。それが助けを求めてあがき、泳げないもの同士がしがみつきあい、すでに海は人々でいっぱいになっている。懸命に水面の上に出ると、たちまち海底深く引きずりこまれる。舷側によじ登ろうとし、突き落とされ、下からは足を引っぱられ、叫び声をあげて海上に放りなげられた。海の上も下も人間が積み重なるようにして蹴りあい、引きあい、それぞれ生命を求めてあがいていた。やんぬるかな。泳ぎに自信のある高橋少尉は、駆逐艦からしばし遠ざかって順番を待とうと思った。結果的にはそのことで少尉が、自分の〝生〟をしっかりと自分の手に掴みとることとなった。

かれが駆逐艦からゆるゆると遠ざかった直後だった。駆逐艦の艦橋より「機械を入れるから遠ざかれ」と拡声器による命令が出たのである。「ただいまより本艦は前進する！」。海中にある将兵は驚愕した。なぜ、駆逐艦がかれらを残して前進しようとするのかについて理解することができなかった。しかし、軍人としての誇りのためか「助けてくれ」とその場になって叫ぶものはなかった。将兵は黙々として命令にしたがい、艦からはなれた。その無言の漂流者の上を駆逐艦は猛然と航進していった。味方の艦が味方の将兵をひき殺していく。海面遠くはなれ、それを眺めていた高橋少尉には、それが駆逐艦岸波であり、愛宕に坐乗していた司令長官・栗田中将、参謀長・小柳少将ら司令部要員救助のため近づいたものであり、そして長官以下の幕僚の収容が終わると同時に、前進の命令がかかったのだという事実など、知り得べくもなかった。無表情におし黙って少尉は、視線をそらし、水平線をはなれようとしてひときわきらめく大きな太陽を注視した。それは、立ち去っていく大艦隊を濃い青の海と空のかなたに浮かび上がらせていた。

六時五十三分、傾斜五〇度を超えた愛宕は檣頭に中将旗をかかげたまま、赤腹をのぞかせて水中に没した。鋼鉄づくりの巨艦が紙の船のようにあっけなく横転して沈んだ。

遠ざかりゆく各艦は、「やられた艦は見るな！」としきりに叫びつつ、しかし、ややもすれば本来の任務をおろそかにし、ぼんやりと後方を振り返ろうとする血の気のない顔をいくつも乗せて、急角度にジグザグ前進をつづけていた。一刻も早く敵潜のひそむ海域をのがれねばならない。レーダーの発達にともない海底の潜水艦に対して、日本艦隊は無抵抗の状態になりはじめている。文字通り見えない不気味な力であった。しかし、いまはもう一つの見えない力——運命という名の力に押しひしがれて、艦隊の士気はやや衰えていた。出撃後二十四時間もたたずして総旗艦を失ったのである。

しかし見えざる力はなお襲撃をやめなかった。一斉回頭の旗旒信号が武蔵の檣頭に揚がり、それに合わせて後続の羽黒が左に回頭した直後だった。羽黒艦橋は左真横に雷跡二本を発見し騒然となった。しかし発見がいち早く、即応する処置も早く、面舵いっぱいをとった羽黒は艦尾すれすれにこれをかわした。西の方の海は黒々と横たわっていた。そして、空に顔をのぞかせた太陽から、一直線に、金の粒をまいたように東の方の海は光っていた。その光の線を横切って、泡を吹く雷跡が左から右へ突っ走っていくのを、長谷川少尉はまざまざと見た。そのまま魚雷について左から右へと視線を移していくと、羽黒の右、魚雷の方向には、摩耶が流れるような精悍な姿をさらしていた。息をのんだため、声にはならなかった、羽黒が障害となり摩耶の魚雷発見は遅れるのではないか、と少尉は思った。

六時五十九分、摩耶は四本の魚雷を受けて、二分後に轟沈した。水柱が奔騰し、瀑布のような飛沫が艦姿をつつんだ——ぐらりと傾き、艦首と艦尾がぱっくりと引き裂けたとみるまに、あっけなく海中に没した。紺碧の空を背に、軍艦旗は朝風にはためいていた。なおも空転するスクリューが朝日を受けながらキラリキラリと光った。

摩耶轟沈の様は、すぐ後方を追尾する武蔵から手にとるように眺められた。それは一瞬の閃光であり、はらわたを千切るような轟然たる音響であり、そしてゆっくりと、もったいをつけているかのようにゆるやかな、巨大な水柱の海面への落下であった。飛沫のふりそそぐ下で、一万トンの重巡洋艦はうねった。そして褐色を帯びた黒煙の中に摩耶の巨体はかくれた。煙が晴れたあとの海面には、点々と、小さな樽でも浮いているように摩耶の生存者が漂っていた。

武蔵の第二群機銃群指揮官・望月幹男少尉には、その印象が鮮烈だった。あまりに鮮烈すぎて、かえって現実のこととは思えないくらいであった。摩耶の死は早朝の空を背景にきらびやかに、美しくすらあった。映画の一場面を見ているのではないかと錯覚し、フィルムを巻き戻せば、沈んだ摩耶がまた浮かび上がり、勇壮に荒波を押しわけて、水平線の彼方から現れてくるのではないか、と思う。しかし、天日はぎらぎらと眩しかった。それが幻であるはずがなかった。

摩耶の左正横一五〇〇メートルにいた直衛の早霜も、羽黒が発見したのとは別の雷跡を発見していた。それを摩耶に知らせる猶予はなかった。魚雷はあまりにもびっしりと間をつめて走っていた。奇跡は起こらなかった。通信士・山口少尉はあるいはころび、あるいはすべりながら脱れようとする乗組員が、巨艦の舷側から海中にこぼれ落ちていくのを、こめかみの辺に痛みをおぼえるほど歯がみしつつ望見していた。山口少尉だけではない。早霜の乗組員のほとんどが同じ想いの無念さをかみしめて、摩耶の沈没を見ていたのである。

捷一号作戦が発動される直前、早霜は僚艦・秋霜とともにマニラにあって輸送船護衛任務につこうとしていた。出港直前に作戦が発動され、ブルネイ湾集結を命ぜられた。そのとき、マニラよりブルネイへ向かう途中、いま摩耶が沈んだ海面で、二隻の駆逐艦は、敵潜水艦の魚雷攻撃をかわし、爆雷戦を行った。四日前の十九日昼ごろである。早霜も秋霜も爆雷十数個を投じたが、敵潜撃沈の確認を得ず、戦場を引き揚げた。

山口少尉は戦後に米軍の記録を見た。それによれば、このときの潜水艦はタング号であり、その戦闘日記には、「敵駆逐艦二隻発見、雷撃、効果なし。爆雷攻撃をくう、被害なし」とあったという。

山口少尉には、そのときの回想が痛烈な怒りをともなってよみがえってきた。あの潜水艦だ、あれが摩耶を沈めたのだ、とひらめき、なぜあのとき徹底的に攻撃を加えなかったのかと悔やんだ。かれの怒りはむしろ海軍のあり方に、戦術に向けられたものでもあった。常に爆雷の数を考え考え投下する日本海軍。聞けば、米潜の魚雷発射はかならず全射線攻撃であるといい、駆逐艦が日本潜水艦を発見すれば、一日中食い下がり、雨のように爆雷を落とすというではないか。被害を未然に防げたものを、しかも、わが早霜がそれをなし得たはずであった、と無念さが腹の底からこみあげてくる。

思いもかけず「秋山兵曹は、通信士の先生だったそうですね」と、部下の下士官がこのとき少尉にいった。緊張がほぐされた。ほぐれたことで、少尉は、自分がせねばならない任務を思い出した。戦場では、平常心こそが大切なのである、と少尉は、自分にいいきかせた。

羽黒の甲板士官・長谷川少尉は摩耶の沈んだ海面に視線を送りながら、なんの脈絡もなく何人かの同期生の顔を思い出した。同時に東郷良一中尉の顔があらわれて消えた。東郷元帥の孫ということだけではなく、帝国海軍に知らないものがないほどの名物中尉である。軍律おかまいなしの天衣無縫の士官ぶりは、旧式の軍人精神にこりかたまった将星たちの顰蹙（ひんしゅく）をたえずかっていた。少尉のころ、短剣を紛失し、祖父元帥の、海軍の宝ともいうべき短剣を代わりに下げてきて、上官たちを驚倒させたこともあったという。

しかし、たとえ軍神の孫であろうと、あの轟沈の悲惨を見ると、助からなかったのではあるまいか。そう想像することは、長谷川少尉にさびしい気持を起こさせるのである。

事実、このとき東郷中尉は戦死した。しかし、摩耶の砲術士・池田少尉は生きのびて、重油で表面に厚い層のつくられたどす黒い海面に浮かんでいた。かれの配置が直撃を受けなかったことが幸いした。生きて海中に浮いて、少尉が気づいたことは、飛び込むとき、確かに首にかけていた双眼鏡が、いつの間にか失われていること。そのことで少しは泳ぎやすくなっていたが、こんどは靴が邪魔になり、これをぬぎ捨てた。二つの靴はきりもみに旋回しながら下へ下へと沈んでいった。それが自分の身代わりとなってくれるような錯覚を、ふと、少尉は抱いた。太陽の反射を受けた海は生温かく、ぬるま湯と変わらなかった。

愛宕、摩耶沈没、高雄大破。一挙にして第四戦隊の重巡四隻のうち三隻が敵潜水艦によって奪われてしまった。一発の砲弾をレイテ湾頭に撃つこともなく〝浮かべる城〟は、第一部隊の僚艦の眼前で水中に没しさったのである。六キロ後方の金剛、榛名を中心とする第二部隊十三隻は、第一部隊に何が起ころうと、詳細を知り得べくもなく、知ったところでどうする術もなく驀進をつづけていた。しかし、個々の将兵となるとまた別であった。沈没を眼の前で見た第一部隊の将兵とは違った、もっと不吉な強い衝撃をかれらに与えた。

第三戦隊の戦艦榛名の通信士・榊原梧朗少尉はブルネイ出撃いらい繁雑な、寸刻も手をぬけない忙しい時間を送っていた。敵が姿を現し戦闘がはじまるずっと前から、通信士の戦闘はつづくのである。味方の通信、信号はもとより、敵の通信通話をも傍受せねばならない。通信・情報は出撃前より洪水のように通信室・暗号室に流れ込んでくる。近代戦はたしかに通信戦なのである。その日の朝、榊原少尉がはっきりと記憶している通報は「センスイオンアリ、ケイカイ」というものであった。

愛宕被雷の第一報が通信室におどり込んできたとき、当直明けの手すきで、そばの器材の上で憩っていた少尉はとっさに艦橋にかけ上がり、双眼鏡の丸い小さな視野に、第一部隊の各艦の艦影を求めた。しかし、見えたのは、油を流したように平穏な南洋の朝の海。数分後、眼を皿のようにしてなおも見つづける少尉の双眼鏡は、水平線の向こうに、白い、巻き煙草を立てたような水柱をとらえた。サイレント映画を見るようであり、これが戦争だとは思えないほどに、ひっそりとした小さな変化であった。そこに幾百もの死があるなどとは、二十歳の少尉には想像できないほどであった。

艦橋で、ぽつんとだれかがつぶやいた。「また、やったな」と。それは、おぞましいほど暗く、低い声調をともなっていた。

同じ通信士でも、第十戦隊第十七駆逐隊の駆逐艦磯風（いそかぜ）の越智弘美（おちひろみ）少尉には、簡単な電文として、第一部隊の被害がとどけられた。「戦闘配置につけ」のブザー音を聞くと同時に、艦橋にかけ上がり、少尉は部下の見張員信号員の後ろに立った。異様な緊迫につつまれた空気の中で、冷徹な外科医のように感情をさしはさまず、暗号電報をさばいている暗号員から渡される通信をよりわけ、かれは艦長、航海長に次々報告した。彼もまた熱い血の通っていないような冷静さを保とうとした。

そうしたいくつかの緊急暗号電報の中に「愛宕、摩耶被雷沈没」の電報があった。

少尉はふと、こうした事態の推移を時間を追って刻明に記録してある航海日誌に目をおとした。そこには簡単に「アゴチン、マヤチン」とのみ記されてあった。その片カナで記録されたわずか八文字を見たとき、かれの胸の底の方から、暗くなるような悲しみがわいてきた。乗組員の勇気や忠実さや、あふれ出るような闘志でもどうにもならない大きな力が働いている。それを運命といってもいいのであろう。それが、力いっぱいに戦いたいとする将兵の決意、無事でいてくれと願う肉親や恋人の祈りを押しつぶして、多くのものを死に追いやっていく。そのはかなさ、人の力の頼りなさを、ただの八文字の中に少尉は感じたのである。

しかし、いつまでも個人的な感情におぼれているわけにはいかない。通信暗号がなおも連続的に送られてきていた。それを解読し区分けする。その中に、将旗を岸波に移す、というのがあった。これを見たとき、長官と司令部は無事だったのだなと安心感とともに、偉い人はいつでも死なないものだなとする皮肉な気持を、越智少尉は思わず抱いた。しばらくして、高雄航行不能、という電報がぽつりと入ってきた。

4

栗田艦隊が重巡を次々と失い、混乱に陥っていたころ（六時三十分）、ルソン島北方海面の小沢艦隊は警戒航行序列をくずし、対空警戒序列の陣型に組み直していた。

栗田艦隊が予定通り東進すれば、明二十四日はルソン島東方海面に作戦中の敵機動部隊の制空権下に入る。したがって、明日、敵の攻撃圏内におし入り、小沢機動部隊は敵の注意を主力部隊からそらせて、攻撃の鋒(ほこさき)を北方へ向けさせねばならない。そのため、明朝までにルソン島北部二五〇浬(かいり)の地点に到達することが、小沢艦隊に課せられた必要条件であった。いいかえれば、全滅の危機が明日に近づいたのである。いや、そう楽観しきるわけにはいかなかった。へたをすれば、全滅が今日になる恐れがあった。ルソン島東方にいると思われている敵機動部隊が、潜水艦の通報などにより小沢艦隊の位置を知り、北方に移動してきていれば、決戦は明日を待たずしてすぐにでも訪れるかも知れない。かりにそういう予期せぬ戦闘が起こるとすれば、全滅するための破天荒な出撃とはいえ、おとり作戦の目的を完遂することにはならなくなる。捷一号作戦の終局目的は、二十五日黎明の栗田艦隊レイテ湾突入である。そのときを基本にして、逆算的にすべての他の作戦が決定されるのである。

　小沢艦隊は作戦の完遂を期して、朝まだき索敵線十二本をひろく南方に張った。母艦四隻より十二機の索敵機が飛び立っていった。しばしの静寂がつづいた。一時間もたったろうか、前方一五〇浬に敵味方不明機の発見の報があり、艦隊は戦闘配置につく。さらに、愛宕、摩耶が沈没したころ、小沢中将は対空防御にいちばん効果的なように艦隊を対空警戒序列、すなわち二つの小部隊に分けたのである。第一群は瑞鶴、瑞鳳を中心に伊勢、大淀、多摩、駆逐艦は初月、秋月、若月、杉、桐の計十隻。第二群は千代田、千歳を中心に日向、五十鈴と駆逐艦の霜月、槇、桑の計七隻である。二つの輪型陣は厳重な対空警戒下、進撃をつづけた。針路は二四五度、南々西である。

　前衛として前進する第四航空戦隊二番艦の伊勢の測的士・高田芳春少尉は、先をゆく日向の艦尾を見ながら、予想される戦闘における自分の任務について、少なからぬ不満を心中に抱いていた。それは、大袈裟にいえば、配乗させられた伊勢という軍艦にたいする不満であるともいえた。

日向とともに伊勢は速力の遅い旧戦艦に属する巨艦であったが、昭和十七年ミッドウェイ敗北後の空母大増強計画と並行して、半ば空母に改装された。艦の前半部は三六サンチ砲八門をもった戦艦、そして後半部は飛行甲板と格納庫をもつ航空母艦として生まれかわったのである。副砲も全部とり去られて、高角砲と対空機銃が強化された。航空戦艦という構想である。とはいうものの、艦尾の飛行甲板の仕組みが妙なことになっていた。飛行機の離艦は飛行甲板上の左右二基のカタパルトで発射され、一たび離艦したら二度と着艦できないのである。そして搭載機数は艦爆二十二機が最大限。

狙いはたしかに面白かった。小型空母の能力と戦艦の大砲威力を兼備した軍艦、世界の海軍でも類のない日本海軍の独創である。それが高田少尉にはいささか不満なのである。少尉の任務は殷々(いんいん)たる主砲戦における敵艦との距離や速力を測る測的である。つまり伊勢の前半部における戦闘で、敵艦との凄絶(せいぜつ)な主砲戦においてこそ、少尉の武器の主砲測距儀がその力を発するのである。かれはまた電測士をも兼ねているが、その主武器たるレーダーも、敵機が艦隊の上空をおおいつくせばものの用にもたたなくなる。そして、これから予想される伊勢の戦闘は、疑いもなく敵の航空機を一手に引き受けて戦う海空戦以外のなにものでもない。伊勢が〝戦艦〟であれば、レイテ湾に突入し、その巨砲にものをいわすことができたはずである。〝航空〟

という役割がついたばかりに、主力突入部隊からはずされたことが残念でならないのである。

　高田少尉は自分の生命にたいしてそれほどの執着はもたなかった。初陣であるがために、不安はつきまとっているが、死ぬことには大した未練はなかった。〝おとり〟という任務にも半ば男らしい犠牲的精神も感じた。しかし武器一つもたずに、なにほどの抵抗もせずに、ムザムザ殺されることには強く反撥（はんぱつ）するものがある。主砲測距儀とレーダーは乱舞する飛行機にたいしては武器とならなかった。そのころ、愛宕、摩耶そして高雄に配乗された同期生の何人かが、無抵抗のうちに生死を異にしているとは夢にも思っていない。ただ、無為無策で自分の生命を棄てることは、二十歳の若さにたいして許せない気がする。犬死にだけはしたくない。かれは、そこで出撃いらい、調達してあった陸上用の軽機関銃の整備に、部下とともに打ち込んでいた。疾駆する軍艦にあって、固定していない機銃によって、飛鳥のような敵機を撃ち落とせるなどとは常識的にも考えられないことだが、少なくとも無抵抗の死ではないことだけは確かであろう。少尉は自分の処置と、敢闘精神に少なからぬ満足をおぼえるのである。

　そうした銃の整備に余念ない高田少尉を、ひどく羨ましがる予備学生出身の少尉がいた。搭載飛行機の整備士である。内地を出港してこのかた、かれには伊勢艦上において自分を打ち込めるような任務がなかった。高田少尉の任務が艦の前半部であるなら、かれの任務は後半部にかぎられている。かれの戦闘とは、搭載した艦爆にたいして万全の整備をし、それを敵艦隊攻撃命令とともに自分たちの闘志の証として射出することにあった。が、実は、その飛行機を一機も、出陣にさいして航空戦艦伊勢は搭載してこなかったのである。飛行機も搭乗員も底をついている。伊勢はその戦闘能力を、出撃前に、半分喪失して第一線に乗りだしてきていたのである。にもかかわらず、飛行機の整備士は、その戦闘能力が十分にあると同じ想定のもとに、命ぜられて艦に乗り組んできていた。

予備少尉は同病相憐れむかのように高田少尉にこぼすことがあった。「戦闘のときには、まあ、ゆっくりと戦争を見学していなさい、と上官にはいわれているのですが……しかし」と。そういいながらかれは、高田少尉が後生大事と磨きに磨いているいる陸用機銃にうらめしそうな視線を送る。高田少尉はあわてて機銃を引っこめた。いまは同情するときではないと、あえて非情になろうとする自分を少し浅ましく感じた。

伊勢の高田少尉が初陣のいくさであると同じように、日向の右舷三番高射機指揮官・中川（旧姓＝黒田）五郎少尉もまた初陣で、戦闘とはどういうことが、どのようにして起こるのかわからないという、かすかな不安につきまとわれていた。あ号作戦に伊勢、日向が参加せず、同期生におくれをとったという口惜しさが別にあり、もちまえの気さくな性分から中川少尉は、あたりかまわず初陣の不満を吐きちらした。それはかれが参加しなかったばかりに、あ号作戦が惨敗に終わったのだといわんばかりの、激しい意気ごみようであったのである。

しかし、一面でかれはまた、こんどの小沢艦隊の任務が〝おとり〟であることを出撃前に艦長より知らされ、そのことがスパッといきたいおのれの性分にあうようで気をよくしている。縁の下の力持ち、だれかのために犠牲となる、黙々と。男らしく一言の不平も弁解もない。その心事は艦を吹きぬけていく風のようにさわやかではないかと。伊勢の高田少尉とちがい、戦闘となった場合、中川少尉には全力を傾けるべき持ち場があったからかもしれない。それは二連装八基のうち、四分の一の四門の高角砲の対空砲火の責任者ということである。自分なりに訓練で工夫をこらした高射機を、二十歳のかれが指揮するのである。

こうして中川少尉が若々しい眉宇（びう）に決然たる闘志をみなぎらしているとき、前檣の中ほどにある艦橋では、時ならぬユーモラスな空からの贈りものに、第四航空戦隊司令官・松田千秋（まつだちあき）少将、日向艦長・野村留吉（のむらとめきち）少将らの首脳が張りつめた表情をほころばせていた。鷹に似た一羽の鳥が舞い降りたと、一人の下士官が大切そうにかかえて指揮所にかけ上がってきたのである。縁起をかつぐのは船乗り共通の心理である。大和の市川少尉が大海亀に瑞兆を感じたように、一羽の鳥は艦隊のピリピリとした神経をときほぐした。残念ながら、それは鷹ではなく、ふくろうの子供であった。鷹は瑞鳥、日本海海戦では旗艦三笠にそれが舞い降りたという。ふくろうでは話にならない。このとき、野村艦長が即妙のしゃれをとばした。

「ふくろうも鷹と同じくらいにめでたいぞ。敵機動部隊はふくろうのねずみだ……」

艦橋にはどっと歓声が湧いた。

小沢艦隊の全士官が、かならずしも全滅を覚悟の任務をはっきりと知らされていたわけではなかった。中にはただ陽動作戦とだけ知らされている士官もあった。瑞鶴の航海士・近松正雄少尉は、おとりという役割を承知していたものの、自分の艦が沈むなどということを考えてみたこともなかった。あわよくば敵の機動部隊をひきつけてその一、二隻も仕とめてくれようと、むしろ攻撃精神をさかんにもやしていた。この若い少尉にとっては、敵機動部隊は正しくふくろうのねずみなのである。

こうして小沢艦隊は緊張をみなぎらせ戦場へと猛進していた。飛び立っていった索敵機からの敵空母発見の報はない。しかし対空警戒陣型をくずさず、そして全員は戦闘配置についていた。この小沢艦隊を悲しませたものに、十時半過ぎにとどいた主力栗田艦隊の重巡三隻損失の報があったが、所詮は全滅を覚悟した連合艦隊の全艦艇である。一隻二隻の喪失が艦隊の士気をゆるがすことはなかった。闘気のうちに、深刻さもいつか埋没して消えてしまった。

5

大和坐乗の第一戦隊司令官・宇垣纏（うがきまとい）中将は、午前八時三十分、岸波に無事移乗した栗田艦隊長官より、大和に移乗するまでの全軍の指揮をとることを命ぜられ、ただちに全軍に信号し、指揮権の存在を明らかにした。それまでは愛宕を失ったことでとまどっていた全軍の視聴は、このとき以後、海軍の象徴である巨艦・大和に向けられた。もともと大和がレイテ沖海戦の中心になるべきであったのである。開戦いらい、第二義的な活動しかしておらず、その巨砲をいたずらに虚空に向けたまま、そしていま乾坤一擲（けんこんいってき）ともいうべき最後の大作戦でも、第一部隊の最後尾にあってとぼとぼとついてきた巨艦が、いまこそ全艦隊の先頭に立ったのである。

宇垣中将の命令はてきぱきと縦横に飛んだ。ようやく乱れていた第一部隊の陣型がととのうと、二四ノットに増速を命じ、大破した高雄の漂流する海面には駆逐艦三隻を残し、その護衛とともに波間に浮く愛宕、摩耶の乗組員の救助に当たらせた。さらに、十時二十六分、連合艦隊、小沢艦隊、南西方面艦隊ならびに軍令部総長に対して早朝の悲報を通報し、しかしながら作戦計画が予定どおり続行されていることを明言するのであった。

後続する第二部隊も増速し、対潜警戒を厳にし、愛宕、摩耶の沈没海面をふり返りもせず通り過ぎた。砲塔動力の油圧ポンプ、ディーゼル発電機、大砲や魚雷用の圧縮空気のポンプ、大砲の試動などに余計な音を出させぬよう万全の警戒体制をとり、敵潜の魚雷発射音、推進器音などを一分一秒でも早くとらえようと、各艦は必死の形相をしてパラワン水道を通過しようとした。

戦闘が終わり、艦隊が去ったあとに訪れてくる奇妙な静寂が、惨劇の海域に包みこむようにしておりていた。死者は一言も発しない。生き残ったものも、初めは元気よく歌を歌うものもあったが、いまは無言となり、まだ自分が生きていることの不思議な実感を味わい、ほかにだれが死なないですんだものかを気にし、ここに一群、あちらに一群とかたまって浮いている。

自力航行をとり戻そうと、全員が一丸となって緊急処置につとめている重巡高雄。その電測士・橋本少尉は水に入らなくともよかったが、すっかり気むずかしくなっている。全軍特攻が言葉どおりのものであるなら、なぜ一丸となって長短距離を突っ走らなかったのか、潜水艦が攻めるに容易な黎明時にいちばん危険な狭水路を通過するように計画すれば、こういう事態になるのは自明の理ではなかったか、そんなことがしきりに考えられるのである。これまでの戦闘でもそうであった。状況が変化したとき臨機に対応できず、ただただ既定のコースどおりに作戦を強行し、自滅していったのが連合艦隊の姿ではなかったか。そして、いつもよりどころとするのは、手前勝手な希望的観測でしかなかった。そんなことが考えられ、精神力では科学には勝てないのだとする想いが切実であった。橋本少尉の敗北の実感は悲痛な自己批判をともなっている。

そうした少尉の反省とは別に、被雷した高雄に残された作業は応急修理である。幸い火災は発せず、砲弾や魚雷の誘爆は起こらなかった。舵取機をやられたが舵は舵中央のまま固定されたため、左右の推進機の回転数を加減して航海は可能である。しかし十二ある缶（ボイラー）室の四つは浸水を免れたものの、不幸にも真水タンクに亀裂が入り漏水して缶がたけない。タンクを修理し海水から真水をとる、そうしなければ機械がかけられない。敵潜には、停止した艦は訓練用の標的より易々たる獲物なのである。高雄の苦闘はつづく……。

泳ぎに自信のある愛宕の高橋少尉は、高雄の漂流する海面で、訓練で教わったとおり海面に仰向けになってぼんやりと浮いていた。ひっそりした海面のあちらこちらに、ひっそりと漂流者たちは浮いていた。可燃物は一切つんでいなかったはずなのに太い棒きれが浮かんでいる。少尉はうまくそれを拾ってしばらく摑まって浮かんでいた記憶がある。しかし、それがいつだったかおぼえていないが、重油まみれになり泳いでいる荒木伝艦長と出会い、剽軽に敬礼するとともに荒々しく丸太を差し出し、それいらいずっと空を向いて少尉は浮かびつづけているのである。

味方駆逐艦の投ずる爆雷がときどき遠雷のようにとどろいていた。まだ助かる余地はあると思う。腹を下にし平泳ぎのような形で浮いていると、爆雷などの爆発の折の水圧で腹をやられる、といって、立ち泳ぎをしていると尻の穴をやられる恐れがある。まだ敵潜水艦の跳梁する海域であり、高雄護衛のためとり残された駆逐艦長波、朝霜、秋霜の三隻はぐるぐる回りながら思い出したように爆雷攻撃による威嚇をつづけている。だから、少尉は静かに手足を動かしてなまぬるいような海面に、空を見ながら浮いているのである。

……もうどのくらいの時間がたったのだろう。

太陽は頭上はるかに、燃えるような熱線をおくりとどけギラギラ照りかがやいていた。光は海面に反射し、眼に突き刺さってくる。光は少尉をそのまま眠らしてくれるつもりはないかのようである。俺はいま生きている、とかれは考える。久島はどうしたろう、果たしてご真影はどうしたろう、俺は〝いま〟生きているが、かれは死んでしまったのではなかろうか。俺だって、〝いま〟生きているが、〝いつか〟死んでしまうのではないか。〝いま〟生きているのは〝いつか〟死ぬためなんだ、と冷たく自分を突き放して考える。そう思うことで、海がだんだんかれを殺していくようにも感じられてくる。

同じ敗北の海、遠く離れたところに摩耶の池田少尉は艦橋床材のグレーティングにつかまって漂っていた。そばには破損した艦載機のフロートにすがりついているもの、木材の上に乗ろうとしてすべり落ちるもの、それらがかたまって一群、そして、ずっとあちらに一群。かれらは黙々として浮いていた。とりかこむものはただ無限にひろがる大空のコバルト色と、海の青だけであり、それはずっと二つの青がとけあって一つの色となるところまでつづいていた。

時間がたつにつれて、生きることにたいする無気力と絶望と、死への希求があたりの海面を支配しはじめてきた。少尉のとなりで、木材につかまっていた兵が頼りない悲鳴を一声残したまま、すーッと海底に、錘りでもついているかのように、吸い込まれていった。中には狂い出すものもあった。まったく意味をなさない言葉をしばらくの間いくつも吐いていたが、それがとまったとき、抵抗力を失った肉体は沈んでいく。

確かに多くのものが、生と死の間にあって苦しみもがいている。いまは、勝ち負けより生死が問題なのである。摩耶の池田少尉の内部にも死の恐怖と、このまま見捨てられるのではないかという不安が払っても払っても頭をもたげ、いや消そうとすればするほどいよいよ強くわきあがり、それは身体と心を封じ、手足の動きをしばりつけた。自分の部下を多く失ったマリアナ海域ですらも、観念的にしか考えられなかった自分の死が、突然に強烈な現実性をもって、いまフィリピン海に浮くおのれの上にのしかかってきた。抵抗力とは生きようとする意志である。少尉は、死の影に果敢な戦いを挑んだ。それはあらんかぎりの声となって、しぼりだされてきた。

「おーい、みんな、元気を出せーッ」

しかし、だれも答えてくれない……。

6

漂流者が死の恐怖と絶望と不安と戦っているころ、北方海域では、小沢艦隊は敵大編隊の幻影と戦っていた。敵前の対空訓練のいよいよ真剣味をました正午少し前、いきなり日向のブザーが鳴りひびいたのである。つづいて電測室より報告――「敵編隊右九〇度、二五〇キロ」。艦橋は色めきたった。憂慮していたことが現実となってきた。決戦前日にして潰滅(かいめつ)してしまっては、おとりの重責が果たせなくなる。戦闘員は砲座にしがみついた。

高射機指揮官・中川少尉は訓練でからした声をはりあげて、砲口を中空に向けた。指揮棒をにぎる拳にも力が入った。やがて十分過ぎた。「ただいまの警報はかもめの間違い」――。

「馬鹿野郎！」と少尉はどなった。全く波のない不気味な海。しっとりと肌着をぬらす南海の湿気をふくんだむし暑さ。不眠不休の汗まみれの顔には、さすがに若さでも隠しきれない焦燥の色がくっきりと浮かんでいる。

7

同じような、いらいらとする緊張感は、栗田艦隊の上にも重くのしかかっている。十一時から午後二時半までの間に、各艦から別々に、実に、七回もの潜水艦発見の報告が大和に届けられ、そのうちの一回は敵潜の幻影にたいして、重巡搭載の飛行機を飛ばし、駆逐艦の爆雷投下による猛烈な攻撃を加えたのである。このため、栗田司令部は初め午後一時に予定していた岸波より大和への移乗をついに果たすことができなかった。そしてしばらく宇垣中将の総指揮がつづいた。作戦全般よりみれば、移乗の遅延はなんら重大な影響を及ぼすことはなかったが……。

武蔵の艦内拡声器は、このころ大和より通報された報告を全乗組員に流していた。それは被雷海域に残った駆逐艦朝霜が愛宕の乗員（岸波に収容されず海上にとり残されたもの）を、秋霜が摩耶の乗員を全員救助したというものである。さらに、大破した重巡高雄を基地に回航すべく駆逐艦長波と朝霜が護衛を命ぜられ、三艦はブルネイ目ざして被雷海域をあとにするということをも伝えた。武蔵の機銃群指揮官・望月少尉は心に灯りがともったように安堵するものを覚えながら、その伝達に耳を傾けた。これで四戦隊の重巡が鳥海一隻だけになり、しかも駆逐艦二隻が欠けることになる。しかし、全海軍をあげて総攻撃をかけるという、捷一号作戦達成への性根は、望月少尉も腹にすえていた。計五隻の減少も、武蔵の堂々たる存在が心の底の方で重しとなり、少尉にはあまり気にならなかった。

「とにかく、まぶしいほどの天気だ」

というのが、望月少尉のその日の実感であった。

午後二時半、ジグザグに前進をつづける栗田艦隊に、駆逐艦秋霜が単艦で、猛然たる勢いをともなって追いついてきた。戦闘海域に艦をとめ、一人一人泳いでいるのを丹念に拾い、最後の一人までを拾い上げ、前後甲板から、砲塔、魚雷発射管にいたるまで、すいたところに重油まみれになった戦闘服姿の、疲れはてた摩耶の乗組員をぎっしりとのせて、二〇〇〇トンの駆逐艦がひとり敵中を突破してきたのである。

士官四十七名、下士官兵七百二十二名が、摩耶の生存者である。これが乗組員二百二十人の駆逐艦に収容され、甲板に虚脱したように坐りこんでいる。乗艦を失ったとはいえ、死ぬまで、かれらは戦士でなければならない。秋霜の乗組員もかれらに正気をとり戻させようと全力をあげたという。大きな洗濯用金属桶に飯を入れ、梅干と沢庵を山盛りにし、かれらに手づかみで食べさせた。まず助かったあとに感ずる空腹を処理せねばならなかった。ふうふういいながら食べている兵たちの間に、摩耶の砲術士・池田少尉の姿を見出すことができる。重油をしたたかに飲んだ少尉の身体は変調をきたし、食事ものどを通らぬほどかなり弱ってはいた。しかし、ともかくもかれは救われたのである。秋霜に配乗されていた同期生の通信士・嘉屋本茂之少尉が野太い声で心からの祝福をかれに送った。池田少尉は、その声に、自分の生をあらためて確かめることができた。

栗田艦隊は危険な狭水路を完全にあとにした。針路は零度。真北へ向かう。午後から風が出て、海上には白波が立ち、波頭をおしのけながら、各艦は燃料節約のため速度を落とした。出撃いらい二日目の夕暮れが近づいてきた。沈められた愛宕、摩耶、活躍した秋霜らの乗組員はもちろん、栗田艦隊の将兵はだれ一人として完全な休養をとったものはない。かりに眠ったとしても、冷たい鉄の床に交代で身を横たえ、しばしまどろんだにすぎない。二十歳の最年少の少尉たちの頬から顎にかけてうっすらと無精ヒゲがもえ出している。

四時半ごろ、栗田司令部の移乗開始の信号が将旗をかかげた岸波から出た。大和は速力を落として、岸波が左舷側に近づくのを待ち、同時に、秋霜も武蔵に摩耶の遭難者を移乗させようと近づいていった。二隻の巨艦を中心に、駆逐艦がひろく大きな輪をかいて対潜警戒に当たった。近よった岸波を引き寄せるため、大和から何本もの導索が投げられた。しけ気味の海面はうねりが高く、岸波は大きくローリングして、移乗は容易ではなかった。小さな駆逐艦の岸波のマストはやっと大和の舷側ほどの高さにしか見えなかった。大和から縄梯子（なわばしご）が降ろされ、栗田長官をはじめとする司令部の要員がそれにすがった。

大和の砲術士・市川少尉は、副砲発令所から近距離の左舷甲板に出て、時間のかかる移乗のさまを緊張した気持で見まもっていた。張りつめた気持は少尉ひとりだけのものではなく、大和全体が、艦も人も息をのむような緊迫感におし包まれている。いま、この瞬間、もし潜水艦による雷撃を受けたなら、停止同様の巨艦に避ける手だては残されていない。

……そのときである、見張りの甲高い叫びが緊迫した空気を引き裂いた。

「雷跡右九〇度！　右九〇度雷跡」

そこで少尉が見たものは、泡立つ海面下に、まさに薄白い直線を描いて迫ってくる一本の雷跡である。市川少尉は息をとめた。眼を見開いて凝視した。艦腹に当たった!?　しかし、撃発のないばかりでなく、小さなショックもなく、何事もなかったように紺碧の海がたゆたいながら広く広くひろがっている。狐（きつね）につままれたような瞬間であった。海上旋風のいたずらだったろうと、少尉はぽつんと考えた。あるいは魚雷は航続力を失って沈んでしまったのであろう。

8

愛宕の高橋少尉が駆逐艦朝霜に救われたのは、体力も気力もつきかけたときである。冷たいという感覚も、息苦しさも感じなくなって、ただ重油の匂いを嗅ぎときどき息をつまらせた。ほとんど生きていることを忘れようとしていた。が、自分が死ぬはずはないという奇妙な楽観だけを、かれはずっともちつづけた。それでも頭がぼんやりして、ときどき何のために生きているのかわからない感じになっている。そのとき朝霜が拾いにやってきた。

タラップが舷側に降りていたので、やっとの想いで少尉はそれにすがりついた。脚が丸太棒のようで動かすこともできなかった。仕方なしにそのまま手だけでよじ登るようにして甲板にたどりつき、ついたと思ったときポロポロと涙を流した。特別に嬉しくも悲しくもなかった。衝動的に出た涙である。高橋少尉はそのまま上甲板でぼんやり、平らな海と、浮いているぎらぎらする重油とをながめた。

どうやら気力をとり戻して、士官室に入ったとき、かれは愛宕の両陛下のご真影が無事だったことを知らされた。ズック鞄に入ったまま海面に浮いているのを、通信科の先任下士官が拾い、かれはそれを背負って泳ぎ、そして朝霜に収容されたという。高橋少尉はこのときに、久島少尉の戦死を知った。艦橋にあったかれは、あの緊急のときにも、与えられた義務を確実に果たしていた。天皇の写真を桐の箱におさめ、ズック鞄にいれ、それをしっかと背負った。しかし、と少尉は思った。それがなんの慰めになる！　少尉は身内がぶるぶると震えるような怒りをおぼえた。長官をはじめ司令部の幕僚を収容したとたんに機械をかけた岸波の、真ッ黒く獰猛な艦影がみるみる遠ざかっていったときの情景を、人生のフィルムを逆回転させたように思い出した。泳ぎの達者でない久島少尉は必死になって駆逐艦に近づいたのであろう。そのために死なねばならなかったのであろう。そしてご真影だけが——久島の身体を離れて浮き上がった桐の箱だけが、救われて、高橋少尉の眼の前におかれた……。

愛宕の生存者、士官四十四名、下士官兵六百六十七名、全乗組員の約三分の一が戦死した。

夕闇が死の海面におりるころ、高雄は、やっと自力航行が可能になり、朝霜と長波によって左右を護られながら、ブルネイに向けて動きはじめた。動きはじめたとき高雄の電測士・橋本少尉はこれで自分の戦闘が終わってしまうのかと思った。助かったという安堵より、空しさがつきあげる。ともあれ愛宕の高橋少尉、朝霜の矢花少尉らとともに、かれは決戦の幕開きを前にして静かに舞台から去っていく。このとき、朝霜には、栗田司令部の多くの司令部要員、幹部通信員、暗号員の下士官兵が収容されており、以後の作戦に参加できなくなっていた。それがどんな影響を及ぼすか、そのとき、だれ一人として予見するものはなかった。

9

こうして高雄と駆逐艦二隻がブルネイに向けて西進をはじめた午後六時ごろ、馬公より馳せ参じようとする志摩艦隊はレイテ湾突入をひかえて燃料を補給すべくコロン湾に入った。軽巡阿武隈の通信士・有村政男少尉はどちらかといえばすこぶる呑気な性分であった。二十五日の明け方にレイテ湾に突っ込む、それがこんどの志摩艦隊の任務、それだけで十分とあっさりと考えていた。だから、艦隊司令部やかれの属する第一水雷戦隊司令部の司令官や幕僚たちが、コロン湾に入るや否やあわただしい動きを示すのにも、ほとんど関心らしい関心を抱かなかった。かりに関心をもったところで、最下級の士官のできることといえば、余計なことを考えずに戦闘に十分対応し得るよう訓練に励んでおけと、先輩にどなられるのが関の山だと決めこんでいた。

有村少尉が、あわただしい上層部の動きにそっぽを向いているとき、志摩艦隊司令部は、はるばるやってきたコロン湾においても、またしても士気をにぶらせるような事態にうちあたり頭を悩ませていたのである。電報で受けた指令によれば、この湾において燃料を補給し、スリガオ海峡に向かうと決められていたにもかかわらず、補給要務の手違いからか油槽船の姿は一隻も見出すことはできなかった。動静秘匿のためには、これ以上の無線の使用はつつしまなければならない。といって、くるのかこないのか一切わからぬ油槽船を待ち、決戦の時機を逸するようなことは許されない。この艦隊にはどこまでも第二義的な戦闘兵団としての印象がつきまとっている。レイテ湾突入のためには、燃料の補給をせねばならず、残された時間はもうギリギリで、猶予できない。せっぱつまった志摩司令部は苦しまぎれの決断を下す。駆逐艦の燃料は巡洋艦から融通し、あるだけの燃料でレイテ湾まで直線距離を突っ走る。それ以外に方法はない。

駆逐艦曙（あけぼの）に乗艦していた第七駆逐隊付通信士・石塚司農夫（いしづかしのぶ）少尉には、内地を出撃してからこの日までわからないことずくめで、一体艦隊はどうなっているのだろうという疑問につきまとわれていた。奄美大島へ戻ったのも、馬公へ移動したのも、マニラへいくつもりがコロン湾になったのも、すべてヴェールの奥にかくされたまま事態が急転していく印象で、その間の脈絡をたどることはできない。

かれが知らされていることといえば、日向、伊勢の第四航空戦隊とともに〝おとり〟としていずれ戦場に出撃するということであった。その航空戦隊の姿が内地を出てからまったく見つからないのである。あれほど瀬戸内で空母護衛の訓練を重ねた貴重な暦日が、すべて無駄になるとは、とても信じられない。小沢艦隊はどこにいるのか、四航戦はどこにいるのか。石塚少尉は、自分が副官のようにしていつもそばにいる御大、第七駆逐隊司令・岩上英寿（いわがみえいじゅ）大佐になんどか尋ねてみようと思いながら、それを果たさないでいる。そして、子息・健少尉とは兵学校同期のためか、たえず温顔で石塚少尉に接する岩上司令が、ここ数日、ひどく機嫌を損ねているのが、少尉には不思議に思えるのである。

確かに、石塚少尉が回想するように、重巡二、軽巡一、駆逐艦四の劣勢の志摩艦隊がしてきた訓練といえば空母との協同対空訓練ばかりである。それがいま局地突入作戦に参加するという。まったくの研究もなく訓練もなく、艦隊所属の艦同士の十分の打ち合わせもないばかりか、ともに突撃するという西村艦隊との協同作戦に関する打ち合わせも、かんたんな電報一本があっただけであるという。岩上司令が顔を曇らせるのも当然のことであろう。しかし、愚痴や弁解をいっているときではなく、先行する西村艦隊に追いつくために、志摩艦隊はいまは速度が必要なときなのである。

曙と同じ第七駆逐隊の潮（うしお）は、足柄（あしがら）に横づけして燃料の補給を受けている。それを見ながら通信士・森田少尉はまたしても呉の料亭での一夜のことを思い出したが、どうも輪廓が不明瞭である。どんな女であったかも忘れてしまうようでは、自分が童貞のまま死んでしまうのもむべなるかなと、かれはすぐあきらめてしまう。妻子をもたないことの身の軽さを思った。執着すべきものがなにもないこと、一体、俺の一生とはなんであったのだろうと、森田少尉にはこのときになって妙なことが考えられてならない。

10

同じころ、比島マニラの第一、第二航空艦隊司令部では、一航艦長官・大西中将が、兵学校同期の間柄にある二航艦長官・福留中将を説得しようと、沈痛な表情をより暗くして熱弁をふるっていた。しかし、なんと説かれようと福留中将は動こうとはしなかった。

大西中将は汚名を一身に着、そしてみずからをも殺す覚悟で、十死零生の特攻作戦を立案決定したが、二十一日いらいルソン東方海面には雨雲が低く垂れ、スコールが走り、出撃する特攻機は空しく反転帰投を繰り返している。

向かいあう二人の長官の心にあせりが生まれていた。水上部隊の突入までに、基地空軍によって敵空母の甲板を叩いておくという所期の作戦計画は、いま紙上の麗々しい作文と化そうとしている。しかも、作戦の延期は燃料の関係で、許されなかった。いよいよ明二十四日から、東進する栗田艦隊は敵空母機の攻撃圏内に突入する。このときに当たって如何(いか)にすればいいか。ここでも時間との戦いがはじまっていた。もう一日たりとも待てない。残された道は、明朝の特攻機の大挙殺到があるのみではないか。わずか手持ちの可動機三十の大西中将は、可動機三百を有する福留中将に頭を下げる。

「貴様のところの二航艦でも、ぜひ特攻を採用してくれ」

しかし、福留中将は首を横にふった。

「特攻はやりたくない。俺のところは、いままでの訓練どおり、戦爆攻協同しての大編隊による攻撃法でいく」

決戦の舞台装置はぜんぶととのったようである。コロン湾の夜のとばりの中で、志摩艦隊は燃料の補給を終えようとしていた。出撃には、まだしばしの時間がある。将兵は身体を休めて決戦に備えている。

小沢中将は、全軍に明朝の予定位置を電信で通報した。無線封止などくそくらえの大胆不敵な暗号送信であった。「明二十四日早朝攻撃ヲ決行ス。モシ航空攻撃ヲモッテスルモ、ナオ敵ヲ北方へ誘致シ得ザレバ、前衛ヲ分離シテ敵ニ突進セシム」。小沢中将はすべてを投げ出している。自分の責任において。全艦艇を、一万二千の将兵の生命を、そしてなによりも自分の生命を。

一方、栗田艦隊は中将旗を二本はためかした大和を中心に、陣容をすっかり立て直して北進をつづけ、午後十一時二十分には南東に変針してミンドロ海峡に向かった。大和・武蔵の巨砲はまだ見ぬ敵をにらんでぐるぐると夜の闇を攪拌して回っていた。

これを迎え撃つハルゼイの第三艦隊第三十八機動部隊も、このときまでにすべての攻撃準備を完了した。たび重なる潜水艦よりの報告で、日本艦隊の陣容と攻撃意図らしいものは、おおよそ察知した。三つの機動群がフィリピン諸島にそい南北に長く展開する。北端にはシャーマン少将指揮の機動第三群、これは近接する小沢艦隊に近い位置に陣どった。中央にボーガン少将の機動第二群、これが栗田艦隊とサン・ベルナルジノ海峡をはさんで真正面に向き合っている。デビソン少将の機動第四群はずっと南のミンダナオ島近くに占位した。これも、日本艦隊を中心としてみれば、まさしく西村艦隊と向き合う海域に遊弋していることになる。

不思議なことは、この大事な場面で、機動第一群のマッケーン中将指揮の艦隊は、ハルゼイ大将よりの前の晩の命令に従って、休養と補給のためにフィリピン海域をはなれ東進し、ウルシー基地へ向かいつつあることである。この時点までにハルゼイ大将がつかんでいたのは、栗田艦隊の動きだけであったからである。

いまや、太平洋戦争の死命を制するものは空母である。その日本の空母艦隊がなんとしても見当たらない。〝ブル〟ハルゼイ大将はそこに何か不審の匂いをかいで

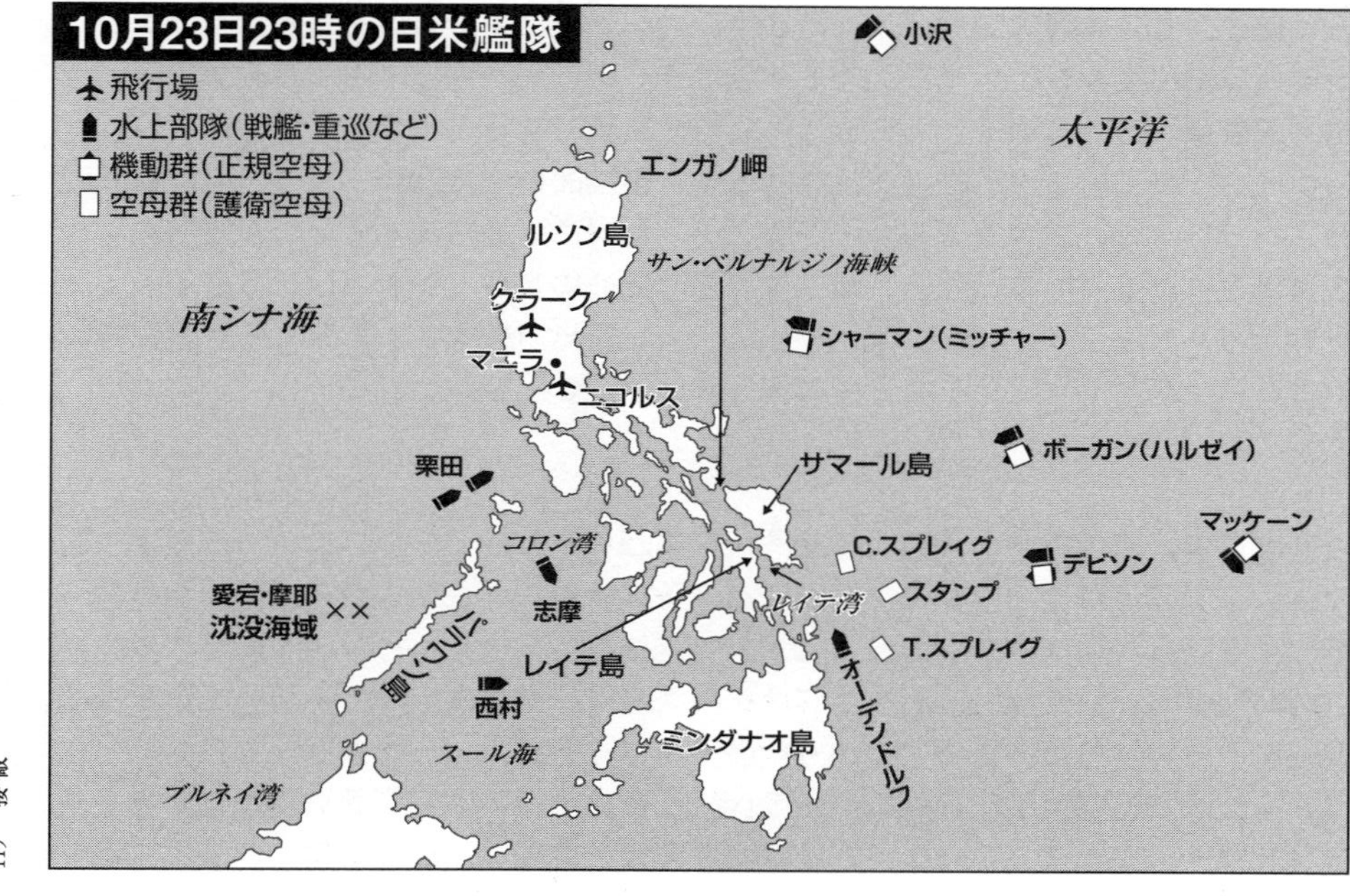
10月23日23時の日米艦隊
飛行場
水上部隊（戦艦・重巡など）
機動群（正規空母）
空母群（護衛空母）
小沢
太平洋
エンガノ岬
ルソン島
サン・ベルナルジノ海峡
クラーク
南シナ海
マニラ
ニコルス
シャーマン（ミッチャー）
ボーガン（ハルゼイ）
栗田
サマール島
マッケーン
コロン湾
C.スプレイグ
デビソン
愛宕・摩耶
沈没海域
志摩
スタンプ
レイテ湾
パラワン島
レイテ島
T.スプレイグ
西村
オーデンドルフ
ミンダナオ島
スール海
ブルネイ湾

いる。しかし、日本の捷一号作戦の全構想をつかんでいない。むしろ、トランプのポーカーなら日本艦隊は勝負してこない、という方に賭けたい気持でいた。フィリピン海域には、空母三十二、戦艦十二を中心とする百三十二隻のアメリカ海軍大部隊がいる。そこへいかに超戦艦二隻を有するとはいえ、三十隻たらずの日本艦隊が、空母なしで殴り込んでくるというのか。ワン・ペアで勝負を挑もうというのか。いずれにせよ決戦は明日。明日になればすべてが明瞭となる。それまではマッケーン隊を呼び戻すことはない。とにかく明日はまず空母を探すことだと、大将は考えながらベッドに入った。

もちろん、三十隻はおろか、わずか七隻の手勢を引きつれて、イのいちばんに西村艦隊がレイテ湾への攻撃をしかけてくるなどとは、このときハルゼイが夢にも思ってみないことである。この日の西村艦隊は、敵にも味方にもまったくの沈黙の艦隊であった。スール海に入ったきり、その存在を大洋の中に消し去っている。米潜水艦も、モロタイ島基地から定期的に飛ぶ哨戒大型機も、その進撃をとらえることはできなかった。いや、これと協同してレイテ湾に突入するはずの志摩艦隊すらが、西村艦隊の存在をつかもうにもつかめなかった。ただ、およそ四〇浬ほど前方にあるものと推測するばかりである。したがって、ここで西村艦隊の動向を描写することはできないことなのである。

いや、西村艦隊はおろか栗田艦隊の各艦もまた夜のとばりの中に姿を消し去っているようである。摩耶の池田少尉は武蔵の士官室の急ごしらえのベッドの上に身を横たえている。摩耶のそれとは比較にならぬほど広々とした浴室で、身体にべとつく重油を洗い落とし、支給された戦闘服に着替えたとき、初めて生きていることの実感がわいた。しかし、身を横たえれば、早朝よりの疲労が一時にわき上がり、寝返りするのも懶い感じである。少尉は肉体の疲労とは逆に冴えかえる神経の中で「艦内哨戒第二配備、一直哨戒員配置につけ」の伝令の笛を聞いたが、あとは廊下を時々通っては消えていく足音のほかには、破るものとてない静寂につつまれ、戦死した同期生の顔を思い出していた。寝室には軍艦特有のあまずっぱいペイントの匂いが漂っている……。

決断は下り、作戦計画は終了し、日本艦隊に重巡三隻の喪失はあったが、進撃はつづけられている。成功か否かはただ四つの艦隊の各長官をはじめ各司令官と若き指揮官たちの、智謀と創意と士気の上にかかっている。それはまた、ひとりひとりの勇士の奮戦にかかっている。そして大きくいえば、この作戦の成否に日本の運命そのものがかかっていた。

戦機

〈十月二十四日午前〉

「攻撃せよ、攻撃せよ、幸運を祈る」

武蔵（むさし）
戦艦。昭和19年（1944）10月24日、シブヤン海にて
〈資料提供：大和ミュージアム〉

〈0時から6時〉

1

いい出せばキリのない不満や批判があるにせよ、強大なる敵艦隊との決戦を前にしては、すべてを腹のうちにおさめ、ひとりひとりの将兵が勇猛果敢なる闘志の塊でなければならないときであろう。それがいかに遅れればせの決断であり、計画としても胡乱（うろん）であり適切でなく、しかもいくつかの齟齬（そご）をきたしていたとしても、志摩中将の艦隊が、兵力集中の原則にのっとって、この場合レイテ湾に突入することは、いちばんの常道であり、正しい戦術であった。艦砲を一門でも目的地に増加させることが、捷（しょう）一号作戦を成功させることにつながっていく。

コロン湾での艦隊の仮泊は終わり、午前二時、志摩艦隊は抜錨（ばつびょう）、最後の出陣をした。かれらにとっては〝三度目の正直〟に当たる出師（すいし）の表（ひょう）であった。台湾沖に大破残存せる敵機動部隊を撃滅せんと、さかんなる見送りのうちに日本本土を出撃したのが最初であり、次には当然捷一号作戦参加の命令がくるものとして、前夜、恩賜の酒をもって各艦無礼講の祝宴を張り、台湾の馬公（ばこう）をあとにした。これが艦隊二度目の出師であった。いまコロン湾を出るときは、見送りも酒盛りもない。艦隊を送るのも迎えるのも、ただ黒洞々たる闇であり、その中でしずしずと必勝の錨を上げた。

　旗艦那智の中央部機銃群指揮官・駒田幸穂少尉は、いまその身を南の海において、初めてこの軍艦に乗り組んだ北国の大湊でのことを思い出している。卒業の江田島で咲くのを眺め、集合の東京で満開の桜花を目にしてきた少尉には、そのとき、なお粉雪の降りしきっていた大湊港が、異国の軍港のようにも思えたことであった。駒田少尉をはじめ那智配乗六名の同期の仲間は、それまでに東京より北を知らないものばかりだったのである。あれから半歳余、それがいま、文字通り異国の湾にあり、しかも昼は桜にも雪にも縁のないむせかえるような緑と、夜は南十字星の下にある。二十歳の少尉は自分の〝生〟の不思議をあらためて思い直した。しかし、明日はその〝生〟も失われて、だれひとりいって還ったことのない黄泉の国を訪れるかもしれないのだが……。

　〝はるけくも来つるものかな〟と前の日にいたく感慨にふけっていた駆逐艦霞の加藤少尉は、抑えても抑えきれぬ興奮に、この夜、全身をゆさぶられていた。「手あき総員、前甲板」の伝令のもとに集まった乗組員に、艦長が初めてこんどの作戦の全貌を知らせ、出陣に際しての特別の訓示を行った。志摩艦隊がスリガオ海峡よりレイテ湾に一丸となって突入すること、すでに第二戦隊の山城、扶桑が先行前進をつづけていること。もっとも、加藤少尉は、そうした大局な戦略とか戦術的な状況とか、捷一号作戦の構想、意義といったことに、特別な感慨をいだいたわけではない。若い少尉を胸底からつき動かしたものは、むしろ、艦長が最後につけ加えるようにして語った事実であった。

「このときに当たり神風特別攻撃隊決行の計画を諸子に告げる。神風特別攻撃隊とは……」と艦長は説いた。

……人間が爆弾を抱いた飛行機もろとも体当たりする。壮烈としかほかにいいようのない玉砕戦法であった。およそこの世にはこれが〝絶対〟という事実も言葉もないであろう。しかし、この戦法だけは〝絶対〟であった。絶対に生還の見込みのあろうはずはない捨て身の攻撃である。これを部下に命ずるということは指揮官として、人間として、許されないことであり、部下統率の外道であろう。かれが兵学校で習った戦術でも九死に一生をもって限度とした。古今に十死零生という戦法はない。ひそかにささやかれていることは、少尉の耳にも入ってはいたが、それが正式な作戦として敢行されるとは思いもしなかった。長がこれを命じ、そして部下もこれに従うという。少尉は身を震わした。自分の死をもっとも意義あらしめたいと願うのは、加藤少尉の心情に一脈通ずるものがあったからである。

「糞ッ！」と少尉は吐き棄てるようにいった。大決戦に参加するからといって特別の決意はない。家郷のことが浮かぶこともなく、過去のことも走馬燈のように回ってくれなかった。軍人を志していらい、少尉を支配していたのはただ「糞ッ！」という気持だけであった。それが、神風特攻のことを聞き強められた。もっとも、〝糞ッ、俺も死んでやる〟なのか、〝糞ッ、俺はとり残された〟なのか、少尉にはわからない。いずれにせよ、糞ッと思うことが、少尉にとって、捷一号作戦の意味であった。

志摩艦隊がコロン湾をあとにしたのと同じ時刻（午前二時）、中央の栗田艦隊のゆく手には黒く大きな島影が、ぼんやりとした輪廓を現してきた。海岸からいきなり、屏風のように巍然たる山嶺がつき立ち、中空にまで姿態をそびやかしている。このハルコン山をいだくミンドロ島を、艦隊は左に見ながら列島線内に入る。この瞬間からその日の終わるまで島々の間を縫うようにして突破するのである。空からの援護なき艦隊が、いくつもの島と島にかこまれた狭い水道を、敵の制空権下に、天日のもと堂々航進していく。恐らく夜が明けるや否や来襲するであろう敵機の襲撃を、はらいのけ、押しのけ、突き進み、遮二無二レイテ湾へ突入するのみである。

出撃いらい、艦隊の将兵は、日の丸を翼にかがやかした、空を圧するような大編隊の上空通過を、待ちに待ちつづけていた。零戦、天山、彗星、陸攻（陸上攻撃機）、銀河が爆音をとどろかせるのを、なんども蒼空に思い描いた。この大きな空に、はいりきれないほどの大編隊。かれらは、迎え撃つ敵機を叩き落とし、かならずや敵空母の甲板を破壊し、敵戦艦を穴だらけにし、抵抗力を奪うであろう。それが艦隊将兵の一致した期待であった。しかし、現実にはいまだ一機の日本機の姿を見ることもなかった。将兵は〝やっぱり〟とだれもが思った。それほどまでに潰滅させられていたのか、と。そうであろうと予想もし覚悟も決めていたが、それでいながら、轟々たる爆音はかれらの頼む一本のワラでもあった。

　実は、すでに記したように、基地航空隊も、艦隊将兵の期待のままに黎明前の総攻撃をかけんと夜間の出撃を敢行していたのである。人も機も、フルに作動していた。すなわち午前二時、それは志摩艦隊がコロン湾をあとにし、栗田艦隊がミンドロ島を左に望見したとほぼ同じ時刻である。夜間索敵に飛んだ飛行艇が「マニラノ九〇度二五〇マイルニ大部隊ヲ探知ス」という無電を基地航空隊司令部に送ってきた。見敵必滅は海軍の伝統である。ただちに福留中将の命一下、総攻撃が開始され、戦爆・陸攻・天山・瑞雲などよりなる攻撃隊が発進した。しかし、結果は思わしくなかった。夜間でもあり、天候も悪く雨雲が低迷して、ついに敵を視認できず、数時間後に空しく全機が帰還するのである。

こうして決戦の幕開けはともかくも一時はのばされていた。すべては夜が明けてからとなった。弓がきりきりとしぼられるように、緊張がフィリピンを中心とする広い海域にみなぎってきた。

戦場の夜は神経が痛いように感じられた。人々は疲れて腹が立ち、たまらなく孤独な気がした。栗田艦隊第二部隊、第七戦隊の重巡利根(とね)の水測士・児島誠保(こじままさやす)少尉が、今日はくるぞと覚悟をきめて、下着をぜんぶ新しいものに着替えたのはこのころである。いままでに一度も使ったことのないサラのふんどしをしめた。武士のたしなみだと、少し気どった気分になったのを少尉はおぼえている。

海上は夜光虫が異様にかがやき、艦の航跡が暗闇の海面に長く、きらきらと、いつまでも残った。日本で見なれた夜光虫より、ずっと大きいように児島少尉は感じた。空は満天の星。双眼鏡に眼を当てて、ミンドロ島の黒い島影から水平線へとたどってみる。同じ空、同じ星の光、白い波頭のみえる同じ海があった。少尉は胸のあたりを一つぽんと叩き、これでもういつでも死ねるぞと思う。何が、いつ、どうはじまるのか、かれにはわからないが、生命をくれといわれたら、ほいきた承知と気軽くいえるだけの若々しい充実感を、二十歳の身体の奥に感じていた。

栗田艦隊は、ミンドロ島にそって南東に進んでいたが、午前五時五十分、シブヤン海に入るべく島の南端で変針して北東に向かった。これより決戦場に入る。

〈6時から10時〉

2

その少し前の午前五時四十五分、東にかすかな明るさが感じられるころ、サマール島北方にあった小沢艦隊は索敵機を南へ発進させた。十五分後の六時、呼応するようにハルゼイ大将も旗艦ニュージャージーの艦上にあって、その日のすべての戦闘計画を完成させ、これを全軍に通報した。うねりに揺れる空母では、搭乗員が待機、出撃準備はととのった。まず発艦するのは、サン・ベルナルジノ、スリガオ両海峡の入り口を中心として広範囲の海面を監視する索敵機群である。小沢艦隊はハルゼイ機動部隊をとらえるべく索敵線をひたすら南にはったが、ハルゼイ大将はなぜかこの日、まず西に集中して索敵機を飛ばした。歴史に〝もし〟は許されないが、北方にあった日本機動部隊にかつての日の精鋭ありせば、戦い(マルス)の神は戦争の最後になって再び日本海軍に微笑んだかもしれなかった。

索敵機を放ったのは日米の機動部隊だけではなかった。栗田艦隊も、西村艦隊も、それぞれ巡洋艦搭載の水上機をカタパルトより次々と射出した。どの水上機の飛行士も偵察員も燃料のあるかぎり敵影を求めて飛び、つきれば、フィリピンの島々の日本軍基地に帰投せよと命じられていた。

大坪少尉のいる軽巡矢矧の飛行士は、予科練出身の同じ年ごろの佐藤という少尉であった。特務士官室よりガンルームにいることの方が多いくらい、かれは大坪少尉ら兵学校出の士官と気のあった快活な、しかも勇敢な飛行機乗りである。出発に際して、かれは大坪少尉らに挨拶にきた。そして、さらりといった。

「じゃ、これと一緒にいってきます」

そして、胸をたたいてニッコリと笑った。その胸のポケットには、片時もはなさずにもっている愛妻の写真がある。

こうして海の戦闘は、両軍が互いに長い槍を突き合い、闇夜をさぐり合うことによってはじめられた。やがて、戦場に夜明けの静寂と輝きが訪れてくる。薄れゆく闇のベールの中にあって、水平線いっぱいにならんだ日米両軍の艦船が、魔法の船のように、墨絵とにじんで、浮かびあがる。

椰子の木が繁茂した島、そしてまた次の島が、新鮮な南海の空気の中に、くっきりと輪廓を画いてあらわれて栗田艦隊を迎えた。どことなく瀬戸内の景色に似ているなと、利根の児島少尉は思った。したたるばかりの緑のなかに、ときどき洋館風の屋根がのぞいた。瀬戸の優美にたいして、南国の情熱を偲ばせるような赤さをもっていた。

いや、いまは風景などに見とれているときではなかった。このころ、陸上基地の二航艦の第一次攻撃隊はすでに爆弾をかかえてフィリピンの基地から発進していたのである。水上部隊がまだ長い槍でひそかに敵状をさぐっているときに、基地空軍はすばやく第一の矢を放った。戦闘機百十一機、攻撃機七十九機はマニラ西北方のクラーク基地を午前六時半に飛び立った。つづいて第二次攻撃隊の彗星艦爆十二機が同じ陸上基地から発進する。

攻撃がはじまるまで、戦場に、しばしの静穏が訪れる……。

栗田艦隊は、第一部隊は大和、第二部隊は金剛を中心に、昼間接敵序列の堂々たる輪型陣で進撃していた。午前七時四十五分、長門の左舷見張員は太陽の光輪の中に小さくきらめきながら、静かに移動する物体を発見した。記録によれば、一分後に、急降下爆撃機上にあるアダムス中尉が、レーダーに数目標を発見するのである。機械より人間の眼の方が速かった！

ともあれ、それぞれの索敵機による敵発見の報告は、日米両軍の主将の手にほとんど時を同じくしてもたらされた。午前八時十分、日本の二航艦の索敵機は報じた。「マニラヨリ方位六〇度、距離九〇浬ノ地点ニ空母四隻アリ東進中」。この空母群は、北方の機動第三群シャーマン隊であり、索敵機発進後に、ルソン島沖合へ避退しようとしていたのである。味方索敵機の報を待ちつつ離陸後東に進撃中の二航艦の第一次・第二次攻撃隊は、ただちに機首を目標に向けた。

一方、アダムス中尉の栗田艦隊発見の報はかならずしも正確ではなかったが、詳細をきわめた。日本艦隊は二群よりなり、戦艦二、重巡四、軽巡一、駆逐艦七が第一部隊、一〇マイル後方の第二部隊は戦艦二、重巡四、軽巡一、駆逐艦六。「針路三〇度、速力一〇ないし一三ノット……」と。それらは目もさめるほど青くひろがっている海に、点々と、同じ方向を向いて浮かぶ玩具の船のように、中尉の眼には見えたという。

総指揮官ハルゼイ大将はこの報に機敏に応じた。中央の機動第二群ボーガン隊にあった旗艦ニュージャージーの作戦室はきたるべき戦闘の緊張の中で、動きをより活発にしていた。休養のためウルシー基地への途上にあった機動第一群マッケーン隊を呼び戻し、北方の第三群シャーマン隊と、南方の第四群デビソン隊には、ただちに中央のボーガン隊の占位するサン・ベルナルジノ海峡沖に集結せよの命令をとばした。全兵力の結集である。

ハルゼイ司令部の迅速果敢な動きとは対照的に、小沢司令部では水をうったような静けさの中で最後の戦闘計画がねられる。傍受した二航艦の索敵機の報告によれば、敵機動部隊と、小沢艦隊との距離は二五〇浬。とすれば、機動部隊艦載機による攻撃可能の圏内に、両軍が位置している。小沢司令部の参謀たちは勇みたち、ただちに攻撃隊発進を申し出た、が、小沢中将は動かない。黙って首を横に振った。陸上機はややもすれば艦型や位置を見あやまるというそれまでの苦い経験から、ここで改めて機動部隊の熟練した索敵機を発進させ、それによる確認の報を待とうと意図したのである。日本の場合、決戦はただ一度だ、繰り返しは許されない。

かくて日本の空母搭載機は動かず。しかし、戦闘の先鞭（せんべん）を、基地空軍の日本機がつけようとする。第一波も第二波もすべて、二航艦の索敵機が発見した北方の第三群シャーマン隊に機首を向けている。レーダー上に日本機の大編隊を発見したシャーマン少将は、栗田艦隊攻撃準備をととのえていたが、それを中止し、ラングレー、プリンストン、エセックス、そしてレキシントンの空母四隻の艦載戦闘機をすべて上空にあげた。いまは栗田艦隊攻撃をボーガン隊とデビソン隊にまかせ、みずからの艦隊を守りきることが先決である。上空の戦闘機には日本攻撃隊の撃滅を命じ、シャーマン艦隊は折よく近くにあったスコールの中へ逃げ込もうとする。

八時三十分すぎ、大西中将の〝全機特攻〟の切なる願いをしりぞけ、福留中将が固執した二航艦の大編隊による正攻法の攻撃が開始された。戦爆合計百九十機は攻撃予定地点の上空で、米戦闘機群の厚い防御網にぶつかった。かれらは全力をこめてその網のなかに突入していった。しかし、すでに老雄となった零戦は新鋭グラマンの前では敵ではなくなっていた。訓練途中で集められた搭乗員の技倆が、かなりレベル・ダウンしていたことも否定できない。爆撃隊は敵を眼前にしながら次々と、爆弾を抱いたまま散っていく。

北方のシャーマン隊の上空で、こうして押しては返し、また押す熾烈な空中戦がはじめられたころ、中央のボーガン隊にあったハルゼイ大将は、艦橋のマイクをしっかとつかんで三つに分かれた機動部隊全軍に命令した。正確には、午前八時三十七分である。

「攻撃せよ、攻撃せよ、幸運を祈る」

しかし、北方のシャーマン隊にとっては〝攻撃〟どころではなかった。攻撃してきているのは敵機なのである。ハルゼイ大将もまた、攻撃命令を発した直後に、日本機による機動第三群への空襲の報を受け取り、一瞬、空母機による来襲ではないかと疑った。しかし、ともかくもサン・ベルナルジノ海峡へ向かってくる日本戦艦部隊を叩きつぶしておかなくてはならない。海峡を通すことを許してはならない。大将は攻撃命令をそのままにした。

　このころ日本の索敵機群は、ほぼハルゼイ艦隊の全容をつかんでいた。八時五十分から九時四十分の間に、米艦隊は第一、第二、第三群に分かれ、空母合計十一隻と報告されている。


　発見され、攻撃されんとしていたのは、栗田艦隊ばかりではなかった。この朝、出撃いらい大洋の中にすっかり身をとけ込ませて忍びよっていた西村艦隊も、ついに米索敵機の網の目にひっかかった。最後まで隠しておきたかったハサミの刃の片方ではあったが、戦いは一方がするものでない以上、やむを得ないことであろう。なぜなら、暁暗の午前六時に出発した最上(もがみ)の索敵水上機が、いち早く、その日第一の殊勲ともいうべきレイテ湾内の敵状報告をもたらしていたからである。味方が敵情をつかんだときは、敵もまた味方の情勢を知る。

「午前六時五十分、レイテ湾ノ南部海面ニ、戦艦四隻、巡洋艦二隻アリ。ドウラグ上陸点沖ニ輸送船八十隻。スリガオ海峡ニ駆逐艦四隻、小舟艇十数隻。レイテ島東南部沿岸ニ駆逐艦十二隻オヨビ飛行艇十二アリ」

　事実は、護衛空母十六、戦艦六、巡洋艦八、駆逐艦三十以上という上陸軍支援艦隊が集結していたのであるが、たった一機のゲタばき水上機がここまで偵察し得たことはむしろ賞讃に値しよう。

この報告を受けたとき、最上艦橋では、快活な会話のやりとりがあった。

「こんなに目標が多ければ、眼をつむって撃っても、弾丸は当たるわい」

「眼をあいてりゃ敵は全滅か」

最上の航海士・山羽少尉はそんな会話を黙って聞いていたことであろう。出撃いらい四肢を十分にのばして寝ていない山羽少尉は、このとき、日本内地の自分の家の畳のことを思い出していたかも知れなかった。——兵学校生徒時代の、初めての休暇のときであった。母がこしらえたおはぎに舌鼓をならし、そして出発の時間がせまったとき、少尉は大の字になったという。そして一言ぽつりといった。「畳はいいなあー」と。このとき、畳がいいと感じた少尉の言葉は、日本はいいなあーと同義であり、自分の家はいいなあーにそのままつながり、そして、それはまた、母はいいなあーという、少年の純情のあらわれでもあったのである。

山羽少尉がそうした回想を打ち切ったのは、旗艦山城のマストに航空旗一旒(いちりゅう)が上がったときであったろう。「敵機見ユ」の信号である。このときはただ一機の索敵機であったが、十数分後、西村艦隊は休む暇のない敵編隊の猛攻を受ける。九時をやや回っていた。襲来したのは機動第三群デビソン隊のうち、栗田艦隊の発見の報のときすでに上空にあった空母エンタープライズの艦爆二十数機。かれらは西村艦隊の右舷と艦尾方向より攻撃を加えてきた。山城と最後尾にいた扶桑に急降下爆撃が集中し、左側後尾の位置で必死の応戦をつづけた時雨（しぐれ）の頭上をかすめて敵機は飛び去るのであった。

扶桑はカタパルト付近に一発の命中弾を受け、ガソリン貯蔵庫に引火したため火を噴いたが、間もなく鎮火した。時雨の一番砲塔にも一弾が命中し、内部で炸裂（さくれつ）、砲員は全員戦死したが、戦闘航行にはなんら差しつかえはなかった。

空襲が終わった。西村艦隊は速度をゆるめず、隊型を組みなおして平然として東進をつづけた。山城は全軍に手旗による信号を送った。

「今後モ敵機ノ攻撃ヲ予期セラルルニツキ、各艦一層対空警戒ヲ厳ニセヨ」

しかし、その日の西村艦隊への空襲は、朝の、この一回だけで終わった。なぜなら、いちばん近くに占位し、当然攻撃を受け持つべき南方のデビソン隊が、ハルゼイ大将の命を受けて、中央のボーガン隊に集結すべくいそぎ北上をはじめたからである。旧式戦艦二隻の西村艦隊をいつまでも相手にしているわけにはいかない。最大の敵に最大の力を集中しぶちのめすことがアメリカ軍の攻撃精神であった。その最大にして最強の敵は中央の栗田艦隊なのである。

九時十分、第二群ボーガン隊の空母機が真っ先に栗田艦隊への攻撃に飛び立った。戦闘機十九、艦爆十二、艦攻十三の第一次攻撃隊。つづいて十一機が飛び出る。ぐんぐんと近接してくる栗田艦隊まで一時間余の飛行であった。ハルゼイ大将は壮大なる出撃を見送りながら、満々たる自信をその短軀(たんく)にみなぎらせた。やがて集結するであろうデビソン隊をさらに日本艦隊に向ける。休む暇なく攻撃の強行あるのみ。そしてその間に日本空母の所在を突きとめる。それで万事が終わる。そうしたハルゼイ大将の目算と自信がゆらいだのは、第一次攻撃隊の発進後間もないときである。ガダルカナル島争奪戦いらい、絶えて久しく聞かなかった味方空母の被害報告がとどけられた。

視点を西村艦隊に向け、あるいはハルゼイ大将のいるボーガン隊に向けている間にも、忘れてならないのは、北方のシャーマン隊上空で、日本攻撃隊とアメリカ戦闘機との格闘がなおもつづけられていたことである。米空母群はスコールの中に巧みに身をひそめ、空中にある戦闘機の燃料、弾薬の補給の必要のとき、スコールより抜け出ると戦闘機を収容し、また空中に送るということを繰り返した。それは凄惨な空戦であった。数にまさる日本機も次々と火を噴き、敵空母を眼前にして無念の涙をのんだ。そして、ほぼ日本の攻撃隊は撃退され、シャーマン隊が、栗田艦隊への攻撃準備にとりかかろうとした、そのときなのである。九時三十八分、まだ上空に残って警戒の眼を光らせる戦闘機群をかすめ、低い雲の中から忍びよった彗星艦爆が、うさぎをねらう禿鷹のように果敢に急降下してきた。しかも単機。狙われた空母プリンストンのレーダーもこれを捕捉することができなかった。おどろいて撃ち上げる護衛の駆逐艦群の対空砲火を突き破って、その日本機は二五〇キロ爆弾を〝悪魔のごとき熟練と敏捷さと〟で甲板の真ん中に叩きつけた。

爆弾は格納甲板まで突き抜けて炸裂、雷撃機六機のガソリンに引火し、空母はたちまち火の海につつまれた。雷撃機搭載の魚雷が轟然と自爆しはじめた。艦の消火にたいする応急措置は万全であり、乗組員のプリンストン救助の活動もすばやく熟練のほどをみせていた。かれらは、艦橋を走りぬけた日本機が、僚艦ラングレーの戦闘機に追いつめられていくのを、だれひとりとして見守ることなく、艦を救うために消火に熱中していた。

3　〈10時から12時〉

戦機はようやく高まってきた。栗田艦隊は対空戦闘にそなえ、各艦がより行動の自由のとれるように開距離をとった。大和のマストには大軍艦旗が風になびき、赤い線が陽光を受けてあざやかだった。各艦もこれにならった。これこそが特攻を意味するのであろうと、輪型陣の中心の大和の右前方を、歯をむき出すように白波を蹴立てて進撃する妙高(みょうこう)の機銃群指揮官・島田少尉は自艦の将旗を仰ぎながら思った。海は静かに凪(な)いで、空も濃い碧色に晴れわたり、はるかな積雲が夢の国のように戦場をとりまいている。やがて上空にも雲の出る知らせでもあろうか。まさに空襲に絶好の日和(ひより)の中を、恐らく一日いっぱい攻撃はつづくであろうと、少尉は覚悟を決めた。すでに、八時十分ごろ、敵の索敵機によって艦隊は発見されている。ただちに二四ノットに増速、戦闘準備がととのえられた。

栗田司令部より全軍に「敵機来襲近シ、天佑(てんゆう)ヲ信ジ、最善ヲツクセ」の指令が届けられ、妙高艦長は、これを全乗組員に艦内伝達器で伝えた。にもかかわらず、あれから二時間近くを過ぎ、いまだに敵機の姿はない。くることが確実なだけに、かえって見えないことで不安は高まり、少尉をはじめ全軍が気をもんでいた。そして緊張と疑念の中で、どういうわけだろうか、ふッと小さなあくびがとび出し、少尉をおどろかせるのである。

十時ほんの少し前、輪型陣の外側を走る秋霜(あきしも)より、海面に潜望鏡発見の報告が大和に届けられた。つづいて、西村艦隊より「ワレ空襲ヲ受ク」の電報が飛び込んでくる。苦悶する艦隊の様相そのままを映しだすような交信がつづいたが、栗田中将は艦橋にあって前をにらんだまま動こうとはしなかった。

大和の市川少尉は副砲発令所にあってやがて下るであろう「戦闘」の命令を待ちながら、昨夕、艦橋を上ろうとして偶然にみとめた栗田長官の、黙然としてひとり立つ姿を思い出していた。長官公室の上あたりの甲板にたたずむ中将の影。漆黒の海をじっと見つめるその後ろ姿に、ふと長官の心を偲んだ。任務は重く前途はまだ遠かった。苦しい作戦の、壮途半ばで重巡三隻と多くの部下将兵を失った主将の気持は察するに余りある。しかし、それだけではないであろう。旗艦先頭、たおれてのちやむは、帝国海軍の伝統精神である。昂然たる中将の肩先には、全軍の先頭に立ち、手負い獅子のように、作戦貫徹に邁進せんとする不屈の闘志と知略が秘められているようにみえる。そして、少尉自身も、烈々たる闘魂がみなぎりくるのを禁じ得なかった。

十時二十五分、大和の電探がついに敵編隊を捕捉した。「敵小型機四十機発見！一六〇度方向」。即座に大和より全艦隊あてに信号が発せられた。

「速力二四ノットトナセ」

そして、前檣高くZ旗がかかげられる。測的が開始され、約二万メートル、大和

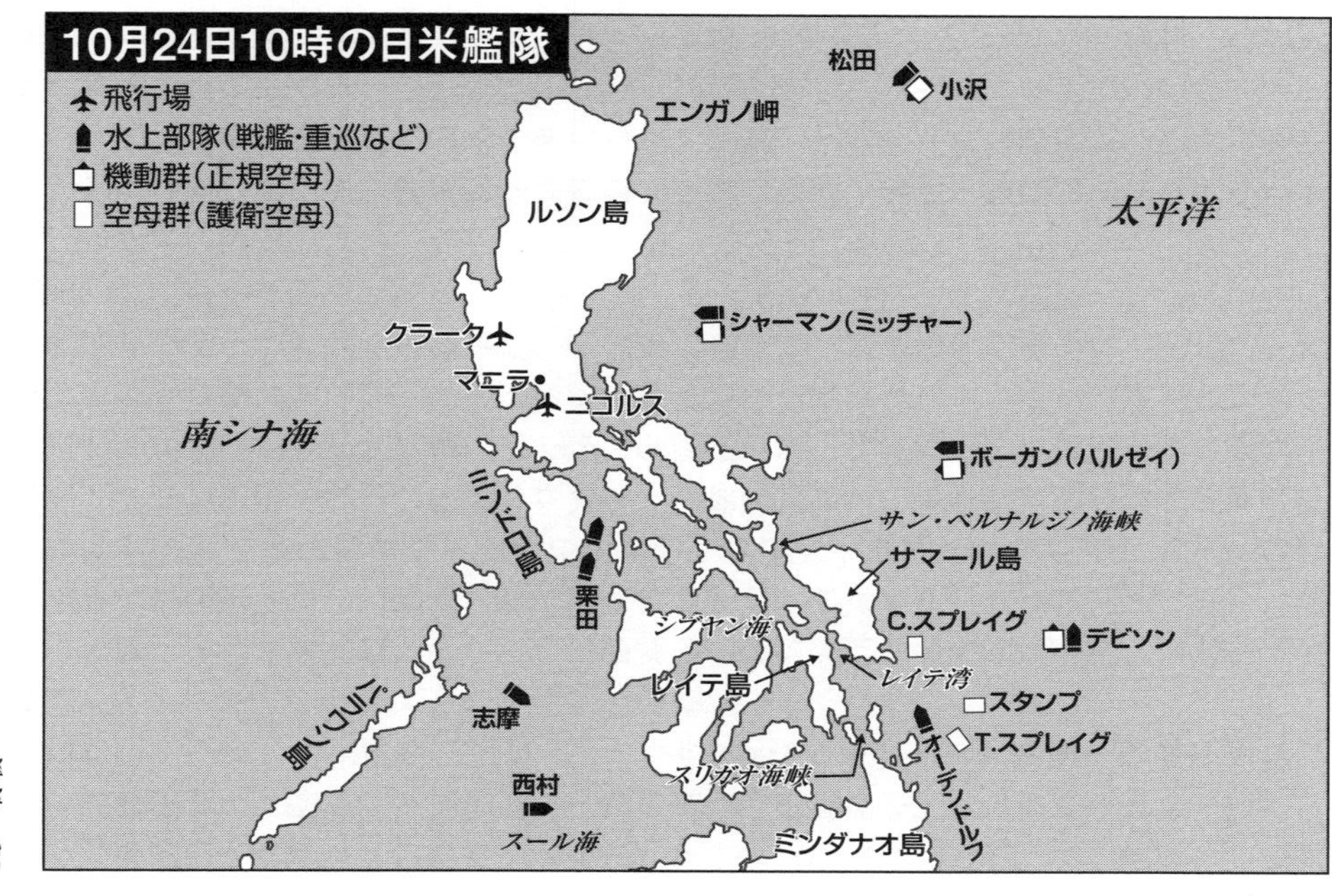
10月24日10時の日米艦隊
飛行場
水上部隊（戦艦・重巡など）
機動群（正規空母）
空母群（護衛空母）
松田
小沢
エンガノ岬
ルソン島
太平洋
シャーマン（ミッチャー）
クラーク
マニラ
ニコルス
南シナ海
ボーガン（ハルゼイ）
ミンドロ島
サン・ベルナルジノ海峡
サマール島
栗田
C.スプレイグ
シブヤン海
デビソン
レイテ島
レイテ湾
スタンプ
パラワン島
志摩
T.スプレイグ
オーデンドルフ
スリガオ海峡
西村
スール海
ミンダナオ島

の巨砲九門がたちまちに艦体をゆさぶって一斉に吼えはじめた。ややあって「敵機五機撃墜」と、砲術長・能村次郎大佐の声が、副砲発令所長・市川少尉のところにひびいてくる。三式弾の効果であった。「やったあ！」と思わず部下が歓声をあげた。

各艦の主砲が撃ちはじめた。栗田艦隊の主砲は合計すると百二十門、これに、敵機の上空飛来とともに副砲、高角砲が加わった。たちまちに大空に無数の黒い、あるいは黒灰色の花びらがまき散らされた。弾幕は全艦隊を傘がひらいたようにおおったが、太陽を背にしそのバリケードを突き抜けて、攻撃機は勇猛に輪型陣の中におどり込んできた。戦艦百二十挺、重巡九十挺、駆逐艦三十から四十挺の機銃がいっせいに撃ち出した。高角砲のやや間のびした連続音にまじって、機銃の唸りが激しさを加えた。大小の破片が、砂袋をひき裂いてばら撒いたように、海面にすさまじい飛沫をあげた。

アメリカの第一次攻撃隊四十四機は〝神秘の戦艦〟大和・武蔵に攻撃を集中させてきた。外輪の駆逐艦の猛射を乗りこえ、連続して投下される爆弾は、舷側に水柱の林をめぐらした。それは四八メートルの前檣をすっぽりと隠し、一万二〇〇〇メートルの後ろの第二部隊から遠望すると、明らかに命中したかのごとく眺められた。

第二部隊の最後尾をゆく磯風の越智少尉は、艦橋にあって、第十戦隊司令官坐乗の矢矧よりの信号を艦長に伝え、戦闘記録をつける信号兵を監督し、さらに艦長命令の下達、艦橋前にある機銃の指揮と、八面六臂の忙しい戦闘をつづけながら、時間的な余裕をみては双眼鏡に大和・武蔵の姿を追いつづけた。しばしば赤い火柱が両艦の舷側に上がるのを見たように思った。しかし、崩れ落ちる巨大な滝と形容できる水柱を突き抜けて、巨大戦艦はその獰猛にして、優美な姿をあらわすのである。力に満ちてひるむことのない両艦の奮戦に、越智少尉ならずとも、将も兵も戦闘の艦橋において思わず拍手を送りたい衝動におそわれた。

武蔵の第二機銃群指揮官・望月少尉の戦闘は、同期生の拍手によってなぐさめられ、はげまされるような生やさしいものではなかった。十四群もある機銃群のうちの一群の指揮官として、身を隠す所のない甲板上にあって敵機の落とす爆弾、斉射する機銃に正面から立ち向かっていた。少尉は眼をむいて敵機を見、敵機はかれに歯を向けた。急降下爆撃機は単縦陣でつっ込む。少尉の眼に映るのは、一番機か二番機、せいぜい三番機まで。四番機よりあとは、艦の前後左右に噴き上げる水柱、それが崩れて化した巨大な滝、あるいは銃撃で破壊され飛び散る構造物の破片や硝煙にかくされて、ほとんど目視することができなくなった。

同期の高地一夫少尉は、武蔵の測的士として後部測的所にあって奮戦した。戦闘時間三十数分、敵の第一波の機影が潮がひくように射程外に飛び去っていった。少尉は、背部の鉄板を貫通し、狭い測的所の室内をネズミのように走り回った敵の機銃弾の一つをひろって掌にのせてみた。まだぬくもりが残っている。これが方向を変えれば、少尉の生命を奪ったのであろう、と思うと、弾丸に奇妙な親近感すらもつのである。それを右手に持ち、左手に移し、また右手に渡してもてあそびながら、一つのことをつきつめて考えているようで、実は何も考えていないような、とりとめないもの思いにふけった。

戦闘は終わったが、武蔵の主砲の不意の斉射で、乗組員は視覚と聴覚をいっぺんに奪われていた。耳鳴りがして、望月少尉も高地少尉も、耳の底の方でうなりつづける砲撃を聞いているような錯覚をいだいている。艦をゆるがす轟音によって、怯懦や逡巡、あるいはかれらをしばりつけていた恐怖感といったものが、あっという間もなく一掃されていることを知ったのは、ずい分とあとになってからである。それにしても、あの轟音をなんといいあらわしたらよいであろうか。

大和にも武蔵にも同じように敵機は殺到してきたのだが、輪型陣の中心にいる大和と、一つ外廓にいる武蔵とでは、その運命をわかつ微妙な徴候がこのときあらわれていた。第一次攻撃で、大和には命中弾はなかったが、武蔵は右舷に魚雷一本を許していた。速力は落ちたわけでもなく、戦闘能力はいささかの異状もみられなかったのだが。

むしろ不運なのは重巡妙高である。右舷後部の機関室に魚雷一本を食い（午前十時二十九分）、速力は五ノットに落ちていた。もはや戦闘に耐え得ないことが明らかとなった。妙高の島田少尉は配置が右舷にあったため、命中した瞬間を自分の眼でしっかととらえた。身体がとばされるような衝撃を受け、爆風と弾片が海面にしぶいたと思った瞬間、一〇〇メートルもある水柱がゆっくりと立ちのぼった。それが崩れ去り霧となって艦尾に流れたとき、少尉は泡立ち狂奔する海面がぐうと自分の方にもち上がってくるように錯覚した。このまま海中にのめりこんでしまうのか。海が傾いたのではなく、艦が一五度傾斜したのである。甲板にあった山のような薬莢がころころところがりはじめるのを、幼児がひどく楽しいことでもみるように、無心に、ある意味ではぼんやりと少尉は眺めた。

そのあとで、少尉は自分の戦闘とは一体いかなることであったろうかと自問自答した。あらかじめ棒を用意しておき、それで射手の頭を叩いて目標を指示するからと、繰り返し部下たちに伝えてはあった。しかし、戦闘がはじまると、眼もくらむ閃光と息もつまる硝煙、そして鉄板を耳もとでひっぱたかれたような轟音の連続の中で、叫べども棒で叩けども、部下の射手たちは狂ったように機銃を撃ちまくった。戦闘には戦闘の論理と行動があった。棒で指揮するものより機銃を握っているものの方が強かった。恐怖はむしろ指揮官の方にある。そしてあとに得たものは、山積みされた薬莢と、激しい耳鳴りだけではなかったか。少尉は淋しいような自分を感じていた。

　ともあれ第五戦隊旗艦妙高は脱落し、タブラス島北方水路にとり残され、駆逐艦秋霜がその護衛についた。秋霜は駈け回った。司令官・橋本信太郎少将を二番艦の羽黒に移乗させるべく、両艦の間をなんども往復した。司令部が去っていったあとも、苦しい戦いが妙高にはつづいた。わずか五ノットでは死の艦にひとしい以上、自力航行し得る速力をもう一度艦に与え、息を吹きかえさせねばならなかった。そうして悪戦苦闘する妙高へ駆逐艦がなんども往復して戦死者の遺体や重傷者を送りとどけてきた。戦闘はなおつづくであろうから、死者を葬り、あるいは、戦えないものを乗せていくほどの余裕が艦隊にはなかった。そこで考えられたのは脱落していくものに死者の処置をまかせようということであった。

　島田少尉は死者を艦に迎えた。どの死者も眼をそむけたくなる死に方をしていた。戦争とは苛烈きわまるものであった。死のうと生きようと、本人には関係がなく、だれかが決めてくれる、と少尉は気弱になろうとする神経を押し殺してそう思った。

脱落しているのは妙高だけではなかった。妙高が雷撃を受けたと同じころ、日本機の爆撃を受けて炎上した米空母プリンストンの火災は手のつけられない状態にまでなっていた。消防主管が使えなくなり、やむなく二百余名の消火要員のほかは退艦し、残された艦は海上に漂い、炸裂と火焔（かえん）と黒煙の火山に化していた。シャーマン少将は軽巡二、駆逐艦三を送り、なにがあっても消火を成功させ母艦を救えと厳命した。

圧倒的に優勢な兵力をもつアメリカ艦隊の戦いは、空母一の損傷にたいして、巡洋艦や駆逐艦を十分に派遣できる余裕をもって戦場にのぞんでいたが、劣勢の日本艦隊にあっては、傷ついたものは自力によって傷を癒して、生きかえらねばならなかった。そして、妙高は生きかえろうとしていた。一五ノットの速力を出せるまでに破損個所を修復した妙高は、しかし、一五ノットでは戦闘には耐え得ないものとして、戦隊司令官よりブルネイ基地への帰投を命ぜられた。ただし護衛につけてやれる駆逐艦はない。単独で、敵潜水艦の待ちうける海域を突破して帰らねばならない。妙高は悄然（しょうぜん）として、死者と負傷者をいっぱいにつんで戦場をあとにした。

この間に、日本の基地空軍の空襲で思うにまかせなかった北方の第三群シャーマン隊は、やっと日本機の槍をはらいのけ、意気をさかんにしながら強力な攻撃隊を逆に日本艦隊に送り込む準備をととのえた。十時五十五分、雷撃機三十二、戦闘機十六、爆撃機二十の大編隊が母艦を蹴って上空におどり出た。三つの機動部隊のうちかれらが栗田艦隊のいちばん近くにいた。

このように比島基地からの二航艦の大編隊によるシャーマン隊への猛攻は、栗田艦隊への攻撃機発進を遅らせる功はあったが、それだけでなく、北方への索敵機発進までも遅らせるという予期せぬ効果をもあげていた。戦闘全般をあとになって勝手な解釈をつけてみると、両軍の発見―攻撃―防御といった微妙なやりとりの時間表が重なりあい、食いちがい、いわば偶然と偶然が相乗化されて必然と思われるような大きな転機を生んでいることを発見するのである。ルソン島の北方海面を、ジグザグ運動をつづけながら南下する小沢艦隊の任務は、繰り返すが、いち早く敵に発見され、なんとか敵機動部隊を栗田艦隊からひきはなす陽動にあった。このため大胆過ぎるくらいに昨夜来、旗艦瑞鶴（ずいかく）は電波を発しつづけたのだが、敵からはなんの反応もない。敵に発見されなくては戦争にならないが、北方のシャーマン隊はその方面に索敵機を出そうとしていないのである。

次第に気むずかしくなり、憂色をあらわにしている牟田口格郎（むたぐちかくろう）艦長を、小沢艦隊本隊の軽巡大淀（おおよど）の航海士・森脇輝雄少尉は、艦橋にあってじっと見つめていた。もう何時間ものあいだ敵機の姿を待ちのぞんでいた。これまでの戦闘なら、敵に発見されないことを僥倖（ぎょうこう）とすべきであり、憂うべきではなかった。いまは、敵機の姿をただの一機でもいいから見たいと思い、それが見えないことで逆に地団駄を踏む想いを味わっている。二十一歳の少尉は、皮肉な、というよりももっと大きな、人間の意志や願望だけではどうにもならぬ天の配剤のような力を感じていた。

森脇少尉にとってはこの戦闘が初陣（ういじん）である。多くの友の死んだあ号作戦では、大淀は連合艦隊旗艦として豊田長官が坐乗、内海柱島（はしらじま）において全般の指揮をとった。作戦終了とともに全艦隊が柱島に帰投したが、そのとき少尉は、戦闘に傷ついた空母の姿を目にして、直接戦闘に参加できなかったことを残念に思い、つぎの作戦には俺もいきたいと闘志をかきたてたものである。それは第一線で祖国のために奮戦したいという素朴な、そして痛切な兵士の願いでもあった。

それだけに捷一号作戦に際して、連合艦隊司令部は日吉（ひよし）の陸に上がり、大淀も参加すると知らされたときの少尉の喜びようはなかった。出撃の前夜、必勝を期しての祝宴をよそに、かれは舷側より糸をたれ心静かにイカつりに興じた。月齢一か二の黒く塗りこめられたような夜に、対岸の別府の町の灯が赤く、黄いろく、故国への懐旧をかきたてるようにまたたいていた。いま、戦場にあってそれを思い出した。二十年の生涯をこの静かな海に捨てることに、感傷はない。美しい祖国の山野のたたずまいを脳裏に浮かばせることで、心の底から母国への愛惜を感じた。いい死に場所を与えられたと思う。しかし、敵に発見されなくては、立派に死ぬことすらもできないではないか。

シブヤン海の栗田艦隊で、妙高より羽黒へ第五戦隊司令官旗が移乗し、また、武蔵より大和へ「右舷ニ魚雷一発命中発揮速力差シ支エナシ」の発光信号が送られていたころ、そして一方のシャーマン隊の攻撃隊の発進が無事に完了したころである。十一時五分、ルソン島北方の小沢中将は、南方にひろく網をはらせていた索敵機よりの報告を正式に受け取った。

「敵機動部隊ノ位置、本隊ヨリ方位一二〇度、距離一八〇浬ヲ北方ニ急進中。空母四、戦艦二ヲフクム有力部隊。ナオ、ソノ東ト南ニスコール帯アリ」

敵に発見されなくて、まず敵を発見したのである。小沢中将は牽制球を投ずる好機が訪れたと判断した。投ずることであるいは一勝を得るかもしれない。得ないまでも敵はわが機動部隊の存在に気づくであろう。

「本隊ハ全航空兵力ヲアゲテコレヲ撃滅セントス」

命令が全艦にとんだ。しかし、米機動部隊の位置する海域には猛烈なスコールがあるという。小沢長官はそこで懇切きわまる訓示をつけ加えた。

「攻撃機隊は、天候の状況によって母艦への帰着困難と判断したならば、比島の陸上基地へ着陸せよ。同時に本艦にその旨連絡せよ」

　この指令の意味することは、それによって艦隊は丸はだかになってしまうが、一機でも多くが陸上に残ってさえいれば全軍の力となる、どうせ艦隊は全滅する以上、むしろその方が戦略的に利は多いであろう、ということになろう。

　瑞鶴のアイランド型艦橋のマスト高くZ旗が翩翻（へんぽん）とひるがえった。皇国の興廃はこの一戦にある。母艦四隻は風に立った。油槽船を改造した軽空母瑞鳳（ずいほう）は、第三航空戦隊の二番艦である。通信士・阿部勇少尉は、轟々と空を圧し、艦隊輪型陣の真上を飛びながら各艦からの「帽振（ぼうふ）れ」に翼を振って応える飛行機を見やった。かれらは旋回しながら編隊をととのえる。瑞鳳が積んできた零戦八、艦攻（天山）四、爆戦（零戦に爆弾をつんだもの）四もその中にある。阿部少尉は、自分よりも若い予科練出身の航空兵ひとりひとりの顔を思い出した。かれらは無邪気にはしゃぎ、数時間後にせまった戦闘の中に、笑って飛び立っていった。それらの顔に向かって「あの世で会おうぜ」と少尉は心の中でつぶやいていた。

　戦・爆・攻あわせて五十八機は、編隊を組み終えると、南の空に機影を没する。

ただ一機、千代田から発艦した爆戦はあげ舵をとり過ぎ、失速してそのまま海中に突入した。つまりは、それが日本の機動部隊攻撃隊の技倆を象徴していた。仮借もない航空消耗戦は、未熟であろうと戦力になるものは、これを投じなければならないのである。期待は多くをかけられないであろうが、真珠湾いらい太平洋をかけめぐった日本の機動部隊が、組織的な航空攻撃をかけるのは、これが最後となるのである。

すかさず小沢中将は全軍に、自隊の位置を知らせるとともに「攻撃隊全力、艦戦四十、艦爆二十八、艦攻六、艦偵二、フシ二カノ敵機動部隊ヲ攻撃ス」と打電した。十一時三十八分。フシ二カとは海域を示す飛行機用の暗号である。これで敵機動部隊の所在は、全軍に明らかとなる。もう一つ、注目していいことがある。この電報によれば、攻撃隊は七十六機ということになるが、実際に発艦したのは五十八機である。恐らく整備が間に合わなかった機、あるいは不十分の機が多数あったと考えられるが、この事実をもってしても、いかにかき集めの飛行機であったかが了解されるのである。

少しあとのことになるが、一時間後の零時四十一分に、この電報は栗田艦隊旗艦の大和の電信室が確かに受信した。受領を電信室は明瞭に記録しているのだが、なぜか艦橋の栗田司令部の手もとには届けられなかった、ということになっている。

この海戦の悲劇はそこから生まれるのである。小沢部隊が敵と接触したことを伝える大事な電信が、乗艦には届いていながら、総指揮官の手もとにもたらされないという大きなミスが、捨て身の小沢機動部隊の攻撃を結局は無効にすると、一体だれが想像したであろうか。栗田司令部の通信関係の将兵が朝霜に救われ、ブルネイへ帰ってしまったための不都合がここにあらわれる。果たして大和の電信室は殺到する電信がさばききれなかったのか。*

＊栗田、小沢両艦隊の通信の問題については「エピローグ」参照。

それを嘆いているときではないのである。攻撃隊は翼を振って南の空に消えた。あとに空白のような時間が、小沢艦隊におとずれる。攻撃隊の成果が判明するまでに二時間近くを要するであろう。

攻撃隊五十八機は艦偵を先にたて、かれらもまた、二航艦の攻撃隊が襲った北方のシャーマン隊に向かった。ここでも協同攻撃のための十分な事前の連絡があったなら、と惜しまれる。瑞鶴の峯少尉、近松少尉、瑞鳳の阿部少尉、千歳の岩松少尉、大淀の森脇少尉たち、小沢艦隊の将兵にとって、いま静かに時を刻んでいる時間が、無限に長い時間のように感じられるのである。

これより少し前の十一時すぎ、スール海を航進する西村中将は、後続してくるであろう第五艦隊司令長官・志摩中将あてに「午前一時スリガオ突入」を打電した。志摩艦隊がこれを受け取ったのは、小沢艦隊よりの攻撃隊が全機発進をおえた正午前後のことである。志摩艦隊はこれに応ずべく速力を増して南西に針路を変えた。

ほぼ同時刻であった。米大型索敵機は、この劣勢の艦隊をネグロス島西方に発見した。志摩艦隊の先頭をゆく重巡那智の見張りもこれをみとめた。が、大型機はそのままけし粒のようになって大空の青の中に姿を消した。もし発見されたならば、近接し、あるいは攻撃をかけるのが、米索敵機の常道戦法だった。志摩司令部は、このとき、発見されなかったのではないかと判断した。

しかし、発見にともなう、敵の来襲が予想されようがされまいが、西村中将の電信に応じて、志摩艦隊も遅くとも一時過ぎまでにスリガオ海峡に突入せねばならない。同一の時に、同一の場所へ突入することが、西村、志摩両艦隊に課せられた任務である。しかし奇妙なことに、西村中将は減速してかれを待とうともしなかったし、志摩中将も統一作戦をはかるべくなんらの処置をとろうともしなかった*。

志摩艦隊の軽巡阿武隈（あぶくま）の有村少尉は、作戦によれば夜明けにレイテ湾に突っ込むことになっていたにもかかわらず、途中から変更されて突入は二時か三時、と知らされたとき、ふつう海軍は決められた路線を一直線に走るものなのに、珍しいこともあるものだと、首をかしげた。なにか支障が起こったのだろうかと疑ったが、呑（のん）

気な性分の少尉はそれ以上深く考えてみようともしない。俺たち下ッ端はなにも知らなくてもいい、ただ存分に戦えばいい、とかえってさばさばとした気持になった。

決戦第一日の午前が終わる。プリンストン大破、妙高脱落、互いに浴びせあった第一波の太刀すじが互角、いや、ある意味では日本の優勢をもって、引かれた。が、ハルゼイ大将が失望し、日本が楽観するにはまだまだ早かった。すでに米攻撃隊の第二波、第三波がシブヤン海めざして飛行をつづけていた。そして日本海軍も大きな期待を抱いてよかった。小沢機動部隊の虎の子の攻撃隊が米機動部隊に向かい飛行中であり、比島の基地の二航艦の攻撃隊も午前の傷手にもめげず、第二第三の矢を放つべく着々と攻撃準備をととのえていた。

＊なぜ統一行動をとらなかったかについては、指揮系統が軍隊区分上別々であったからである。そのほか志摩艦隊が付録的な存在でしかなかったためもあるし、志摩、西村両中将の先任順序というむずかしい問題もあった。二人は兵学校同期であり、大佐になるまで西村中将が先任、大佐になったとき、志摩中将がこれを追いこすという事実がからみあっていたため、ともいう。

「天佑ヲ確信シ、全軍突撃セヨ」

犠牲

〈十月二十四日午後〉

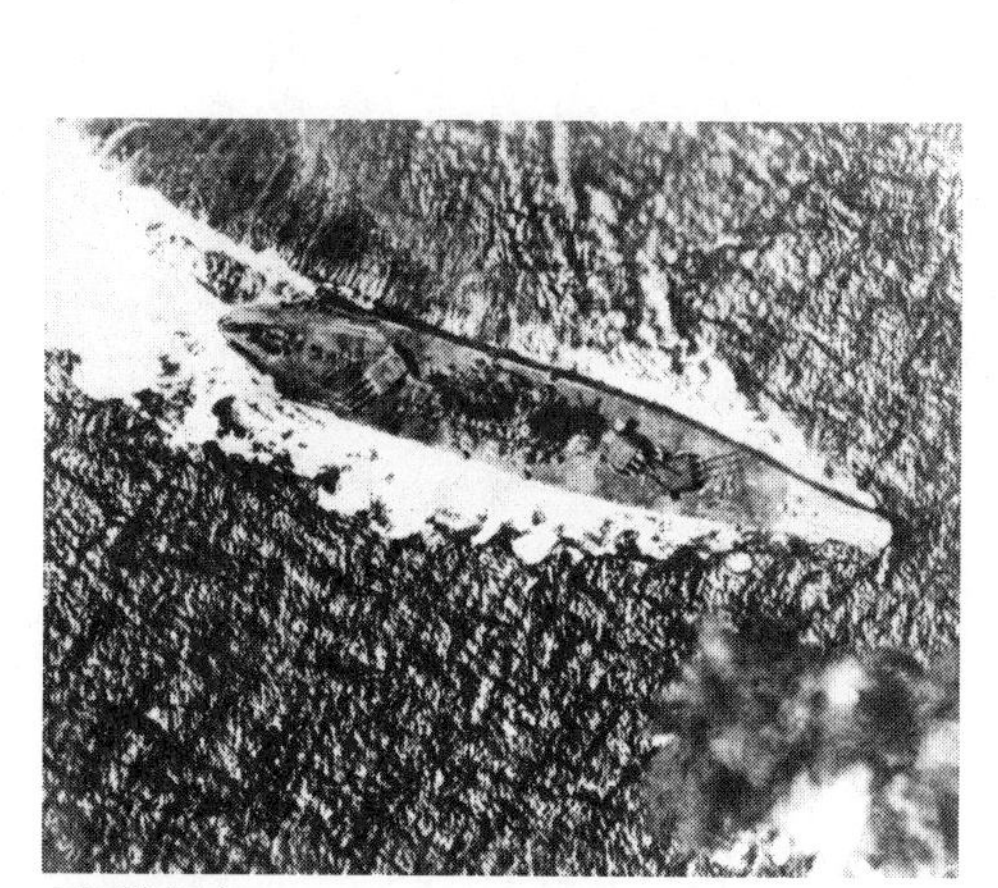

大和（やまと）
戦艦。昭和19年（1944）10月24日、シブヤン海にて
〈資料提供：大和ミュージアム〉

〈12時から16時〉

1

第一波攻撃のときの一本の魚雷命中個所より、青い海面を黒く染めて重油のあとを長くひいていたが、武蔵（むさし）は、かすり傷程度にしかそれを感ぜず航進をつづけた。しかし重油のあとがやがて第二波、第三波の攻撃隊のこの上ない目標となった。しかも武蔵は思いもかけず、被雷の折の激震で主砲方位盤が故障し旋回が不能、巨砲の一斉射撃ができなくなっていたのである。

栗田艦隊はタブラス水道をすぎてシブヤン海に入っていた。陽光はいぜんとしてさんさんと照りかえっている。第一波の攻撃で武蔵の第一群機銃群指揮官の星少尉が戦死した。いまはそのあとの指揮を摩耶（まや）より移乗してきた宇井野誠少尉がとっていた。もと摩耶乗組員で戦闘配置についたのは、宇井野少尉ばかりではなかった。補充要員としてかれらは、武蔵の要員が万が一にも倒れたときただちに交代しようと待機していた。

十二時三分、第二波の敵攻撃隊が太陽を背にして突っ込んできた。中央の機動第二群ボーガン隊の三十五機である。栗田艦隊の対空砲火がいっぺんに炸裂し、淡紅色や黄、黒の花が空中に咲きみだれた。陽は弾幕でかくされ、海上が暗くなった。その中を機銃の曳光が火箭のように天空を走り、火だるまになって海中に突っ込む敵機もあった。武蔵は砲弾一万五千発、機銃弾十三万発をすべて撃ちつくそうとするかのように、連射しつづけている。その破片がスコールのように降り、海面は白くしぶいた。

　機銃群指揮官・望月少尉が「主砲は何をしているのか。撃ち方やめろ」と叫んだのは、そうした戦闘のさなかである。方位盤故障の影響は甲板上にある機銃群の将兵の上に直接ふりかかってきた。統一的射撃指揮がとれなくなったため、各主砲の砲塔は独立射撃をまかされた。もともと主砲は三式弾による遠距離の敵機射撃が主任務であり、これが発射されるときは機銃員たちは待避して爆風をさけ、射撃ができないほど近接した敵機には次に高角砲・機銃が受け持つことになっているのであるが、一元的射撃統制を失った武蔵の主砲は、各砲塔がばらばらに、しかも思いがけないときに射撃をはじめた。重さ一・四トンの砲弾を発射する巨砲の砲撃はすさまじかった。甲板を爆風が突きぬけ、衝撃で鼓膜を破られた機銃員の身体が宙を飛んだ。主砲が射撃するときは、機銃員は注意を受けるはずである。しかし、注意はまったくされなかった。闇雲に耳もとで発射されては耐えられなかった。百二十一挺の機銃は照準装置をへし折られ、フルにその力を発揮できなくなった。しかし撃てる機銃はまだましな方である。主砲の爆風は、あたりの機銃台と味方の兵員を木の葉のように吹きとばして殺戮(さつりく)した。

望月少尉は、自分の指揮する部下に爆風による戦死者が出たとき、撃ちまくる主砲にはげしい怒りを感じた。死ななくてすむものを死なしてしまうことは、指揮官として許せない、許してはならないことだと思った。

しかも、武蔵の新増設の機銃台は、アーマーによる遮蔽(しゃへい)がなく甲板上に露出していた。繰り返し、繰り返し襲ってくる敵機の機銃掃射は、露呈した機銃に組みつき引き金をひきつづける機銃員を、次々になぎ倒していった。その間にも、生きもののように白い水脈をたてて魚雷が襲ってくるのを、機銃員は目撃することがあった。しかし持ち場を離れ逃げることは許されない。撃ちつづける、ひたすら撃ちつづける。つぎの瞬間、原形もないまでに魚雷は将兵を粉砕してしまうのである。それでもなお、生き残った機銃員はたじろぐことがなかった。

第二波の攻撃が終わったとき、集中攻撃を受けた武蔵は魚雷三本を左舷に受け、さらに二五〇キロ爆弾の直撃二発、至近弾五発という傷手(いたで)に、速力は二二ノットに落ち、次第に隊列から落伍しはじめた。主砲方位盤の故障による戦闘能力の減殺を、いまは否定し得べくもなかった。
　摩耶の池田少尉は、手にとるべき武器もなく、つくべき配置もないままに、武蔵の戦闘をずっと傍観しつづけてきた。この日、いつどこで昼食をとったか、かれにはいまもって不明であるが、サイダー一瓶とカンパン一袋の戦闘配食を受けたことだけを記憶に残している。そして、戦闘中にかれがしたことは、というより自らに課した悠長な任務は、武蔵が米機を何機撃墜するか、この超弩級戦艦に魚雷と爆弾が何発当たるかを計算することであった。しかし、一切を隔絶された士官室で、不安と恐怖におののきながら戦闘の推移を想像しているよりは、その眼でしっかと見すえている方が、はるかにくそ度胸のつくことを池田少尉は実感する。士官室では手元が狂い、容易に火のつかなかった煙草も、戦闘の合間でのもうとすれば、いまは一発で火がつくのである。

　こうして第一波、第二波の攻撃は、大和・武蔵を中心とする第一部隊に集中した。しかし、第二部隊の将兵が、戦闘に加わっていないとしてしまうのは間違いである。戦艦榛名の艦橋で戦闘を見守る通信士・榊原少尉は、空からの悪魔にたいして狂気にとりつかれたように奮戦している僚艦の姿に、自分たちもまた狙われているように感じ、烈しく心の中で戦いつづけている。戦闘になると、通信士には仕事らしい仕事がなく、やむなく艦橋で戦闘記録をつける航海科下士官の手伝いをし、そうすることでややもすれば襲いかかる恐怖心を押しつぶした。

大和より「第二部隊ハ速力ヲアゲ近接セヨ」という通信命令を受け、第二部隊は速力を上げると第一部隊との間隔をつめた。ときどき襲ってくる数機があったが、たちまち全砲火を集中され撃退された。第二部隊は傷一つなし。そして多数の爆弾をあび、殺到する魚雷に身をくねらせるようにして回避する第一部隊各艦に声ならぬ声援を送りつづけた。拝むような気持である。第二部隊の将兵には、攻撃を一手に受けて奮戦する武蔵がさながら生けるもののようにも眺められた。全智全能をかたむけて戦う艦。強い意志もあり、悲痛な感情もそこにはある。戦闘をみつめる若い少尉は、胸せまるような感動に押し流されまいとし、心の中の戦闘をかれもまた戦うのである。

艦首をやや下げた僚艦武蔵の、おもむろに脱落していく姿をすぐ後方に見ることは、大和にある艦隊司令部としては耐えられないことであった。これからも敵襲は繰り返されるのであろうが、上空には一機の援護戦闘機もなかった。果たして基地航空隊が米機動部隊に痛撃を加えているのか、または作戦どおりに小沢艦隊が北方に誘い出しているか。零時四十一分に大和の電信室には、瑞鶴（ずいかく）からの重要電報が達していながら、それを見ていない（という）栗田司令部はあせりの色を濃くした。日没まであと半日。航空全力をあげての総攻撃の予定の日に、逆にこちらが総攻撃を受けている。傷つける武蔵と交信しながら、栗田司令部はじりじりした。受難はなおもひどくなるのか。

一時十五分、攻撃督促の意味をこめて、小沢艦隊ならびに一航艦、二航艦を指揮する南西方面艦隊に、栗田司令部は電信を打った。

「敵艦上機ワレニ雷爆撃ヲ反覆（はんぷく）シツツアリ。貴隊触接（しょくせつ）並ビニ攻撃状況速報ヲ得タシ」

電信にたいする返報はすぐにこなかった。いや、繰り返すが、大和には小沢艦隊の攻撃状況が届いていた。が、栗田司令部はそれを知らなかった。代わりにきたのは敵の第三波の攻撃群。北方の機動第三群シャーマン隊が放った最強の編隊が、栗田艦隊の上に殺到してきたのである。一時三十分である。雷撃機三十二、爆撃機二十、戦闘機十六の計六十八機。栗田艦隊はいぜんサン・ベルナルジノ海峡に向かって東進、シブヤン海の中ほどまでに達していた。

攻撃は、傷つける武蔵を主目標として、第一部隊はもちろん、こんどは無傷の第二部隊の各艦にも加えられた。太陽を背に、それは蜂の大群のように胴体を黄金色に輝かせ、火のように赤い毒矢を発射してきた。飛び去るときは、翼をガラスのように光らせた。

この戦闘で大和も一番砲塔前部に二五〇キロ爆弾二発を受け、それは上甲板を貫いて中甲板で炸裂し、初の死傷者を出した。さらに、敵機の銃撃、雷撃はつづいた。副砲発令所で奮戦をつづけていた砲術士・市川少尉は命ぜられて、空襲の合間に被害の状況を調べるために発令所を出ると前部の被害個所へとんでいった。爆風と弾片はいたるものを完全に吹きとばしていた。醜く曲がった鉄柱、飛び散った鉄片、隔壁はめくれ上がって、塗料がくすぶっている。死傷者は仮包帯をして担架で応急救護所に運び込まれた。上甲板の居住区が負傷者のための、そしてガンルームの浴室が戦死者の、それぞれ収容所になっている。

前部応急指揮官・岩部哲郎少尉が、近くの兵科事務室のソファーの上に横たわっているのを、市川少尉はみとめた。岩部少尉は柄の砕け散ってしまった軍刀をしっかりと胸に抱いたまま、頭をすっぽりと包帯され、眼をつむっていた。包帯には鮮血がにじんでいる。岩部少尉は同期生である。市川少尉は思わず叫んだ。「おい、しっかりしろ、傷は浅いぞ」。いってしまってから、こんなときに、ありきたりの文句しかでないことをひどく恥じた。しかし、岩部少尉は眼をつむったまま、かすかにうなずいた。かれの呼吸は正常であり正確であった。

市川少尉が見た負傷者の応急救護所の光景は凄惨この上なかった。火薬と血と油と、それに鉄とリバノール肝油の激烈な匂いが充満し、異様な生ぐささにむせかえった。爆風と弾片でめちゃくちゃにされた死者の肉と骨と血が絨毯（じゅうたん）のようにひろがっている。ガンルームの浴室には、いくつかの死体が安置されていた。室はあまりに多くの死をかかえ、もうそれ以上は耐えられないほどであった。真っ黒に焼けただれた兵。唇をかみしめる戦死者。ちぎれた腕、脚。いずれもさきほどまで雄々しく戦っていた戦闘服装のままに、傷口には応急処置の仮包帯がほどこされている。

市川少尉は息をつめた。暗然として言葉もない。身体が硬直した。死者と生者とを分けるものは何なのか。同じ艦内でさっきまで同じ飯を食い、同じ命令を聞き、同じ艦上で戦っていたものが、わずかな位置の違い、ほんの一瞬の差で、これほどまでに引き離されてしまう。悲惨、残酷、無慈悲、非情といったいくつかの形容詞をこえて、そのずっと先の方にあるものなのである。しかし、市川少尉が戦争の悲惨さを本当に強く感じたのは、むしろ戦後になってからのことだという……。

シャーマン隊よりの第三波の攻撃が終わったころ、一時五十分、こんどはその憎むべき敵母艦群に小沢艦隊の艦載機群が必死必中の攻撃を開始した。戦闘爆撃機十一、零戦（ゼロ）六、天山（てんざん）艦攻一のわずか十八機となった劣勢の攻撃隊ではあったが、全軍の与望をになって、かれらは勇敢に赤い火矢の雨の中に身をおどらせていった。攻撃機は旗艦瑞鶴搭載のものばかりである。瑞鳳（ずいほう）、千代田（ちよだ）、千歳（ちとせ）の飛行隊と一緒に発進したが、他隊をスコールや断雲の中に見失い、ひとり瑞鶴隊のみとなって敵機動部隊上空に達したのである。

グラマン戦闘機二十機がこれを迎えた。たちまちに攻撃隊は一機、二機と火のスカートをひろげて落ちていった。その熾烈（しれつ）な銃撃をのがれ、勇敢にも六機の戦闘爆撃機は敵空母に深い降下角度で突撃していった。二機が砲火をあび火を噴いた。艦橋をもつ正式空母二隻、平甲板の軽空母一隻を、攻撃隊員はその風防ごしに見たことであろう。爆弾が胴体をはなれた。自分の爆弾の行方を見守る余裕はない。操縦桿（かん）を力いっぱい引き起こすと、身をえびのように縮めて、輪型陣の外へのがれ出ねばならない。

瞬時にして日本機動部隊最後の攻撃は終わった。空母エセックスに至近弾一、ラングレーに至近弾二を与え、わずかながらも損傷を与えた。レキシントンの左舷五〇メートルにも大きな水柱が立ったが、残念ながら損害をもたらすことはできなかった。一時五十三分、シャーマン隊の砲火はやんだ。そして上空護衛戦闘機は来襲日本機をほとんど撃墜し、次々と着艦した。

朝から第三群シャーマン隊のみが日本機の重なる攻撃にさらされている。形容すれば、応接にいとまなし、である。そのため、いまだ北方にたいする索敵機を飛ばす余裕を見出せない。それればかりでなく、小沢艦隊よりの攻撃機が去り、わずかに時間的な空白を得たと思ったのもつかの間のことで、栗田艦隊への攻撃を終えて帰投してきた自軍艦載機を収容する任務があとにつづいた。駆逐艦は、損傷を受け不時着水するパイロット救出のために海をかき回した。母艦は風に立ち、燃料いっぱいにふらふらとたどりつく小鳥を迎えるのに追われた。

二時五分、レキシントンに坐乗していたミッチャー中将はついに意を決した。いつまでもこうしていては、日が暮れてしまう。あ号作戦で猛進した中将も、こんどの海戦ではハルゼイ大将のワンマン的性格におされてか、たな上げされたような存在になっている。それでは勇猛ミッチャーの名がすたるというものである。戦闘機の護衛なしで、足の遅い爆撃機を北方索敵に飛び立たせることをかれは決意した。いま機動第三群を襲ったのは明らかに日本の艦載機であり、日本の機動部隊が近接していることは疑う余地がない。それを発見するのがいまや焦眉の急となった。北方および北東方の広い海面を網の目のように区分して、数機の索敵機がレキシントンの甲板から飛び立っていった。

ミッチャーの参謀長バーク少将は、それを見送りながら、「まったく冷や汗が連続の、いやな戦いだな」とつぶやいた。

索敵機は、雲のちぎれ飛ぶ空を飛んでいった。数マイル東南の、ときおりスコールの走りすぎる遠い海面では、プリンストンが炎上し、煙の雲を噴き上げているのが見えた。巡洋艦バーミンガムを先頭にして駆逐艦四隻が、みずからも焼けこげるのではないかと思われる猛火と戦いつつ、舷側近くに寄りポンプで水をそそいでいた。

レキシントンの索敵機の飛び去った方向、一五〇浬ほどの海域にある小沢艦隊は空白の戦闘の中になおも苦しい戦いを戦っていた。攻撃隊が出撃してよりすでに二時間余、そろそろきてもいい航空攻撃の報告が、なぜか一通も届けられてこなかった。連絡が杜絶、ということは恐らく送信機をもつ艦攻、艦爆が大被害を受けたためと悲劇的に考えるほかはない。小沢艦隊の苦悩は深まった。攻撃も回天の役を果たさず、しかも敵空母を北方へ誘致の目的を達成することができそうにない。さらに、心を痛めねばならないものに、栗田艦隊よりの相つぐ被害電報の到来があった。作戦は明らかに失敗しようとしている。

小沢長官は決意した——作戦を成功させるためには、あらゆる犠牲をはらって徹底的な戦闘をする必要がある。それには翼を失った艦隊が有している残された戦力、すなわち大砲による敵機動部隊への突撃であろう。そして遮二無二敵を呼びよせるのだ！　無謀とそしられようと、放胆と賞されようと委細意に介しない。小沢中将はおのれを投げ出した。

二時三十九分、電信が全艦隊に発せられた。

「断固、南進セントス。前衛部隊ハ南方ニ進出スベシ。好機ヲトラエ残存スル敵艦隊ト触接、コレヲ撃滅スベシ」

この電報も大和の通信室は受け取っている。しかし、作戦室の栗田司令部には届かなかったということになっている。なぜか？　悲しい錯誤はなおもつづいている。


前衛部隊の日向、伊勢、秋月、初月、若月、霜月の六隻はただちに行動を起こした。伊勢の測的士・高田少尉はおのれの出番がきたことでひどく勇み立っていた。飛行機相手では話にもなにもならぬが、敵艦隊への砲撃戦ともなれば、鍛えに鍛えてきた訓練の成果がそのままものをいうであろう。味方がきわめて不利な態勢にたたされていることなどに、少尉は、無関心であった。かりに知ったとしても平然としていられたであろう。もともと尋常なことではどうにもならぬ、のるかそるかの困難な作戦なのである。だれかがその困難を背負わねばならない。口には出さなかったが、それだけの決意はあった。少尉は、飛行機相手に撃つつもりで、部下と一緒に十分な手入れを加えていた陸戦用の機銃を放り出した。役立たずの武器には、もう用がなくなっていた。

小沢中将が南下を決意したころ、栗田艦隊は第四波の空襲を受けていた。その数二十五機余。攻撃群の中には、南方のデビソン隊もすでに加わっている。第二部隊の熊野(くまの)の甲板士官・大場少尉の戦闘配置は応急係で、定位置は最上甲板で待機。そのため戦闘をよく望見することができた。味方が次々と傷ついていくのに、攻める敵機は新手の精鋭をそそぎこんでくるように、少尉の眼にも映った。攻撃機は大空の有利な攻撃位置を占位しようと、縦横に飛び回り、そしてはげ鷹のように襲いかかり、檣頭(しょうとう)をかすめるようにして急上昇した。迎撃し追撃する味方機銃の旋回が間に合わないほどであった。

熊野は七戦隊の旗艦であり、司令官・白石万隆(しらいしかずたか)中将をはじめとする司令部の幕僚が坐乗していた。白石中将は別にして、幕僚の中には、出撃いらい威丈高な、さながら特権階級のように振る舞うものもあった。戦闘がはじまるまで、横柄であり、権柄(けんぺい)ずくで、かつ官僚的な男がいた。そんな幕僚にかぎって機銃の掃射をあびるとき、だれよりもさきに頭を引っこめ、身を伏せたという状況を、艦橋にいた戦友から、大場少尉は聞いた記憶がある。弱い犬ほどよく吠(ほ)えるという諺(ことわざ)が思い出され、ばかばかしく感ぜられてくる。

たがいに連携し、高度に統率された敵機の襲撃は、潮が引くように終わった。砲声もやんだ。大場少尉は砲煙が雲となって流れ、やがてそれがうすれ、あとはあくまでも青い紺碧の海がひろがってくるのを、珍しいものでも見るかのように眺めわたした。この平和な海上で虐殺がつづけられたということを信じることはできなかった。そして、第二部隊のすぐ前方に、武蔵が傷ついて浮いているのをみとめた。速力の落ちた巨艦は、まさぐりながら歩くような姿で海の上を這っていた。清霜（きよしも）がそのまわりを回って護衛の任務を果たしている。

武蔵は火も煙も発していなかった。しかし、左に一〇度ほど傾いていた。注水可能部はすでにいっぱいに水を張り、ひときわ突き出た艦首の菊の紋章を水面からのぞかせているが、深く艦首を突っ込み、砲塔前の上甲板の最低線がようやく一面にひろがった重油の海の上に出ている状態であった。機銃員は半数以上が戦死傷し、三分の一の機銃は使いものにならなくなった。弾薬供給員も半分以下に減ってしまった。戦闘力は奪われた。そしていま、栗田長官の命によりマニラに向けて後退しようと、第一部隊よりはるかに遅れ、第二部隊の左前方四～五〇〇〇メートルの海上を、遅い避退をつづけていた。

七戦隊三番艦の重巡利根の艦長・黛治夫大佐は、このとき、第二部隊が総がかりで援護すればまだ武蔵は救いうると判断した。そこで第二部隊の旗艦金剛にあてて信号を送った。

「武蔵ヲ援護スル必要アリト認ム」

折り返し信号命令が送られてきた。

「利根ハ直チニ武蔵ノ北方ニ到リ、同艦ノ警戒ニ任ズベシ」

受け取ったとき、黛艦長は憤怒の表情をあらわにした。武蔵の状態をみれば、利根一艦と駆逐艦一隻だけで護りうるはずがない。本気で武蔵を救おうというのであれば第二部隊全艦でこれを護り、速力を落としてでもレイテにたどりつかせ、その巨砲で弾庫が空になるまで撃たせたらいいのだと、大佐は思ったのである。そのための意見具申ではなかったか。しかし、命令は至上であった。ましてここは戦場である。艦長は下命した。

「取舵いっぱい、第四戦速」

利根は第二部隊の輪型陣を離れ、傷つける武蔵に近づいていった。これまでの戦訓で、輪型陣を離れた艦ほどいい目標はないことを艦長は知っていた。しかし壮士ひとたび去ってまた還らずである。間もなく、利根の十三号電探は敵の第五波の大編隊を捕らえた。午後三時十五分、南海の太陽はわずかに傾きをみせはじめる。利根の黛艦長は快活にいった。

「さあ、みんな、覚悟をしろよ」

水測士・児島少尉は艦長にいわれるまでもなくしっかりと覚悟を決めた。武蔵を護ることは、武蔵に攻撃してくる機数を一機でも二機でも減らしてやることである。それは利根が武蔵の代役になることを意味していよう。少尉は、いままでに経験したことのない感激に浸った。船乗りの友情、海での協同精神、それをなしとげようとする強固な意志。雲霞（うんか）のような敵機の攻撃を引き受け、武蔵を守りぬくのが利根の任務であり、その利根に自分が乗り組み、ほかのものと力を合わせて敵を撃退しようとしている。それは男らしく誇らしいことではないか。

武蔵に攻撃をかける敵機を、利根は二〇〇〇メートル北方よりねらい撃った。武蔵そのものの砲火の壁は崩れおちている。巨砲は火を吐こうともしない。艦の傾斜、あるいは火災による弾薬庫の自爆を防ぐため、水を弾薬庫にいれてしまっていた。利根はそうした現実を知らなかった。利根が武蔵を助けようとし、乗組員が喜んで身を捨てる覚悟を決めたのは、その巨砲をレイテ湾へ運ぶためではなかったか。主砲のない武蔵は鉄屑の山でしかない。しかし、利根はその鉄屑を護りぬこうと必死の砲撃をつづけた。確かに、利根の闘魂こそは、武蔵にとってすばらしい男の友情であった。

しかし、敵機にとっては、うるさく、余計な援護であったろう。我慢できなくなったようにそのうちの三十五機が、武蔵の代役を葬るべく、一挙にのしかかってきた。児島少尉は怒りと憎悪にかられてその方を見た。恐怖など感じない。小しゃくな挑戦は許すべきではない。が、艦が飛行機に対して無力なことを少尉は絶望的に知っていた。

武蔵に移乗していた摩耶の池田少尉は、このとき、直撃を受け吹きとばされていた。それは、かれが奇妙な錯覚におちいっていた直後であった。朝からの轟音と爆煙に感覚が麻痺していたためかもしれない。高角砲弾の炸裂で絢爛と彩色された上空にみとれて、自分が戦場にいるのも忘れ、古里の真夏の花火大会を思い出したその瞬間、視界が失われたのだ。そして意識が消えていくのがわかった。「死！　これが死というものか」。母親の顔が脳裏に走り、苦痛もなく一切が無の中に消えた……。

こうして機動部隊の飛行機あるだけを注ぎ込み、次々大損害を与えているにもかかわらず、なおサン・ベルナルジノ海峡突破を策し東進をつづけてくる日本艦隊に、ハルゼイ大将は無性に腹を立てていた。しかも、この段階に及んで、日本の空母を一隻も発見していない。間もなく日が傾くであろう。日が落ちるまでに全機を収容するためには、攻撃はあと一回が精一杯であろうか。それ以上は空からの攻撃は不可能になる。果たして日本艦隊は海峡を突破してくるのか。状況は少し混乱しはじめた。大将は明確な判断と、すばやい処置をとることをせまられた。

三時十一分、十三号電探が敵大編隊をとらえ利根が勇み立っていたころ、ハルゼイ大将は、三つの機動部隊から艦船を引きぬき、水上戦闘部隊として高速戦艦五、重巡二、軽巡三、駆逐艦十四による第三十四任務部隊を編成する〝予定〟という指令を全艦隊に送った。もし強引に日本艦隊が夜間に海峡を突破してくるのであれば、巨砲相撃つ艦隊決戦によって一挙に勝敗を決しようと意図するものである。砲術家のウィリス・リー中将を大将に昇進させ指揮官に任命した。これで万が一の夜戦にたいする準備はととのった。

ところがその二十分後、ハルゼイ大将が予期していなかった行動を栗田艦隊がとりはじめる……。

この日最大の百機以上の第五波攻撃群が去ったとき、武蔵はさざなみを立てながらなおも西方に向かって動いていた。速力一ノット。艦橋、機銃砲台、構築物、甲板は焼けただれ、ひんめくられ、巨大な鉄のかたまりとなって浮いていた。はらわた、足、手、首がいたるところに散乱し、艦全体が血で赤く染められたようであった。この巨艦を再び立ち上がらせるには、永遠の時間と無限の努力が必要であろう。利根も傷ついた。爆弾命中二。清霜にも死傷者が出た。その状態が心もとないため、駆逐艦一の増派を、武蔵艦長・猪口敏平少将は栗田中将にもとめた。栗田長官はただちに駆逐艦島風を武蔵に派出すると同時に、三時三十五分、なんと全軍にたいして反転して西に向かうことを命じたのである。

　西の方向は、サン・ベルナルジノ海峡に、いや目的地であるレイテ湾に背を向けることではないか。栗田司令部はあきらかに動揺した。一機の空中援護もなく、戦闘状況にたいしてなんら知ることなく、ときに情報がとび込むことがあっても、不正確であり、中途半端で、しかも矛盾するものもあった。そして、カラリと晴れた日脚の長い一日中、ずっとはげしい攻撃にさらされてきた。戦艦五、巡洋艦十二、駆逐艦十五の戦力は、いまは戦艦四、巡洋艦八、駆逐艦十一に減り、しかも各艦とも損傷して艦隊速度も二二ノット以上は出せなくなっている。艦隊はぐらついた。しかも、小沢艦隊のおとり作戦が成功した様子はまったくない。栗田艦隊のみが孤軍奮闘して全戦闘を引き受け、莫大な犠牲を強いられているように思えた。このまま進めば、艦隊は間もなく海峡部の狭い窮屈なところへ入る。そこで空襲を受けることは、みずからを死地に投ずるにひとしかった。これが栗田司令部の〝反転〟の決断を生んだ。旗艦大和を中心に、艦隊はくるりと一八〇度回頭した。

大和の砲術士・市川少尉が副砲発令所を出て見たものは、銃身の焼けた機銃、甲板に突きささった至近弾の鉄片や敵機の銃撃の弾痕であり、さらには担架で甲板に運ばれている機銃員、高角砲員の死傷者であった。その中にはガンルームの従兵の上等水兵もまじり、下半身は朱にそまっていた。市川少尉は名を呼んだが、苦悶のため、上水はただうめくばかりである。岩部少尉の頭部の傷は奇蹟的に浅かった。第四波の空襲のときに「対空戦闘、配置ニツケ」のブザーで立ち上がった市川少尉が「岩部、生きておれよ」といい残して配置にかけ戻ったときのことが、早くもなつかしい昔のことのように思い出された。

沈まないための戦いをしている武蔵のそばを、もう一度、こんどは西に向かって通過しながら、榛名の榊原少尉は、内心の相剋(そうこく)と戦っていた。沈む艦を見てはいけない。それは士気を沮喪(そそう)させる、とわかっていながら、いつか眼は武蔵に向いてしまう。武蔵は舵が利かないのか、のろのろと大きな円を描いていた。武蔵に配乗された何人かの同期生の顔を思い浮かべた。かれらはすべて生きているに違いないと思い、かれらが生きて元気よく頑張っているからこそ武蔵が沈まないのだと思った。それにしても肩が痛いぞと榊原少尉は、いまになって自分の身体が破片を受けて負傷していることに気づいた。かすり傷ではあったが、痛みが急に身に沁みた。

矢矧の大坪少尉も武蔵の同期生のことをちらと頭に浮かばせている。しかしかれらの生死のことなどほとんど気にならなかった。武蔵のいたましい姿にも恐怖感など抱かなかった。同じような運命は、いずれ自分の上にも訪れるであろうと、至極あっさりと考えた。死はかれのすぐ身近の矢矧艦上で起こっている。直撃二発。さらに、今朝、胸に愛妻を抱いて飛んでいった佐藤飛行少尉の死も忘れられなかった。それは第二波の攻撃が終わった直後であった、と少尉は記憶する。無電で佐藤少尉は「ワレ敵戦闘機三ノ追跡ヲ受ク」と知らせてきたきりで、連絡を絶ってしまったのだ。戦場では慰めになることはなに一つ起こらなかった。それにしても、なぜ艦隊はいまごろ反転したのだろうと、大坪少尉は首をかしげた。作戦は中止になったのであろうか。

「ワレ若干ノ被害ヲ受ケタルモ戦闘航行ニ支障ナシ」という電報ほど、磯風の通信士・越智少尉を喜ばしたものはなかった。旗艦大和が激烈な戦闘直後に全軍に発した電報である。これあるかなと、あのとき少尉は手を打ったほどにかれは闘志満々である。かれというより磯風という駆逐艦そのものが闘魂の塊だった。真珠湾攻撃、第二次ソロモン海戦、南太平洋海戦、イサベル島沖海戦、第一次ならびに第二次ヴェラ・ヴェラ海戦、あ号作戦と、開戦いらい奮戦に奮戦を重ねて生きぬいてきたベテラン駆逐艦。それだけに艦内の気風は荒々しかった。配乗されてきた当座、どなられどおしで越智少尉は悲鳴をあげたものだったが、いまはかれ自身が荒々しく激しく燃えていた。それだけに、戦闘航行に支障はないとしておきながら、いま大和が先頭になって退却しようとしていることが不満で不満でならなかった。「いったい何処へいくつもりなんだ。ここだ。ここへいくんだ。東進！」と少尉は、海図上のレイテ湾をとんとんと何度も叩いていった。

曙の石塚少尉は、一二五ミリの機銃にかぎりない親しみを感じだした。連続発射で銃身が白熱し、いまにも故障するのではないかと思うほど酷使しても、それは故障することなく火を吐きつづけた。頼もしいという言葉では足りないほど、機銃はすばらしい友である。少尉は、この頼りになる火器と一体となって敵機に刃向かう戦闘のコツが、少しずつのみこめてくるようで、ひとり悦にいっている。気合といいかえてもよかった。第一波のときと、第五波のときとは、確かに少尉の戦闘ぶりは変わった。敵機とにらみ合う、その接戦の間合いがわかりはじめた。ぎりぎりで撃ち合い、さっと離れるとき、双方がホッとする気持のやりとりまでが、次第に体得されればじめていたのである。そのときに戦闘は終わり、全艦隊の西への避退がはじまったのである。

——栗田艦隊は一八ノットで、西へ、西へ進んでいる。長く明るい日一日じゅうつづいた死の苦しみに耐えられなくて、艦隊は戦場から離脱しようとしているかのようである。このために、日没一時間後にサン・ベルナルジノ海峡を強行突破する予定はくずれた。午後四時、栗田中将は連合艦隊司令長官に電信をもって報告した。

「航空作戦ト策応シテ第一遊撃部隊主力ハ、日没ノ約一時間後ニサン・ベルナルジノ海峡ヲ突破スルコトヲ意図セリ。シカルニ敵ハ八時三十分ヨリ十五時三十分ノ間ニオイテ出撃機数二百五十機以上ヲ以テワガ方ヲ攻撃シ来タリ、ソノ機数並ニ攻撃ノ激烈ナルコトハ一波毎ニ増大ス。コレニ反シテ今マデノ処航空索敵、攻撃ノ成果モ期シ得ズ、逐次被害累増スルノミニテ無理ニ突入スルモ徒ニ好餌トナリ、成算期シ難シ。一時敵機ノ空襲圏外ニ避退、友隊ノ戦果ニ策応進撃スルヲ可ト認ム。一六〇〇『シブヤン』海（N一三—〇〇　E一二二—四〇）」

そして、陸上基地航空部隊を激励督促しようとして、この電信は一航艦、二航艦の司令長官あてにも打たれた。しかし、二人の航空艦隊長官とて空しく栗田艦隊が攻撃されているのを眺めていただけではなかったのである。かれらは午前の第一次、第二次攻撃隊で未帰還六十七機を出しつつも、なお気力をこめて午後からも第三次、第四次の攻撃隊を発進させた。しかし、天候不良のため全機が基地に引き返してきていた。なおも、福留中将は屈しない。引きつづいて、薄暮攻撃を敢行させせんと第五次攻撃隊二十四機を、このころ発進させていたのである。栗田艦隊より、敵機動部隊の跳梁（ちょうりょう）を訴えられ、これにたいする攻撃の強行を切望される前に、基地空軍も全力を投入し戦った。ただ戦運われにあらず、電文にある〝友隊ノ戦果〟を十分にあげ得なかったまでのことだった。

2

〈16時から19時〉

午後四時、ハルゼイ大将は、栗田艦隊に関する攻撃機からの、新しい、思いもかけない、偵察報告を手にした。それによれば、栗田艦隊は北緯一二度四二分、東経一二二度三九分の海域にあった。この位置は、この日最後の攻撃隊（第五波）が突撃した戦闘海面より一四浬以上も西の方にあたっているではないか。ハルゼイ大将は栗田艦隊が西進していることを初めて知った。しかもパイロットの報告では、「栗田艦隊は退却中なり」と結論づけている。ハルゼイ大将もまた敵艦隊は大打撃を受けて、逃げているなと判断した。

栗田艦隊が退却していると判断したのは、敵将ハルゼイばかりではない。北方方面の機動部隊の小沢中将も同じような印象を受けた。四時半ごろ、連合艦隊長官あての栗田中将の電信を傍受した小沢中将は、みずからは敵機動部隊誘致に失敗し、栗田艦隊はその任務を放棄したのであろうかという疑念に、わずかながら動揺をみせていた。その上にまた、発進した攻撃隊の通信が戦果不明のままとざされている。不明であるばかりではなく、帰投してきたものがそのときまでわずかに二機を数えるのみ。小沢司令部は、ほかの機は恐らくフィリピンの基地へたどりついたのであろうと推察し、これで艦隊がまる裸になったことを率直にみとめねばならなかった。それでもなお、栗田艦隊をレイテ湾まで運ぶために、身を投げ出し、全滅するまで崇高な任務を戦わねばならないのか。

千歳の艦長付・岩松少尉は帰らぬ攻撃機を待って遊弋（ゆうよく）をつづける母艦にあって、南の空をにらみつづけた。翼をつらねる大編隊となって突撃していった味方機が、

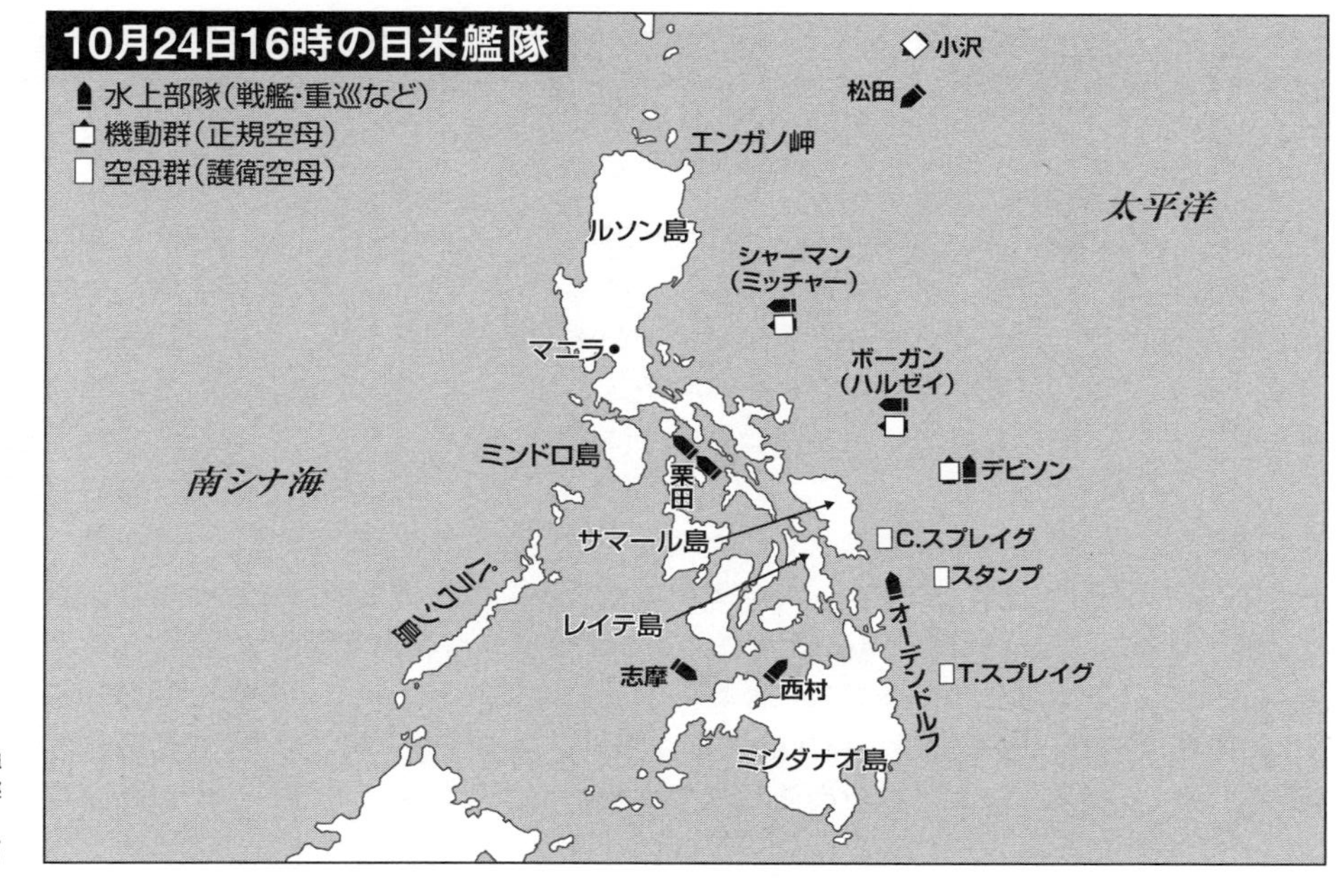

10月24日16時の日米艦隊
水上部隊（戦艦・重巡など）
機動群（正規空母）
空母群（護衛空母）
小沢
松田
エンガノ岬
太平洋
ルソン島
シャーマン（ミッチャー）
マニラ
ボーガン（ハルゼイ）
ミンドロ島
南シナ海
栗田
デビソン
サマール島
C.スプレイグ
スタンプ
パラワン島
レイテ島
オーデンドルフ
志摩
西村
T.スプレイグ
ミンダナオ島

そのまま地平の果てに消えてしまうなどということは信じられないことである。が、帰還せるもの二機というきびしくも悲しい現実がそこにあった。攻撃隊を失った機動部隊は、これからは索敵も思うにまかせぬ状態となった。暗鬱な空気が艦を包み、無言の時が流れている。あとはひたすら死ぬために戦うことが残されているだけである。しかし、無駄に死んでたまるものか。そんな思考をたどっている少尉の眼に、蒼空にぽつんと黒点が生まれ、それがみるみる大きくなり、やがて爆音が耳にとどいてきた。攻撃隊三機目の帰還である。翼を振って母艦上空まで達した飛行機は旗艦瑞鶴に近よってくる。

岩松少尉は、つづいて、さっき黒点が生まれたあたりの空に、もう一つの黒点が浮かんできたのをみとめた。それは一直線に近よろうとはせずに、左から右へ移動し雲間にかくれ、遠く艦隊を回避するような運動を示しつつ、おもむろに近接してきた。翼を振るようなこともなかった。このときになって、少尉は、それが敵の索敵機であることに気がついた。味方のあとをつけ艦隊の上空に達したのに違いなかった。

敵の索敵機は、上空に達したとみるや、不敵にも、千歳に急降下してきた。ただちに対空戦闘の命令が艦長・岸良幸(きしよしゆき)大佐によって発せられ、高角砲、対空機銃がいっせいに火を噴いた。敵機は弾幕を回避すると、なんらの攻撃も見せず、遁走(とんそう)した。

岩松少尉は敵機が消えたコバルト色の空を見ながら、このとき、故郷に残してきた婚約者の顔を思い出し、甘酸っぱい気持になった。

敵の索敵機にいま艦隊は発見された。小沢艦隊の下士官兵たちは、ここで不思議な疑問にとりつかれた。飛行機をもたぬ航空母艦というものは、浮かぶタライのようなものである以上、当然いそいで離脱して逃げるのが通常の戦法ではなかったか。しかし機動部隊は南進をつづけている。旗艦瑞鶴の航海士・近松少尉は、初めて、与えられた陽動という特殊任務が、全滅を期する准特攻作戦であることを悟った。飛行機をもたぬタライの集団は、ひっぱたかれても、殴られても、蹴られても、断乎として戦わねばならぬのか。近松少尉は身を震わした。艦隊はひたすら南進する。恐怖ではない。むしろ、いざ殴られにいこうとする溢れるような敢闘精神のあらわれであった。いまは、南進することが任務なのである。

ハルゼイ大将が坐乗する戦艦ニュージャージーの通信室には、いろいろな電報や電話、発光信号による情報が錯綜して流れ込んでいる。その中でも重要なものは、三つの機動群から発進した攻撃隊が、それぞれにもたらした大戦果の報告であった。第二、第三、第四群の機動群は、さながら功名争いをしているかのように攻撃成功の数字を大きく書きたてた。ハルゼイ大将は戦艦に乗っているため、直接に自分の耳で、戦闘から戻ったパイロットに実情を確かめることができなかった。その結果は公式の戦闘報告となってあらわれた。それによれば、四～五隻の戦艦が雷撃と爆撃によって大損傷、うち大和級戦艦一隻は炎上沈没、最小限三隻の重巡が雷爆撃を受け大破停止、さらに軽巡一が轟沈（ごうちん）、駆逐艦一隻撃沈、四隻が損傷し速力激減、そのほかもすべて損傷したことになった。

　ハルゼイ大将はこの戦闘報告をニミッツ大将とマッカーサー大将に送った。もちろん、上陸部隊を支援しているキンケイド中将にも、安心せよとばかりに伝えることも忘れなかった。そして、報告文の最後に、もはや中央の栗田艦隊は脅威ではなくなった、という意味のことを満々たる自信をもって付記した。

　この勝利の報告を発信するのとほぼ同時刻である、機動第三群シャーマン隊より午後遅くなって発進した索敵機が、北方に日本の機動部隊を発見したとの報告を送ってきた。〝ルソン島北端の東方約一三〇浬の海上を、針路二八〇度、速力一六ノットで進む空母四隻を中心とする艦隊〟という報告は、大戦果に酔いかげんのハルゼイ大将に強い衝撃を与えた。午後四時四十分ごろである。あやうく敵に寝首をかかれるところではないか。

　機動部隊の提督たちは、いっせいに眼を北に向けた。猶予はならない。ハルゼイ大将は全軍に集結を命じる。シャーマン少将は、火山のように炎を噴き上げ東方海面で漂流している空母プリンストンの自沈を命じた。いずれ沈めねばならぬ空母であった。その一時間ほど前に、燃える空母は大爆発を起こし、救助にきた巡洋艦バーミンガムを大破するという不測の不祥事まで引き起こしていたからである。このとき、ぎざぎざの鉄片、屋根ほどの大きな鉄板が飛び、ありとあらゆる破片が巡洋艦の上に飛び散り、瞬間に、巡洋艦は納骨堂と化してしまった。死者二百二十九名、重軽傷合わせて四百二十名。この悪魔にとりつかれたように燃えさかる空母に、駆逐艦レノは、魚雷二発を撃ち込んだ。四時四十九分、魚雷は火薬庫に命中し、空母は二つに折れて沈んでいった。アメリカ艦隊にとっては、前年一月にレンネル島沖海戦で重巡シカゴが沈んだが、それいらい絶えてなかった主力艦の喪失となった。

プリンストンは沈んだが、武蔵はなお生きんとする努力をつづけている。前にのめり、しかも刻々と傾いていく武蔵の一番砲塔の左舷には、海水がのぼりはじめていた。艦尾は次第に高くなり、艦首は水中深く没した。武蔵の乗員室ではずっと前より「生きてしやまん」という言葉がはやっていた。武蔵は不沈だという信念が将兵にそんな標語を作らせたのであろう。

左舷の防空指揮官・広瀬大尉の戦死にともない、ずっと左舷全体の防空指揮をとっていた望月少尉は、なおも敵襲にそなえ戦闘配置にあったが、刻一刻ともり上がってくるどす暗い水面を見ると、〝不沈〟にたいする信念が崩れるような気がしてくるのであった。武蔵は艦橋、主砲など上部構造物が重いために復元力が弱く、傾斜が二〇度を超えるとひっくり返るということを、少尉はだれに教えられたというわけでなく知っていたからである。傾斜がいま何度になっているかわからなかったが、あまりにも多くの敵の魚雷が左舷に集中し、注水による復元が不可能になった艦は、おもむろではあるが傾斜を増しているようである。とすれば、やがて終末がやってくる。

終末という言葉に行き当たったとき、同期の航海士・福田靖少尉が出撃直前のシンガポール上陸時に、母親への土産品を買い、嬉しそうに笑顔を浮かべた、その笑顔が急によみがえってきた。防空指揮所の半舷を切り削いだ直撃弾は下の艦橋まで貫通して爆発した。このとき、一瞬にして、その若い笑顔が永遠に消えた。福田少尉が死んだことを、望月少尉はいまになっても、信じられないでいる。

測的士・高地少尉は、同期の第六機銃群指揮官・戸辺順伍少尉に会いたくなり、後部の機銃指揮所まで穴だらけの甲板を吊り橋でも渡るようにひょいひょいと飛んで歩いていった。戸辺少尉は、半壊の鋼鉄にかこまれた指揮所に腰をおろし、煙草をくゆらしていた。そして高地少尉の姿を見ると、かれは「やあー」といった。貴様はまだ生きていたかという想いが、お互いの胸に沁みた。

「大分傾いてきたぞ。艦の中を歩いてみたか」と高地少尉がいうのに、飄逸な性格の戸辺少尉は、

「いや、歩いてみてもしかたがなかろうから、ここから見ているのさ。この艦も沈むぞ」

と、笑顔をたたえながらいった。高地少尉は、沈むとは思いたくなかったし、沈むとも思えなかった。火薬庫でも爆発しないかぎり沈むということはあり得ないのではないか。戸辺少尉はそんな高地少尉の半信半疑の思いを消すように確信をもっていった。

「時間の問題だ。かならず沈むよ。まあ、その前に酒保でも開くか」

二人の少尉はならんで腰をおろし、傾ける海を眼下にしながら黙ってサイダーを飲み、羊羹を頬ばった。戦闘がすんで、艦は息苦しくなるような沈黙に支配されていた。廃墟に近かったが、傾いた艦上では生き残ったものが、黙々としてそれぞれの任務を果たしている。死体の収容をしていた。ポンプで甲板の血肉を洗い流していた。高角砲や機銃に水をかけて冷やしていた。

やがて戸辺少尉がぽそりといった。

「いよいよ死ぬということになると、妙なもんだな、戦闘中に死んじまえば別だが、いま新しく死の状態を与えられると、ちょっとあせるような気がするな。そんな気はしないか」

高地少尉にはせまりくる死の予感が稀薄であり、死について考える気持のゆとりもなかった。

「死ぬことなんかあまり考えてないな。艦が沈んだら泳ぐ、そんなことを漠然と考えているだけだ。こうなったら死ぬ必要はないだろう。貴様はそのへんのところを諦めきっているようだが……」

この間にも、武蔵の傾斜は乗組員のひとりひとりが感じられるほど進んだ。高地少尉が任務につくべく立ち上がったとき、戸辺少尉は白い封筒を差し出して「これをもっていてくれないか」といった。明らかにそれは遺書である。

「いまだからいうが、俺は自分でも恥ずかしいほど生命にたいする執着が深い。自分ながら嫌気がさすことがある。今日の戦闘では、まったく生命を捨てて戦ったつもりだが、終わってしまうと、もう生と死のことを考えている。そんな〝我(が)〟にとらわれている自分がいやなのだ。艦が沈んだら無心に振る舞ってみたいと考えている。生きるもよし、死ぬもよし、またとない機会だからな」

友がその魂の内壁をひきはがしながら語るのである。

「俺の方が貴様よりもっと生命を惜しいと考えているよ。そこまでいってくれたから、俺もいうが、命知らずは無意味であり、馬鹿なことだ。俺はいま貴様ともっと長くいい友でありたいと思った。貴様の遺言は生き残って、貴様の口から伝えたらいい。これは破ることにする。いいな……」

戸辺少尉は黙っていた。高地少尉はそのまま遺書らしい封筒を引き裂くと、そばの伝声管の口に投げ込み、もう一度目を見合わせて別れた。高地少尉はガンルームへの道をたどりながら、ふと、戸辺少尉が憧れ、仲間にもよく語っていた女優水戸光子の面影が、別れたばかりの少尉の笑顔と重なり合って、胸の底に息づくのを感じた。

爆風で吹き飛ばされた池田少尉は意識を取り戻していた。それが時間的にどのくらいあとのことなのか、少尉にはわからない。かれと一緒に優に三十人はいたと思われる将兵は全員将棋倒しに転がっている。というより、鉄の天井が、隔壁が、床が、卵を叩きつけたように人間を押しつぶした。血糊でべたべたにはりついた肉片。黒こげの脚。眼球のとび出た顔。少尉は茫然（ぼうぜん）と立ちすくんだ。そのかれも胸部の激痛で何度か血を吐いている。そして耳は、鼓膜が破れたためか、一切の音を失っている。ボタンは五つとも吹き飛び、戦闘服の上衣は縄のれんのように幾十条にも縦に細く裂けていた。池田少尉は自分が幸運にも死角にいたため命拾いをしたことに、なんの感動もいだいていなかった。

長かった一日が終わろうとする。鏡のように澄んだシブヤンの海は、激戦を忘れたかの如く(ごと)に美しい夕焼けを映し、島々には熱帯性の靄(もや)がかかり、あたりは次第に暮色に包まれていく。艦橋のガラスも、一二センチの望遠鏡も夕陽を受けて紅い光を反射していた。

五時十四分、栗田中将は大和艦橋にあり「もういい、引き返そう」といった。かくて栗田艦隊は針路を再び転じて一二〇度にとり、サン・ベルナルジノ海峡をめざして東航を開始した。今日の空襲はもう終わったとの見通しがあった。それにしても、三時過ぎの第五波以後、日没まで数時間もあったのに、米軍機が姿を見せなかったのはなぜだろう？　それが北方の小沢艦隊発見のため、ハルゼイが攻撃を中止し、三つの機動群に集結を命じたためであることに、司令部はもちろん気づかなかった。

水平線のかなたに消えた栗田艦隊が、再び戻ってきたのを見たとき、恐らくいちばん喜んだのは武蔵艦長・猪口少将であったであろう。「本艦の損失は極大なるも、之(これ)が為に敵撃滅戦に些少(さしょう)でも消極的になる事はないかと気にならぬでもなし」と、その遺書に記している。本隊の西進は、闘志の猪口艦長には消極的とも思われたのか。それがいま、再び反転して本隊はレイテ湾に向かっている。それが喜びでなくて何であろう。戦運を切りひらく機会がまた訪れたのである。

武蔵に移乗していた摩耶の乗組員のうち、なお戦闘に耐え得るものは、このころ、武蔵の後部左舷に横づけされた島風に乗り移っていた。摩耶のものはいないかと呼ぶ甲板士官の声に、駆けつけたものの数はごっそりと減っていた。戦死二百十七名。ほかにも傷つき動けぬものもあり、摩耶轟沈で拾った生命を再び武蔵とともに捨てていたのである。摩耶の池田少尉は無事であった。戦友に抱えられるように渡し板を渡り、島風に移乗した。代わりの機銃指揮官として活躍した宇井野少尉も、島風に移った。移るとき、同期生の戸辺少尉が元気な笑顔を舷側に見せ、手を振って送ってくれたのが、宇井野少尉には妙に心の底に残った。

こうして、なお戦闘続行のための摩耶の生存者を乗せ、午後六時、島風は武蔵護衛を浜風(はまかぜ)と交代し、そばを通った第一部隊の輪型陣に戻っていった。そして浜風が全速力で武蔵に近づいてきた。

利根も武蔵の警戒任務を中止し、再び第二部隊の定位置につこうとし、金剛にあてて「千載一遇、決戦ニ参加シタシ」と信号した。利根では、黛艦長を中心にふつふつと闘魂に燃えていた。しかし、第二部隊の旗艦はそれを無視し、「現任務を続行せよ」と答えた。むしろ利根の突撃精神をみとめたのは、はるか先をいく栗田司令部で、大和より信号命令が送られてきた。「利根ハ第七戦隊ニ復帰セヨ」。これで第二部隊の信号は無効となる。午後六時三十分だった。艦長をはじめ利根の乗組員は、いっせいに歓声をあげた。水測士・児島少尉は、武蔵を護りながら受けた爆弾二発で死んだもののもこれで浮かばれる、と思った。疲労と緊張と不安と恐怖、あまり有難くないものがまたいっぺんに訪れるであろうが、レイテ湾攻撃こそがかれらの生命であった。

陽はすっかり落ちていた。傷ついた武蔵と駆逐艦二隻を漆黒の海上に残し、栗田艦隊は東進をつづける。舷側で夜光虫が波とたわむれて光りはじめるほかは、海にも空にも一点の光がなかった。

3

〈19時から23時〉

それは、この捷一号作戦そのものを象徴するような文章であった。

「天佑ヲ確信シ全軍突撃セヨ」

この連合艦隊司令長官よりの電報命令が大和に届けられたのは、六時五十九分である。

栗田艦隊からの反転西進の電報を受けた連合艦隊司令部は驚愕し激昂した。護衛の飛行機の一機もつけてやれなかったゆえに、苦戦を強いられるのはわかっている。が、いまここで引き下がっては、この後いつの日にか水上艦隊を決戦に使い得よう。現に、小沢艦隊も西村艦隊も、決然として敵方に進撃中ではないか。豊田連合艦隊長官の、フィリピンを日本海軍の死に処と覚悟した総力戦思想がここでも生きている。とにかく激励の意味もこめて、海軍はじまっていらいの悲壮な電報を発することにした。豊田長官は眼をつむる思いで、たとえ艦隊が完全に撃滅されても進撃せよ、と命じた。

しかし、一時間以上も前に、再び反転敵に向かっている栗田司令部には、この調子の高い電報はあまり歓迎されなかった。西へ反転したということで、それを退却と思い込んだ連合艦隊の狼狽ぶりが手にとるようでないか。反転電報をより正確に読めば、〝一時敵機の空襲圏外に避退〟なのであり、このまま西進をつづけることを意味する文章は一行もなかったのである。

栗田司令部での受け取り方はそんな風に皮肉なものであったが、この電報が多くの将兵を喜ばしたのはまた事実でもある。磯風の通信士・越智少尉はこの電報を受信したとき〝これあるかな。こうでなくちゃいかんよ〟という考えが、とっさに頭にひらめいた。もたもたと西へ行ったり東へ進んだりの、栗田司令部のやり方が弱腰で気にいらなかった。もともと全滅は承知であろう。任務は純粋かつ単純なのである。レイテ湾内の敵の撃滅にあって、そのために払う代価は問題にならないはずではないか。常日頃いっている〝肉を斬らせて骨を斬る〟とは、看板だけのスローガンではない、と少尉は痛切に思った。

熊野の甲板士官・大場少尉も司令部の弱気を妙に思う一人であった。本当をいえば戦闘を真に戦っているのは下士官であり兵であるというのが実感である。機銃群の中には初陣と思われる召集兵が多数あったが、かれらはひとしく勇敢であり、任務に忠実であった。かれらは義務以上の奮戦、責任の範囲を超えた力戦を見事にやってのけていた。それなのに、被害が大きいから引き返すという艦隊司令部の心構えの弱さは、大場少尉には少しく不可解なことであった。

取り残された武蔵は、しかし、〝天佑を確信〟できない状態に陥っている。重量物と名のつくものはすべて右舷に移された。弾薬も死体も右舷に移された。だが、努力も空しく、艦は急速に傾いていった。沈没は決定的である。ただ痛烈な意志のもとに最後の奮戦がなされていた。

清霜が命ぜられて、武蔵を艦尾から曳航しようとしてそろそろと近接した。巨大な城・武蔵は夜空に、天守閣を倒すかのように、傾いていた。

午後六時半、「総員集合、後甲板」の号令で、生き残ったものが、こんなにもまだ生きていたかと思われるほどの将兵が、後甲板に集まってきた。その数二千名。暗闇の中で人員点呼が行われた。艦首はすでに洋々たる海原と化し、巨大な砲塔だけがその中に小島のように浮かんでいる。軍艦旗が「君が代」の合唱と乗組員の敬礼のうちに下ろされていく。その間にも重油にまみれた真っ黒い海水がせまり、左舷のハンドレールは海面下に没した。

高地少尉は砲身に左手をかけ、直立の姿勢を保っていた。望月少尉は三番砲塔の上に立ち、左舷機銃群の指揮官としての最後の任務である人員点呼を終えようとした。このとき後甲板右舷に集められた重量物がものすごい響きをたてて海になだれ込んでいった。生きんとするもの、死を期せるもの、一秒後の生死はまったく不明である。この不明こそ運命というものであろう。望月少尉はこの平凡な真理をいまさらのように感じた。それは人間の意志とは関係ないことだと思った。

数百人の乗組員がまとめて甲板から左舷の海にころげ落ちだした。あわてて右舷に飛び込み、水面にあらわれた艦腹の巨大な爆破口や、のこぎりのように鋭利に破壊された鋼板に傷つき、即死するものが多かった。

危急の際に人間は忘我の境地に陥ることがあるのであろうか。高地少尉は一瞬、砲塔にもたれたまま放心の状態にあった。「分隊士どうしますか」という部下の兵曹の声に我にかえった。部下の射るような視線が、少尉に集まっていた。「こっちだ」と、反射的に沈みゆく左舷を指さした。もう飛び込むのではない。そのままずるずると倒れるように重油の海に入るのである。少尉は砲塔の冷たい鉄の肌をよくぞ戦ってくれたとばかりに軽くたたくと、海に入っていった。突然、このとき、心のうちにひそんでいた死の恐怖がつきあげてきた。戦い終わって、友の戸辺少尉がいったように「新しく死の状態が与えられ」て、高地少尉は生へのあせりをはげしく感じた。


近接していた清霜の乗組員が見たものは、みるみる横倒しになってしまった天守閣であった。その瞬間、武蔵の艦首砲塔付近より、闇が引き裂かれると同時に耳を聾(ろう)する大音響が聞こえ、真っ赤な火柱が突き立った。清霜艦長は叫んだ。「後進いっぱいッ」。

その閃光は前進する栗田艦隊の各艦からも眺められた。海上に二条の閃光が輝き、同時に太い火柱が上がった。それが何を意味するか語り合うまでもないことであった。

　高地少尉は海中を潜りながら泳いでいるとき、海底深く一面に鮮烈な朱色が輝くのを見た。本能的に足は水を蹴って、尻を火と反対の方向に向けていた。肛門に水圧をかけられたらおしまいだという考えがひらめいたのである。海中の赤い光は花弁のようにひろがり、眼のなかの水は血のように見えた。二度、三度と水中爆発がつづいた。高地少尉は火焰の中に二度三度と投げ込まれる思いを味わった。つづいて水圧が全身を包み、そのとき、なぜということはなしに、母親の胎内にいるような錯覚をおぼえ、少尉は陶然とした気持になった。

　武蔵は四枚のスクリューと二枚の舵を黒々と中空に浮かせて沈んでいった。吃水線下の紅殻色の塗料が赤黒く映えて、魔像のようであった。漂流者の頭の上に、魚雷の破口にひっかかった幾つかの死体が浮かび上がった。七時三十五分である。最後の苦闘をつづける人々を海面に残して、武蔵は海底の墓地へと姿を消した。昼間の空襲で損傷を受けている清霜は発光信号で浜風を呼んだ。

「ワレ無線連絡不能。状況貴艦ヨリ報告サレタシ」

　浜風はすぐ大和にあてて武蔵沈没の悲報を打った。

浜風の電報が栗田長官の手もとにとどいたころ、ハルゼイ大将は一つの結論に到達していた。それは、かれとかれの幕僚によって長いこと討議と研究を重ねた上のことであったのだ。旗艦の作戦室に作られた兵棋盤の上で十分に図上演習をやって得た結論でもあった。大将は断乎北へ進むという決心をかためたのである。かれはただちに第七艦隊司令長官・キンケイド中将に通告した。

「攻撃隊の報告によれば日本中央艦隊（註＝栗田艦隊）は甚大なる損害をこうむれり、余は三機動群を率いて北上し、明朝払暁（ふつぎょう）、敵空母艦隊を攻撃せんとす」

ハルゼイ大将は確かに with three groups（三機動群を率い）といった。マッカーサー軍の上陸作戦の支援に当たっていたキンケイド中将は、これをそのままにのみ込んだ。そしてハルゼイ強力機動部隊が去っていったあとのサン・ベルナルジノ海峡は、昼間ハルゼイ大将が電報でその編成をいってきた高速戦艦を中心とした第三十四任務部隊が守っていてくれるものと思った。ここに〝歴史のコースと国家の運命を変える〟ような誤解があった。

なるほど大将は、第三十四任務部隊に関しては、それは〝would be formed〟（編成されるであろう）といった。キンケイド中将ら第七艦隊首脳陣は、この場合の〝will be〟をよくあるように実行命令として受け取った。それは現在進行しつつある時制であった。水上戦闘部隊がそのときに編成されつつあったものとキンケイド中将は信じた。だが、ハルゼイ大将のそれは〝もしそれが必要ならば〟という条件つきの will be、つまり単純な未来形であったのである。

ハルゼイ大将にとって with three groups は麾下の全艦隊であったが、キンケイド中将にとっては第三十四戦艦部隊をのぞいた三つの空母機動群でしかなかった。この大いなる誤断！

ともあれ決定はなされ、命令が全艦隊にとんだ。各司令官、艦長らは北上の準備に大わらわとなった。ひんぱんに連絡を送り、敵までの距離が算出され、燃料、弾薬が補給された。全体的な戦闘隊型から、戦闘配食にいたるまでが、一個の大きな歯車を中心にして整然と組み立てられていった。


ハルゼイ大将がキンケイド中将に電報を発してから十六分たった午後八時六分、空母インデペンデンスの夜間索敵機が無線電話で栗田部隊健在をつげてきた。「日本艦隊健在。東進中、速力二四ノット以上」。恐らく速力は飛行士の見誤りであったろうが、それにしても信じられないような進撃を日本艦隊はやってのけつつある。

ミッチャー中将の幕僚はびっくりした。大損害を受け、戦闘能力を失って西へ退却中であるはずの栗田艦隊が、サン・ベルナルジノ海峡をめざして猛進してくる。

参謀長と先任参謀は、額をつき合わして相談し、その結論をもってミッチャー中将の室のドアをたたいた。中将はいびきをかいて眠っていた。

「長官、ハルゼイ大将に意見具申をすべきです。高速戦艦部隊（第三十四任務部隊）を改めて編成分派するとともに、われわれも反転してサン・ベルナルジノ海峡に向かうべきです」

ミッチャー中将はベッドから起きようともしなかった。作戦開始いらいハルゼイ大将からたな上げされているためのふてくされもあった。

「その報告は大将も知っているだろう。こっちの意見が聞きたけりゃ、そういってくるよ」

戦艦部隊の司令長官に名ざされているリー大将はハルゼイ司令部に電話をかけた。「サンベル海峡は突破されそうです。至急、対策をとるべきです」。しかし、返事は「了解しています」の一言のみであった。

猛将ハルゼイの決定はなにが起こってもくつがえりそうにもなかった。六十五隻の第三艦隊の全軍を率いて、十七隻の小沢機動部隊を目ざして夜のフィリピン海を北に、ひたすら北へ、ハルゼイ大将は驀進（ばくしん）をはじめた。速力二五ノット、全速力であった。

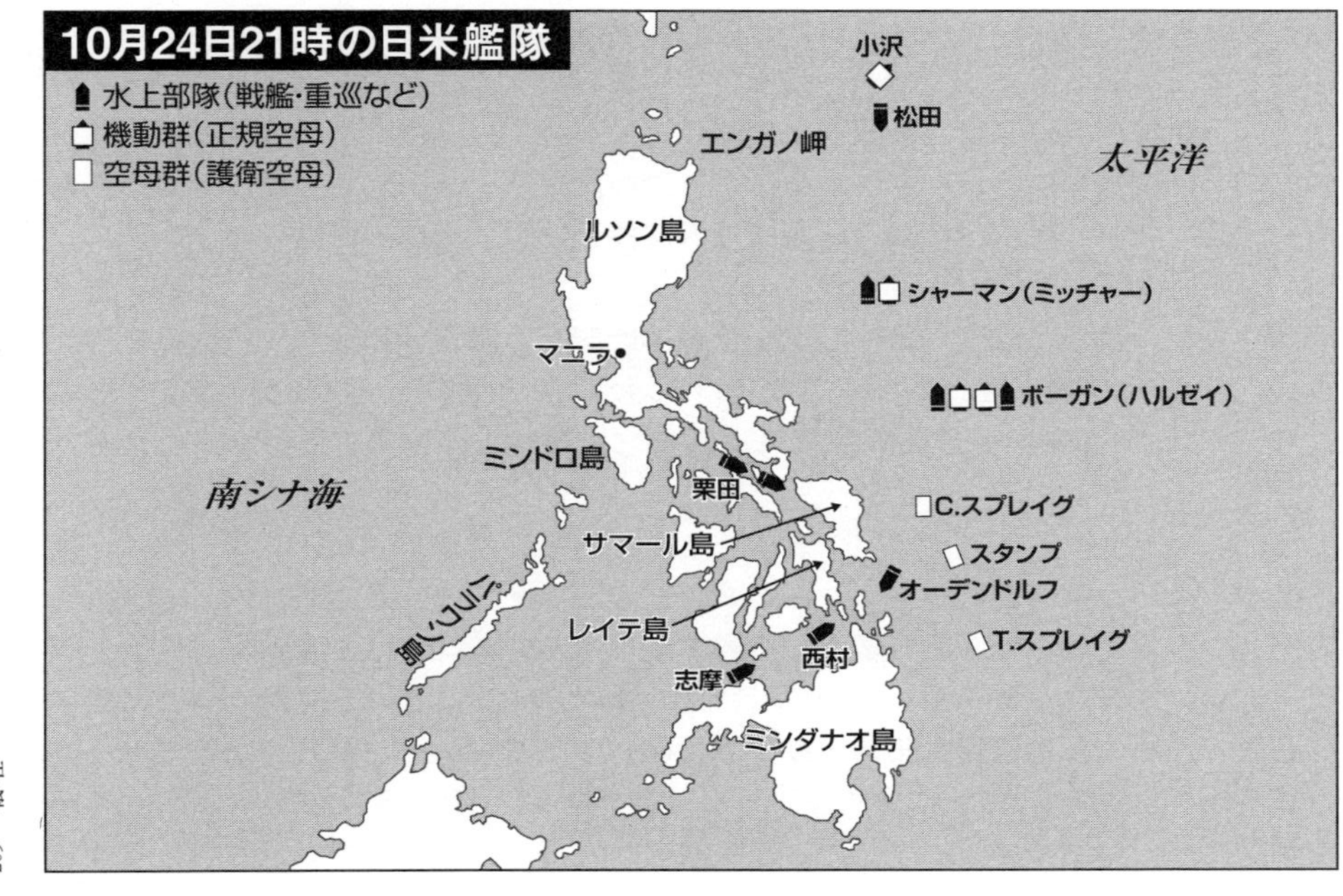
10月24日21時の日米艦隊
水上部隊（戦艦・重巡など）
機動群（正規空母）
空母群（護衛空母）
小沢
松田
エンガノ岬
太平洋
ルソン島
シャーマン（ミッチャー）
マニラ
ボーガン（ハルゼイ）
ミンドロ島
南シナ海
栗田
C.スプレイグ
サマール島
スタンプ
パラワン島
オーデンドルフ
レイテ島
T.スプレイグ
西村
志摩
ミンダナオ島

サン・ベルナルジノ海峡は一瞬にして空になった。ハルゼイ大将は、栗田艦隊が突破してきても昼間の空襲で痛めに痛めぬかれた艦隊である、キンケイド中将の六十七隻の護衛艦隊で十分対抗できると判断した。栗田艦隊迎撃はハルゼイ艦隊の任務であり、自分のものではないと堅く信じていたキンケイド中将は、スリガオ海峡に向かって前進をつづけてきている西村艦隊の迎撃に頭をなやましていた。戦艦六、重巡三、軽巡五、駆逐艦二十六、それに魚雷艇三十九隻で迎え撃つつもりであった。サン・ベルナルジノ海峡は頭からすっかり離れている。

突撃してくる西村艦隊は、戦艦二、重巡一、駆逐艦四の小部隊である。しかし、闘志にいささかの衰えを見せてはいない。この日の午前に一回空襲を受けただけで、奇妙なことに、その後は一機の敵影も見なかった。かれらは穏やかなミンダナオ海を東へ東へと航進した。

日没近くなって重巡最上(もがみ)と二隻の駆逐艦が、残る四隻と間隔をひらき、砲戦、魚雷戦の訓練をした。レーダーの精度をためしてみる意味もふくまれていた。日が落ちて、照射訓練も行った。探照灯の強烈な光芒を、暗黒の海に投げかけるのは、かならずしも安全ではなかったが、艦隊はそれを敢えてした。主将・西村中将の考えているのは明らかに夜戦である。劣勢の艦隊が大軍にたいして昼戦を挑んだならば必敗は必至である。夜戦にもち込み、混乱に乗じて一矢むくいる。それが西村中将をして、計画よりも早くスリガオ海峡に突入させた理由であろうか。

　最上の航海士・山羽少尉は、味方識別信号灯や哨信儀の整備を十二分に確かめた。夜戦となれば混戦を覚悟せねばならない。もとより望むところなのだが、同士討ちは避けなければいけなかった。味方識別灯は白色灯、赤、青の色電球が四個ほど、マストから垂れた一本の小索に五〇センチ間隔で取り付けられていた。哨信儀は赤外線を利用する装置で、敵に気づかれず、ウインクを交わし合おうという新式の機械である。山羽少尉は万全の整備が終わると、信号員たちと会話をかわした。

「五艦隊と一緒になって突入すれば戦がしやすいと思うんだが、指揮系統の違うせいもあってできないんだろうな」

　五艦隊の志摩艦隊が、西村艦隊を追って航進してきていることはこちらでは知れわたっている。

「じゃ、いまから減速していけば、五艦隊と一緒になって突撃できるわけですね」

「そうするかどうか、それも山城にいる司令官の考え一つで、俺たち下っ端にはわからないよ」

　と山羽少尉は、あきらめたようにいった。

確かに下っ端にはわからないことであった。いや、かならずしもわからないのは下っ端ばかりではなかった。八時二十分、といえば、索敵機の栗田艦隊東進の報にアメリカ艦隊がショックを受けているときだ。大和にある栗田司令部にも度胆をぬくような電報が、西村中将から届けられた。その電報は二十五日の午前四時、西村艦隊がドゥラグ（レイテ島東岸の町）に突入する予定だと報告している。冗談事ではなかった。西村艦隊は、栗田艦隊と〝協同攻撃する〟のが任務ではなかったか。初めの作戦計画では、二十五日午前六時が突入時刻であるが、栗田艦隊は空襲、避退、反転によって六時間も遅れている。にもかかわらず、西村艦隊は逆に二時間も進みすぎている。

西村中将の意図はどこにあるのか。なにを考えているのか。栗田司令部はとまどった。

とにかく、捷一号作戦は戦略の常識を棄却して立案された自殺的作戦なのである。その成否を予測することなどは初めからできはしない。としても、もっとも有効な戦術は協同以外にはない。タイミングが一致した突入によって、敵の注意と戦力を南北に分散させ、その隙をつくことで突入の可能性が出てくるというものである。そして、それこそが作戦の土台ではなかったか。

しかし、だからといって、西村艦隊を作戦の基本に引き戻すには、報告は遅きに失している。もっと早い時期に知らされていれば、栗田司令部にもなんらかの手のうちようがあった。敵に近よりすぎてしまっていて、いまとなっては、引き返させる、あるいは足ぶみさせる手段もない。かりにあったとしてもリスクが大きすぎる。栗田司令部は天を仰ぎ、西村艦隊の奮戦を祈るほかはなかった。

一方、志摩艦隊は遅れをとってはならじとまなじりを決して西村艦隊のあとを追っていた。霞(かすみ)の中部機銃群指揮官・加藤少尉は、「戦闘服装に着替え！」の号令とともに、長いこと風呂に入らない身体をわずかな水で拭い清めた。そして久しぶりにひげにかみそりを当て、さっぱりとした気持で、また「糞ッ」と思った。死ぬまで戦ってやるぞと気持をあらためて引き緊(し)めた。

あるいは最後となるであろう夜を、艦隊は二二ノットで接敵序列をとり、スリガオ海峡に向けて突き進んだ。雨雲の切れ間に、わずかに、星がきらめいている。四囲が異様なほど暗いだけに、星は一つ一つ数えられるように明るかった。

その星を見ながら、平和な風景を思い返している将兵もいる。この日ずっと志摩艦隊はスール海を南下してきた。そこは多島海である。静かな海にカヌーがいくつも浮いていた。戦争どこ吹く風の人びとの静かな生活に、駆逐艦曙の石塚少尉はいま自分が戦士であることを、ふと失念したのである。

これに反し、足柄の安部少尉の緊張と心配は実戦に初めて臨むものに共通したものであったかも知れない。これまでの何カ月もの訓練や、士気の如何にかかわらず、なにかこの時のための心の用意ができていないのではないかという恐れが絶えずつきまとった。戦闘に際して自分の顔が蒼白となり、唇が震え出すのではないか。しかし、これまでの進撃の間になにかことがあると、さっと部下たちの顔が少尉の方に向くのを知ったとき、それは思いもかけず、かれを元気づけた。実戦にたいする恐怖が自分だけの恥ずべき弱さでなく、だれもが感じているものなら、力を合わせて頑張ってみることで、そんなものは克服できるかも知れない、と安部少尉は考える。

それにしても、一体、戦闘はどんな風に展開しているのだろうか、ということが気になった。自分たちの任務が大きな歯車の中の一つとすれば、中心となる大きな歯車はどんな風にして回っているのか。ときどき、水平線の彼方に稲妻の走る虚空を見やりながら、二十歳の安部少尉は気どって思った。

「死ぬにゃ惜しい晩だぜ」と。

そのころ、惜しまれつつ死んでいく人もあった。不沈を誇った七万トンの鉄塊は、永久に去ってしまい、あとに茫漠たる海原。その海がすでに何人もの男たちをのみ込んでしまっている。はるかなフィリピンの山の端に青く鋭い三日月がのぼり、黒い海の表面がほの明るくなった。重油はあたたかく眠気をさそった。しかし眠ってしまえば、それですべてが終わってしまう。武蔵の望月少尉はおのれの気力も体力も限界を超えてしまったように思えてならなかった。浮遊物にとりついていることでやっと生命をささえている。

　高地少尉は、嘔吐がこみ上げてきて、際限もなく塩からい液体を吐きつづけている。一切の内臓が体外へ出てしまうのではないか、という気がした。意識が混濁して、隣の人間に何回となく海面に引きずり上げられた。武蔵が沈む前の海上で戸辺少尉と出会ったことを思い出したが、沈没のときの、大きな渦流にまきこまれてしまったのか、付近の海面に戸辺少尉の姿の見えないのが淋しかった。あの海の大きなうなりは、はたして渦流にのみ込まれ死んでいくものたちの叫びであり、うめきであり、泣き声であったのか。しかし、間もなく自分もあとを追っていくのであろう。なぜか肛門が開いたような感じがしていた。冷たい海流が、口から肛門へと自由に通りぬけているようである。高地少尉は自分の中に溺死者を感じていた。

　清霜と浜風は、武蔵の乗組員を海中に眺めながら動きつづけている。武蔵をコロン湾まで護衛せよと命ぜられた、その武蔵が沈んでしまった以上、命令は消滅したとみるべきであろう。となれば、本隊を追ってレイテ湾に向かうか。それとも武蔵の生存者を救うことに力をつくすべきか。送信機を爆撃で破損した清霜は、浜風に送信を頼んだ（八時三分）。

「左ノ発電オ願イス。清霜ヨリ大和へ。緊急信。本艦武蔵ノ溺者ヲ救助中。今後ノ行動ニ関シ御指令ヲ乞ウ」

大和では、西村中将よりの電報が前後して入り、その返報に窮しているときである。駆逐艦二隻の行動にまで頭がまわらなかったのであろうか。指令がもらえぬ清霜も浜風もいらいらした。さしあたりコロンに行くことにして、長官の命令を待つことにしたらどうか、と清霜は浜風に信号した。二分後に浜風は返事した。いわく「同意見」。こうして、取り残された二人の艦長は、信号のやりとりの中に、自分たちの行動は自分たちが責任をとることに決したのである。

決めてしまえば度胸がすわった。ただちに清霜からはカッターが降ろされた。歌うはおろか、口をきく気力も失って海面にあった武蔵の生存者たちは、急にまた活気づいた。てんでに叫びをあげた。きちんと統制をとって叫ぶグループもあった。「一、二、三、クチクカーン」と。その方向へ泳ぎ出すものもあった。晴天の暗夜、海面は月のわずかな光があるだけ。浜風は、短時間であったがさあと光の矢を放ち、その先端で人々の群れをとらえた。敵潜がいると思われる水域に、それは豪胆としかいいようのない必死の救助活動である。

武蔵の望月少尉は、立ち泳ぎで泳ぎながら両手の指を、耐えられないほど切実な気持で握りしめた。ポロポロとかれは涙を流していた。生きたいと思った。

「本艦収容者准士官以上機関長以下二十名、下士官兵三百二十名」（十時十五分＝清霜）。

「武蔵副長本艦ニ乗艦」（十時半＝浜風）。

「秋野大尉ノ言ニヨレバ、御写真御勅諭三箱トモ不明トナレリ。浮遊セル疑イアル由。本艦探照灯使用不能。願イタシ」（十時五十分＝清霜）。

駆逐艦の悪戦苦闘の記録はまだつづく……。

もう一つの、火をふく戦いが別の海域ですでに開始されていた。スリガオ海峡にいよいよ突入する直前の午後九時、西村中将は、最上、朝雲、満潮、山雲の四隻を分派し、海峡の入り口にあるパナオン島を索敵、偵察の上、海峡入り口で合同するよう命令を発した。ただちに最上ほか駆逐艦三隻は本隊と離れ前進していった。あとに、山城、扶桑、時雨がつづいた。速力一八ノット。

アメリカの哨戒魚雷艇のレーダーが午後十時十五分にこの西村艦隊本隊三隻をとらえた。ただちに攻撃を開始すべく、魚雷艇三隻が突撃に移った。十一時ちかく、旗艦の前方二〇〇〇メートルを航行していた駆逐艦時雨は、その魚雷艇を発見した。時雨は星弾をもって照射、つづく扶桑と山城の戦艦群も砲撃を開始した。勝負は決した。肉迫魚雷発射どころではなかった。魚雷艇は三隻とも命中弾を受けて蹴散らされた。しかし、この魚雷艇が放った敵発見の報は、スリガオ海峡の奥深くに布陣したキンケイド中将と、中将に命ぜられてその夜の西村艦隊撃滅の指揮をとるオーデンドルフ少将の手にもたらされた。全軍がすでに戦闘配置についていた。海峡のはるかさきまでずらりとならべられた魚雷艇群、ついで海峡内には二段に構えて駆逐艦群、その奥に巡洋艦九隻、さらに三段の駆逐艦列、そしてレイテ湾口本陣に戦艦六隻がどっしりとかまえた。

その堅陣めざして、立ちすくむこともなく、西村艦隊は突き進んでくる。暗黒の中に、ときどき電光が走った。雷が島々の山をぬって底ごもりにとどろいていた。山城艦橋の夜光時計の針は午前零時をさそうとしている。二十四日の戦闘は終わり、二十五日の、凄惨この上ない決戦のはじまりであった。

突入

〈十月二十五日夜明け〉

「もう走れないな、這って歩くだけだ」

山城（やましろ）
戦艦。昭和19年（1944）、スール海にて
〈資料提供：大和ミュージアム〉

〈0時から3時〉

1

いま狭い水路で相まみえんとする日米の提督にとって、スリガオ海峡がその昔どんな歴史をもっていたか、関係ないことであろう。海峡には、貴重な歴史の思い出があった。ポルトガルの探険家フェルディナンド・マゼランが世界一周航海で初めてここを通過したという歴史的事実。そしてこの海峡の西方数浬（かいり）のところで、かれは住民の虐殺に遭って生涯を閉じたことを世界史は物語る。大航海時代のことである。それから四百二十三年間、スリガオは歴史のページになんら記載されることはなかった。が、忘れられていたからこそ、この事実を知らば、両軍の提督の心にはなんらかの感懐があったかもしれない。だが、いまは時間はない。かれら自身が歴史に新しい一ページを書き加えねばならないのである。

スリガオ海峡は、ミンダナオ島とレイテ湾をつなぎ、西側がレイテ島とパナオン島、東側がディナガット島とミンダナオ島によって区切られた狭い水路である。長さ約三〇浬、その幅は南の入り口二〇浬、レイテ湾に通じる北の出口が二五浬。しかも、流れが速く、東西の海岸には峻険たる崖がせまっていた。

本隊と、さきに分派された最上を中心とする前衛部隊とが同士討ちを演じたのも、崖のために電探がきかなかったからである。零時すぎ、最上は右三〇度に艦影を発見、昼間、山羽少尉らによって整備された味方識別灯をつける前に、敵味方不明艦よりの砲撃を受けたのである。取舵一杯が下令されたが間に合わなかった。最上は後部に至近弾を受ける、と同時に、砲戦準備を完了、識別灯をつけた。向こうの艦影にも同じ信号灯がついた。つづいて闇の中に蛍光信号で〝カ〟の字が浮いた。艦名を問うているのである。

「ワレモガミ、タレ、タレ、タレ」

「ワレ、フソウ、フソウ」

最上の信号員は集合させられて航海長より口どめされた。味方討ちしたことが艦内にひろがることで、士気の沮喪することを憂えたからである。戦運の神は、すでにこの艦隊を見はなしていたのであろうか。最上は実質的にも、心理的にも傷ついた。

零時半、西村艦隊は再び合同して接敵序列をとり、スリガオ海峡に向かった。第一戦速二〇ノット。駆逐艦四隻が三叉槍の穂先の位置に占位し、あとに、山城、扶桑、最上がつづいた。月は落ちてしまったのか、雲のかげにあるのか、まったく見えなかった。そのころすでに西村中将は、処置にとまどいながらも、栗田中将が発した命令電報を見ていたはずである。その電報は語っている。栗田艦隊は敵の空襲のため遅れたが、間違いなく二十五日の午前十時ごろレイテ湾に突入する。したがって、西村艦隊は「予定通リレイテ泊地ニ突入後、二十五日午前九時スルアン島ノ北東一〇浬付近ニ於テ主力ニ合同セヨ」と。この指令にしたがえば、指示された予定の合同地点で主力と落ち合うためには、その速力からみて五時半ごろ、つまり初めの作戦命令どおり夜明けにレイテ湾突入ということになる。しかし、西村中将は待たなかった。ひたすら進撃をつづけた。後方から追ってくる志摩艦隊との協力をも無視した。それは連合艦隊の電令にみる「天佑ヲ確信シ全軍突撃」そのものの姿であった。

零時三十五分、再び敵の魚雷艇群が西村艦隊を襲った。かれらは勇敢に、戦艦の探照灯にとらえられながらも肉迫をつづけ、それぞれが魚雷二発を発射した。いや、発射するのがやっとであった。西村艦隊は、横綱が取的をあしらうように、手のひとふりでこれをなぎ倒した。魚雷艇は煙幕を張り、ほうほうの体で遁走した。命中魚雷は一発もなかった。海峡入り口まであと一時間、その西村艦隊を十重二十重の魚雷艇群が待ち伏せている。

　このころ、三つの機動群を合同させ、サン・ベルナルジノ海峡を空にして北上を開始したハルゼイ艦隊は、一丸となって、小沢艦隊への払暁攻撃をかけんと急進をつづけている。速力一六ノット。ハルゼイ大将もミッチャー中将も夜明けの大戦果を夢みてベッドに入っている。が、興奮して眠れない指揮官もあった。その一人である機動第三群のシャーマン少将は高言していた。「敵機動部隊は鴨がネギをしょってきたみたいなものだ。こんどこそ逃がしはしないぞ」。なるほど、北進をはじめるまで戦術的にはさまざまな意見があったが、決まってしまえば、かれらは獲物をねらう猟師であった。敵撃滅のための熱狂がたちまちかれらを支配する。シャーマン少将はなおも語った。「まったくうまいお膳立てだ。どうやら敵の主力艦隊を殲滅できるときが来たようだ。敵のなけなしの空母がのこのこ出てきたのだからな……」。

　サン・ベルナルジノ海峡は、ハルゼイ大将麾下の、高速戦艦部隊である第三十四任務部隊によって守られていると信じるオーデンドルフ少将は、安心しきって西村艦隊の接近のみに視線を向けていた。零時二十六分、魚雷艇群より次々にリレーされてきた敵艦隊発見の報告を手に、もう一度、かれは作戦計画について遺漏なきを期した。「魚雷艇群でまず襲い、敵の速力を落とさせたところで、駆逐艦隊の雷撃、そして最後に巡洋艦、戦艦隊が敵を粉砕する」。これほど十分に準備され、配置をすまし、攻撃のできるチャンスはまたとあるまいと、少将はまずは満足であった。

少将を完全に満足させなかったのは、かれの艦隊が上陸部隊支援を主目的とするために、水上艦艇相手の砲雷撃戦にたいする練度が不足していることと、艦艇用徹甲弾の不足にあった。艦隊の火力の七〇パーセント以上が陸用砲弾、それも上陸いらい五日間の砲撃でほぼ六〇パーセントを撃ちつくしていた。艦艇用徹甲弾も五斉射が限度と考えられた。やむなく十字砲火による海上決戦を避け、魚雷を主とした近接戦を少将は採用せざるを得なかったのである。

このため、昼間の重巡ルイスビル艦上での作戦会議で、少将は強調した。「弾丸の不足にかんがみ、戦闘は一気にしかも決定的なものでなければならん。長期になること、全面的砲戦になることは、なんとしても避けねばならない」と。

その観点からみれば、六段にかまえた魚雷戦優先の戦闘隊型には、少将も少なからず満足させるものがあったのである。あとは、敵を即死させるだけであった。

米艦隊から無視されたまま、大和(やまと)を中心とする栗田艦隊は、西村艦隊が敵魚雷艇群第二陣を蹴散らしている零時三十五分、サン・ベルナルジノ海峡を出て広々とした太平洋にその雄姿をあらわしている。最大八ノットの潮の速い狭い海峡を、一〇〇〇メートルの間隔をおいて一隻、一隻、二十三隻が蜿蜒長蛇の列をつくって通過した。月齢七の月が、そそりたつ陸の影を見せ、ベテラン揃いの各艦艦長は、先へ行く艦に合わせ面舵取舵で寸分違わず航跡を追った。前後の距離にはいささかの狂いもない。全軍が戦闘配置についている。四カ月前、あ号作戦発動にともない、同じようにして大艦隊がこの海峡を通りぬけたが、警戒といってもあのときは敵潜水艦にたいするそれだけで、気やすさが将兵の心にあった。いまは敵地を通過する緊張で、全艦がぴーんとはりつめている。矢矧の大坪少尉は一睡もしていなかった。艦橋前の機銃の照準器のところに立ちながら、少尉は背を丸めていた。大兵であるがためばかりではない。この四カ月間の戦局の悪化と、それにたいする淡い感傷をその姿勢が表現しているのである。

　海峡出口の中央に小さな島があり、その島にある灯台が闇をすかしてほの白く見えた。灯をともしてはいないが、ふと、それを眺める少尉の心の中に灯がともったようである。これがこの世の見おさめと思えば、すべてなつかしくなる。水気をふくんだ風は冷たかった。少尉はじっと、暗い海の黒い水平線に、瞳をこらした。海峡を出たところの沖合に戦艦を五、六隻ならべておけば、一隻一隻出てくる艦隊を労せずして殲滅できる。それが潜水艦であっても同じことである。それを栗田艦隊の将兵は恐れる。抵抗のしようもなく全滅に帰すからである。しかし、何事もなく海峡を出た。

この間ずっと、艦隊が狭水道を通過するまで、両岸の島々から次々と狼烟が上がって、夜空を焦がした。恐らくアメリカ軍に策応する現地の諜報員なのであろう。それでなくとも、海峡を突破したからには、敵の電探網に包囲されたとみなければなるまい。レイテ湾まであと一息である。早霜の通信士・山口少尉も緊張をより一層強くした。そうした山口少尉たちをつかまえて、艦長はいった。

「士官はレイテ湾内の海図を暗記しておけ。いいか、一人になっても生き残ったものが指揮をとって突入せよ。わかったな」

いよいよ死ぬときがきたなと山口少尉は思う。それでいささかなりとも祖国に寄与できる。緊張はあったが、奇妙に気持はすがすがしかった。そして、さすがに不眠の連日に疲労のかすかないたみを四肢に感じていた。

全艦隊が海峡を通過し終えたとき、沛然たるスコールが艦列をしばし包んだ。その中で、栗田艦隊は夜間索敵配備に陣容をととのえる。なんら敵からの反応はない。しかし、敵機動部隊は黎明戦を予期し、水も漏らさぬように包囲網をしぼってきているのではないか。スコールを抜けた。だが、陣型変換は遅々として進まない。夜の海は不気味に静まりかえり、ところどころ、白い紗幕を下ろしたように、スコールがあった。視界は一五キロもあるだろうか。

闇夜のシブヤン海に取り残された浜風(はまかぜ)と清霜(きよしも)の救助活動と、互いの意志を確かめあう信号交換はなおもつづけられていた。敵潜水艦の恐怖と戦いながら、戦友を救い上げる。それがいかに困難な任務であるかを、昨夜の八時前からはじめられてから五時間余という分秒の刻みが示している。漂流する武蔵(むさし)の乗員の体力と気力が失われていくにつれ、救助は困難になり、スピードがにぶり、救助する方の疲労も急速にましていった。

救助されたものは甲板上で互いに身体をすり寄せるようにして坐りこみ、ぼんやり海をみつめた。ひとりひとりが、この世にたった一人の存在となったかのように打ちひしがれた顔をしていた。自分の生きていることすら自分で信じかねているのである。

「本艦遭難者救助オワリ」

午前一時、清霜が信号を送るのに、十分後に浜風が答えた。

「午前一時半収容終了ノ予定」

さらに六分後、清霜は報告した。

「収容人員准士官以上三十一名、下士官兵四百六十八名」

乗員百八十名の駆逐艦に五百人近い生存者が加わったのである。混雑と窮屈と苦痛と絶望が、二〇〇〇トンの駆逐艦をおおいつくした。さらに負傷者と死者がいた。いや、死者は次々と海に捨て去られた。この悲しむべき海域に、死者を重油とともにおき去りにすることは、駆逐艦乗りにも武蔵の生存者にも耐えられないことであった。

武蔵の機銃群指揮官・望月少尉は清霜に収容されている。駆逐艦の艦上に武蔵に配乗された同期生の顔が一人も見えないことに、かれはひどく裏切られたように思った。かれらがみんな消えてしまったと信じることはできないが、この襲ってくる悲しみは何だろうと考える。なぜか、すばらしい奴だけが死んでいったような気がしてならなかった。航海士の福田少尉はどんな苦しいときでも微笑を絶やさなかった。水戸光子の話ばかりしていた戸辺少尉、部下の手相などをもったいぶってみてやっていた通信士の奥田少尉、副砲分隊士の溝淵美津夫少尉はガラッ八な級友の中の唯一の貴公子であった。それから甲板士官の佐野芳郎少尉、沈没寸前の薄暗い甲板にご真影を奉持してかれは直立していた。そして、測的士の高地少尉……。

いや、高地少尉は助かっている。十四、五人の戦友とともに浮遊物につかまり、たがいに助け合いながら、武蔵沈没後、実に五時間以上もの間、重油の海に浮いていた。駆逐艦がかれらを発見し近づいてきたとき、機関の響きや艦内の号令を、別世界の音楽のように、かれは聞いた。

　少尉が救い上げられたのは、望月少尉と違って、浜風の甲板上であった。かれは魚雷発射管の下に疲れきった身体を横たえた。そしてそのまましばし意識を失った。

　一時四十五分、高地少尉を眠らせたまま、浜風は通信する。「出シ得ル最大速力知ラサレタシ」。清霜は、三分後に元気よく答える。「一八ノット」。

　二隻は互いに心と力を合わせながら、闇の海上を動き出した。夜が明ければ飛行機に襲われるであろう。油断をすれば敵潜水艦の好餌(こうじ)にならぬともかぎらぬ。圧倒的に優勢な敵に勝てる望みもなければ、隠れられる味方の盾もなく、ただ艦と艦とが寄りそうようにして、この広い大洋を許される限りのスピードを出して航進をつづけるほかはなかった。


　このころ、西村艦隊はパナオン島の南端を通り、北に変針し、いよいよスリガオ海峡に進入していた。同時に、アメリカ魚雷艇の矢継ぎ早の猛攻がつづいた。午前二時、先頭の満潮(みちしお)が狭水道に入って間もなく、リーソン中尉指揮の魚雷艇第三陣が突進、肉迫攻撃を開始した。発射せる魚雷二十一、命中なし。西村艦隊は射撃も正確に、これをはね飛ばした。リーソン艇は炎上し、そこへ砲弾が雨注して大爆発を起こした。

味方艇の噴き上げる炎の赤を背景に、探照灯を照射し、星弾を撃ち上げて奮戦する日本戦艦のシルエットが、対岸に待機するタッパン中尉指揮の魚雷艇群からは絶好無二の目標のように、夜空に浮き上がった。ただちに突撃、発射魚雷六、しかし攻撃は空しく、日本艦隊の猛射を浴びてかれらも退いた。

さらに二浬前方の闇の中にマッケンフレッシュ少尉の攻撃群がひそんでいた。対岸にスロンソン中尉らが攻撃のチャンスを待っていた。かれらは近くまで忍び寄ると全速力に移り、左右から前衛の日本駆逐艦群に次々と魚雷を放った。かれらは有効打ありと判断し、避退しようとして、日本艦隊より砲撃の集中をくらって、次々と損傷した。

米魚雷艇群は一隊が三隻よりなっている。かれらの任務は、敵艦隊発見とともに、隊型、スピード、針路などの情報を送ることであった。つづいて攻撃。そして皮肉ないい方をすれば、次には日本艦隊の探照灯に照射され、猛撃を浴び、煙幕を張って遁走することになった。かれらは、西村艦隊を仕とめることはおろか、陣型を乱すことすらなし得なかった。しかし、オーデンドルフ少将にとっては、かれらがもたらす報告によって、日本艦隊の突入に対処する機会をもつことができた。

いずれにしろ、魚雷艇三十九隻の攻撃は空しく宙を切った。西村艦隊の完勝である。ニミッツ提督は後にいっている。「ともあれ、かれらの熟練、決断そして勇気は最高の賞讃に値する」と。

ここまでの戦闘では、西村中将は誇りをもって栗田中将に報告することができた。

「午前一時三十分、スリガオ海峡ノ南口ヲ通過シテレイテ湾ニ突入。魚雷艇若干ヲ視認シタルホカ、敵艦隊ヲ確認セズ。スコールアルモ、天候ハオオムネ次第ニ回復シツツアリ」

と西村は打電した。パナオン島を回りスリガオ海峡の中ごろにさしかかったときである。「レイテ湾ニ突入」は突入セリではなく、正確には突入セントスであったはずである。レイテ湾はまだ一時間余のかなたにある。

午前二時十三分、魚雷艇群の攻撃はすべて終わった。西村艦隊には静かな突撃がつづいた。二分後、オーデンドルフ少将坐乗のルイスビルのレーダーは、二五浬先から進撃してくる日本艦隊をとらえた。あまりにも正々堂々、恐れを知らぬ航進を、海図上に印していた士官が驚きをあらわにした。

「やつらの戦術と作戦は、その勇気に反比例しているように思われる」

確かに無謀な突進であったかも知れない。あるいはむざむざその四千名の部下を死地に送り込むことになるかも知れない。しかし、命令であるかぎり従わねばならぬとする軍の統制と心の抑制は日本艦隊の上にあった。

「ただいまよりわれ南下せんとす」と、第五十四駆逐隊の司令カワード大佐は、オーデンドルフ少将に無線電話で伝えると、東側に三隻、西側に二隻、航進してくる西村艦隊をはさむようにして進撃を開始した。駆逐艦レミーの艦長ファイアラー中佐は「艦長として訓示する」とスピーカーにより部下乗組員に訓示した。自分たちが先鋒の攻撃隊であること、断乎敵の進撃を阻止する、それが任務であること。そしていった。

「神よ、この夜われわれとともにあれ」

午前二時半である。三十分後には、間違いなく地獄に突入し砲火に身をさらすであろう。南への進撃を開始したのは、第五十四駆逐隊の五隻だけではない。第二十四駆逐隊六隻、第五十六駆逐隊九隻も相前後して行動に入ろうとする。

あとに静寂の三十分がつづいた。

2

〈3時から4時〉

高速で追ってきた志摩艦隊は、このとき、西村艦隊の後方二〇浬、スリガオ海峡の入り口手前の海域に達している。午前三時少し前である。那智、足柄、阿武隈が縦陣列をつくり、那智の艦首前方の右に潮、左に曙が位置して警戒に当たった。阿武隈の後方に、不知火と霞が一列になってつづいた。速力二六ノット。那智艦橋は、続々入り込む敵の、西村艦隊の動静を伝えるなま電話の報告を切歯扼腕しながら聞いていた。恐らく敵魚雷艇の発するものであろう。志摩中将は後方直衛の駆逐艦二隻を派遣してこれを追いはらいたかったが、あまりに兵力が少なすぎ、闇夜で密雲ひくく視界が極めて悪く、効果もまた期待できなかった。

各艦は、戦闘旗とともに味方識別の白い吹き流しを、夜風にはためかせている。最後尾をゆく霞の加藤少尉は、中部機銃群指揮所にあってそれを仰ぎながら腹に力を入れた。自信が、頭で考えたものではなしに、へそのまわりにじわじわとたまってくるようである。はるか行く手の空が電光でも走るように明るくなり、瞬時にして暗さを取り戻し、と見る間に、閃光がまた空にとびちった。先を行く西村艦隊の戦闘がはじまっているのであろうかと少尉は思った。大砲の低い轟きは艦の機関のあげる高い音に消されてとどいてはこなかったが、それが戦闘だと思うことで、加藤少尉は胃に重いものを感じ「糞ッ」と声に出すことでそれを忘れようとした。

那智の志摩中将あてに、西村中将からの電報がしきりにとどけられた。「敵ラシキ艦影見ユ」。志摩司令部に焦燥感がひろがりはじめた。戦闘がどのような展開を見せているのかわからない。しかし、那智の中央部機銃群指揮官の馴田少尉は悲観的な考えなどもってはいなかった。小柄な身体いっぱいに闘志をたぎらせて、熱心に、元気に、やがてきたるべき戦闘を待望していた。レイテ湾は敵輸送船団でうまっている。それを護衛する艦隊は強力である、が、自分たちの手でそれを叩きつぶすのだと聞かされていた。それだけで十分であった。志摩司令部にはさらに西村中将よりの電報がとどけられた。馴田少尉がそれを知ったら、あるいは驚いたかも知れない。

「敵ハ海峡ヲ南下スルモノノゴトシ」

攻めるのが日本海軍のはずであるのに、敵が来攻してくるとは、少尉にはおよそ予想外のことである。

曙を先頭に志摩艦隊はスリガオ海峡の狭い水道に入ろうとする。午前三時五分、作戦全般についてほとんど理解するところのなかった曙の石塚少尉は、岩上司令とならんで、艦橋で操艦任務に当たっていた。突き進む海は、不気味な静寂のうちにあり、周囲は真の暗黒である。そして、ときどきスコールが襲った。その中を艦は疾駆した。スコールを突き抜けると突然、前方の黒一色の視野の中に、岩肌がぬうと突き出し、急速に迫ってきた。岸壁の裾に白くくだける波が見え、そしてときに少尉の耳はくだけ散る波音までとらえた。海峡入り口のパナオン島の南岸である。とっさに曙は緊急左回頭を行ったが、潮をはじめ那智、足柄らは右に一一〇度に緊急回頭した。左に回った曙一艦のみが本隊より離れた格好になり、やむなくそのまま三六〇度旋回し、パナオン島南岸を回り海峡に入った本隊を追尾することにした。操艦している石塚少尉はひどくばつの悪い想いを味わった。

霞の加藤少尉が、前方に占位している一艦の左舷よりの機銃射撃をみとめたのは、このときであった。機銃指揮官として少尉がとっさに考えたのは、敵魚雷艇の攻撃ということである。前方の一艦に、それは阿武隈とみとめられたが、その左舷方向の闇の中から曳光弾が吸い込まれるように飛んできていた。阿武隈もこれに応射した、が、間もなくやんだ。事態のまったく判明せぬ戦闘に、あっけにとられている加藤少尉の耳に、艦橋よりの伝声が伝わってきた。

「ただいまの機銃射撃は阿武隈と潮の味方打ちなり、味方識別に注意せよ」

混乱が艦隊を見舞ったあとに、再び静寂と暗黒がもどった。海岸線に白く波頭がくだけるばかりで、ほかに何も見えなかった。何かが起こりそうである。いや、何かが起こりかけているという確信が、加藤少尉にはだんだん強まってくる。

確かに、何かが起こっていた。志摩艦隊がようやく水道に入りかけた午前三時ちょっと前、西村艦隊は東側を反航してくる敵艦三隻を発見し、これに探照灯を照射、砲撃を開始した。夜戦がはじまったのである。山城が真っ先に撃ち、扶桑がつづき、最上も砲門を開いた。発砲の閃光がそれぞれの艦橋の、艦長副長らの毅然として立つ姿を浮き彫りにした。曳光弾が撃たれ、煙幕を張って反転遁走をくわだてる敵艦を、白く冷たい死の光がキラキラと映し出した。

カワード大佐の指揮する駆逐隊は二十七本の魚雷を、弾丸を撃ち込んでいる閃光を目標に、われ先にと放って反転した。三隻はてんでに砲弾をかわしながら三三ノットでディナガット島ぞいに避退した。十分後、西側の二隻が突っ込み魚雷二十本を放ち、右に反転、レイテ島ぞいに避退した。

このとき西村艦隊は戦闘序列をつくろうとしていた。無線電話と発光信号灯とが各艦をつないでとんだ。満潮、朝雲（あさぐも）がつくる単縦陣の後ろに、右前衛の山雲（やまぐも）、左前衛の時雨（しぐれ）がそれぞれ左右に舵をとって入り、その後に、山城、扶桑、最上がつづく単純な一本棒の陣型をとろうとした。そのときであった。右前衛の駆逐艦の左舷から、火焔の柱が噴き上がった。あたりの風景がそのまま止まったようであった。駆逐艦は爆発力の強力な魚雷や爆雷をもち、しかもそれらは誘爆しやすかった。巨大なオレンジ色の閃光が周囲の海とその上の空を明るくした。山雲は二つに割れ、沈むことで猛炎を消し、みずから明るさを失いながら海底に吸い込まれていった。あとに海は驚愕と絶望をおし隠して、重い重量感でうねった。

山雲轟沈とほぼ同時に満潮も水柱が立った。たちまちこの艦も航行不能に陥り脱落した。扶桑にも魚雷一発が命中した。朝雲も艦首を吹き飛ばされよろめき、そして山城も数分後に、つづいて魚雷を叩き込んできた第二十四駆逐隊の手にかかった。防ぎようのない連続的なパンチである。山城の火柱はみるみる艦をおおい、風になびいて火は後部へ後部へと伝わっていく。それでも、山城は進撃した。そして、西村中将は栗田長官あてに電報を打った。実に三時三十分。

「スリガオ水道北口両側ニ敵駆逐艦、魚雷艇アリ。味方駆逐艦二被雷。遊弋中。山城被雷一。戦闘航海支障ナシ」

この電報を後続する志摩司令部も受け取った。つづいて、山城が発する緊急電話で「赤赤」（左四五度緊急一斉回頭）の声も聞いた。しかし海峡を突き進む志摩艦隊も、入れかわり立ちかわり襲いかかる魚雷艇と、全力をあげて戦っている。

足柄の機銃群指揮官・安部少尉は、敵が勇敢なのに舌をまいた。魚雷艇は魚雷を発射し終えると、機銃掃射を加えながら交叉して去って行った。魚雷をもたず、ただ機銃で挑戦してくる艇もある。それらに向かって、前部、中部、後部の三十数挺の足柄の機銃が曳痕弾を浴びせる。轟音の狂乱の真っ只中で、敵の魚雷艇が朱色に染まって見えたのが、安部少尉にはひどく印象的であった。そうした激闘の中で、右舷すれすれに魚雷が走り去ったのを安部少尉はみとめ、やれやれと思った。あんなのを一発食ったらボカ沈になるところだったぞ、と自分にいいきかせた。

安部少尉を驚かした魚雷は、しかし、執拗この上なかった。足柄は射とめられなかったが、その前方に別の目標を見出していた。足柄を追尾している阿武隈が魚雷の方向にその横腹を見せていた。魚雷の進路にたいして足柄が妨害していたため、発見が遅れたのが阿武隈の不運である。通信士・有村少尉の戦闘時の配置は艦橋直下の第一機銃群の指揮であった。いささか楽天的な少尉は、その位置でスコールにうたれ震えているのは耐えられないから、通信室で身体を暖めようかなどとふと不敵なことを考えた。しかし、戦闘中に持ち場を離れるのはよくないことかと思い直した。その直後に阿武隈は左舷艦橋前部に魚雷を受けたのである。しかし明らかに不発であった。水柱も火柱も噴き上がらなかった、にもかかわらず、艦は停止し、艦内の電気は消えた。

　有村少尉は爆発もしない魚雷に大いに軽蔑をいだいた。が、戸惑いも一緒に感じた。間もなく阿武隈が傾斜し艦首のやや沈下したのがわかったからである。僚艦は阿武隈を海面に残し前進をつづけていった。少尉はなぜ自分の艦が進めないのか明確な原因をつかんでいなかったし、そのことが大いに不満だった。

　有村少尉はこのとき、まだ知らなかったが、すぐあとで被害を眼のあたりに見せられたとき、少尉は愕然となった。通信室が全滅していた。下部に浸水があり、同時に悪性のガスが発生、これが通信室に充満したのである。被雷の衝撃でハッチが開かなくなっていた。通信科の将兵はガス中毒で全員が戦死、その機能を完全に失った。あのとき保温をえらんでいたら、有村少尉の生命は奪われていたであろう。少尉は人間の運命の不思議を思った。かれは悲しいのか、嬉しいのか、よくわからなかった。かれは持ち場に腰をおろして、運命について深く考えた。自分が運命論者になりそうな気がしてならなかった。

　針路零度。この間にも志摩艦隊は真一文字に北へ進撃をつづけた。午前三時二十五分、那智を先頭に足柄、不知火、霞、曙、潮の単縦陣の戦闘序列によって突入進路に入った。速力二八ノット。やがて、暗黒の海峡の前方から殷々たる砲声が轟いてきた。耳を裂き、地軸をゆるがす轟音とともに、戦場は炎に包まれはじめる。硝煙か煙幕が海上を這うように漂っているのが、夜眼にも明らかである。それはまさしく火炎の嵐であった。巨大な鋼鉄の塊が打ちのめされ、きしみあっている。海は狂奔し、閃光はたえまなく、するどく眼を射てきた。赤、黄、白の曳光弾が闇をきって美しい弧を描いて交錯する。

最後尾をいく潮にはいっさいが不明であった。敵情はおろか味方についても、明確な判断がくだせない。通信士・森田少尉は、さきほどの阿武隈との同士討ちのことを思い出していた。あわてて赤白の識別灯を点灯し、射撃をやめ、おかげで人員・武器に被害がなかったからよかったものの、まるでなっていないと、腹立たしさをいまになって感じていた。それにしても、と少尉は思う。このスコールはなんとかならないものだろうか。

先頭を行く那智の艦橋からは、明らかに交戦中の一艦と思われるものが、瞬間、爆発し、火の海が全艦をおおい、高い檣(ほばしら)がゆるやかに倒れるのが遠望された。那智の馴田少尉は万歳万歳と叫びたいような感動をもって、黒煙と火焔の火山にひとしい巨艦の断末魔を眺めるのである。その時点で、濛々(もうもう)たる蒸気と煙と紅蓮に包まれている艦を味方と思うものはなかった。艦橋に立って平静たる面持ちでみつめる志

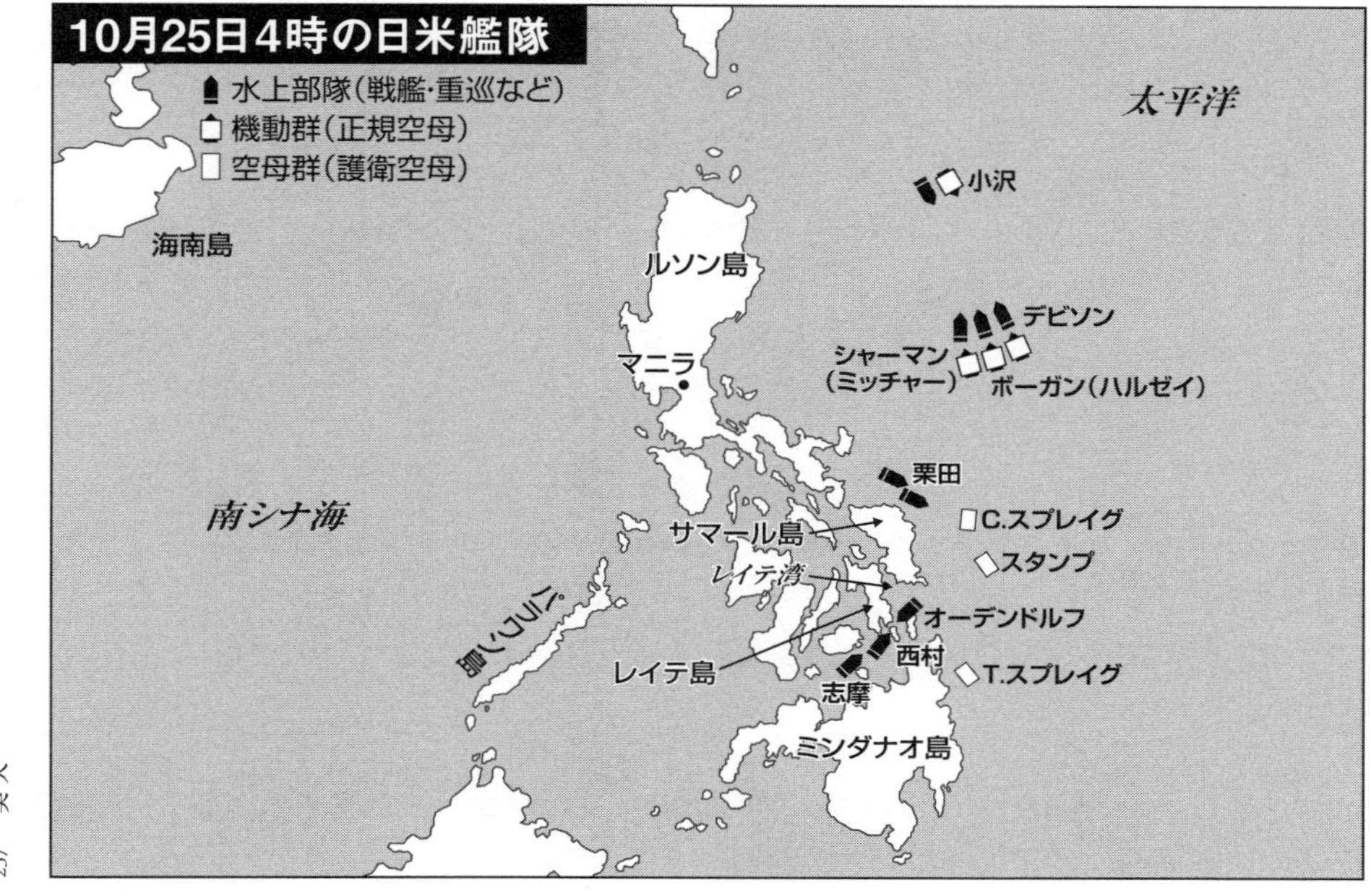
10月25日4時の日米艦隊
水上部隊(戦艦・重巡など)
機動群(正規空母)
空母群(護衛空母)
海南島
太平洋
小沢
ルソン島
マニラ
デビソン
シャーマン
(ミッチャー)
ボーガン(ハルゼイ)
栗田
南シナ海
C.スプレイグ
サマール島
スタンプ
レイテ湾
パラワン島
オーデンドルフ
西村
レイテ島
T.スプレイグ
志摩
ミンダナオ島

摩中将すら、敵艦と判断していた。いや、敵と信じていた。午前三時四十五分、中将は、「当艦戦場到着」と打電した。それは西村艦隊の士気を鼓舞するためのものである。

足柄のファイトにあふれた安部少尉も、当然のことのように、それを敵艦とあっさり決めた。それ以外にかれには考えようがなかった。炎の海のなかにいる艦が、〝無敵〟であるべき連合艦隊の巨艦であるとは、生まれてよりこのかた一度たりとも考えたことがない。

同じような幻想を抱いているものに、曙の石塚少尉がいる。少尉の場合は、西村艦隊が先に突っ込んでいることを知らず、突撃は自分の隊のみと考えていたから、やむを得ない。しかし、そう承知していながら、沈みゆく艦を見て、先輩たちはなかなかやるな、ざまあみろと、心の中で賞讃と拍手を送っていた自分の論理の矛盾に、気がついていないのだった。ものを合理的に考える傾向のある少尉にしても、なお、無敵のフィクションを信じねばならないのである。戦局が非であるがためになおさら、自分たちが立つ基盤に疑いを抱くことは許されない。たとえ、それが幻想でしかないと承知していても……。

記録によれば、最初の魚雷艇三隻の攻撃よりはじまって、駆逐艦部隊第三陣の第五十六駆逐隊九隻の雷撃まで、日本艦隊を目標に発射された魚雷は百二十本以上という。駆逐艦は時雨を残しただけで三隻とも落伍、山城に被雷一、扶桑に二本、だが、この海面をおおう無数の殺戮者を強引におしわけて、西村艦隊は前進した。しかし、戦運はついに味方しなかった。つづいて扶桑に三本目の魚雷が命中し、舵故障を起こしたのか右に回りはじめた。つづいてまた一発。山城、時雨、最上はそのまま突き進む。しかし、どの艦もその生命を長く保つことは容易ではなくなった。

海峡北口には、復讐の念に燃える旧式戦艦六隻が、巡洋艦八隻を前面に立て、行きつ戻りつ待ちかまえていた。六隻のうち一隻をのぞき五隻までが、真珠湾空襲のとき沈没したもので、その後海底から浮かび上がり、改装され、生命をふたたび吹き込まれてこの海戦に参加したものであった。しかも、その戦闘配置は、海軍提督たるものが夢にまでみる理想的なT字戦法なのである。日本艦隊は一列となり、横隊をとってたちはだかる米艦隊に直角にぶつかってきた。戦艦六隻の巨砲は片舷斉射で先頭の日本軍艦に集中できる。これにたいして、日本艦隊が反撃に使用できるのは艦首の巨砲群のみである。

両軍の間隔は急速にちぢまった。オーデンドルフ少将は、距離八浬以内に日本艦隊が入ったとき、「砲撃開始」を全艦に命令した。三時五十一分、まず巡洋艦が発砲、二分後、戦艦部隊の一斉射撃が開始された。真珠湾の海底から浮かび上がらせて改装し、その砲塔に人をつけ、無茶苦茶に撃ってくる米海軍のエネルギーの前で、西村艦隊は最後の闘魂を燃やした。

日米両艦隊の間には避退中の第五十六駆逐隊の各艦がいた。その位置は両軍の砲戦を眺望するに絶好であった。駆逐艦フラーグ・プロットの艦長スムート大佐は後に語った。「あんなに素晴らしいみものはなかった。夜空に弧を描いて飛び交う曳光砲弾は、まるで小山の上を轟々と音をたてて走る列車の灯のようであった。初めは、敵艦は見えなかった。やがて炎上するのが見え、爆発するのがわかった」と。

西村艦隊にとって、敵の砲撃は左舷前方のはるか闇の中でぱっと閃く赤い火であった。火は連続的に左右に閃いた。暗い室内の電話交換台に、次々とパイロットランプがつくのを見るようであったという。最上艦長はただちに下令した。「左砲戦」。しかし、目標がはっきりせず、レーダーは島と敵艦との区別がつかず距離が出せなかった。艦橋には重い沈黙があった。やむなく艦長はいった。

「やむを得ん、閃光を目標にして撃て！」

もはや西村艦隊に統一した指揮はあり得なかった。各艦がその位置で、その持ち場で最善をつくすほかはなくなっていた。敵の砲弾はいたるところに落下しはじめた。山城の檣頭（しょうとう）より炎の舌がめらめらと這い上がった。敵の砲弾は組織的に、整然と、しかし仮借なく巨艦を叩きつぶした。それは切れ目がなく、日本艦隊は時間の感覚をなくした。時間は、かれらをとりかこむ水柱と砲煙と閃光と、死とで、すっかり吹き飛んでいた。

山城から最後の信号が各艦に送られた。激戦の真っ最中に、二キロの信号灯が点滅した。敵の砲弾など恐れていない西村中将の強烈な意志だけが全軍に伝えられた。

「ワレ航行困難ニ陥レリ。各艦ハ前進シテ、レイテ湾ニ突入セヨ」

山城の上甲板は艦首から艦尾まで炎の海である。乗組員が火熱をさけ、生命を救うための余地はどこにも残っていないようであった。最上も傷ついていた。しかし応戦し、最上は転舵し魚雷発射まで行った。スリガオ海峡のいたるところで、赤い輝きが夜空を焦がした。

燃えているのは日本艦隊ばかりではない。敵味方の中間に位置し砲戦を眺めていた第五十六駆逐隊の三隻は、日米両軍の砲撃、爆発の嵐の中で両軍に黒々とした艦発の命中弾を受けてたちまち波間に没した。

影を見せる形となった。北方からも南方からも砲弾が雨注した。三隻は「われ味方、砲撃中止せよ」と北に向かって叫んだが間に合わなかった。駆逐艦グラントは二十

西村艦隊は急速に息をひきとりつつあった。山城は巨大な火柱と花火のような鋼片を夜空に噴き上げていた。扶桑はすでに停止炎上をつづけている。満潮と朝雲は、すでにその姿を海上に見ることができなかった。最上は左舷機関室に命中弾を受け、出し得る最大速力八ノット、気息奄々の状態にある。沈痛な空気が艦橋にかぶさっていた。

「もう走れないな。這っていくだけだ。レイテ湾突入は無理だよ。不可能だ」

と、艦長・藤間大佐は副長、航海長に相談するようにいった。

「艦長、もう本艦は海峡北口にきていると思いますよ」と、航海長・中野信行少佐ははねかえすようないい方であった。艦長は落ち着いた口調で「いや」と否定した。

「まだ海峡の中ほどじゃないかと思う。だから取舵をとってレイテ島にのし上げよう。生き残り乗員は陸戦隊となって戦おうじゃないか」

「艦長ッ」と航海長は低く叫んだ。「本艦は戦闘艦艇です。われわれは船乗りです。

それにもうだれも生きて帰ろうとは思っていません。最後まで戦い、艦と運命をともにしましょう。陸にのし上げるのはもったいないと思います」

　この間にも最上は応戦しつつ、そして命中弾、至近弾を受け、水柱は高く周囲をおおった。

「一門でも撃てるかぎり、弾丸のあるかぎり、湾内に突っ込むべきです」

　中野少佐は語調を強めていった。

「君ッ、そうはいっても艦はこんなにやられているんだ」と藤間大佐は気色ばんだ。「たいまつを背負って敵の砲撃下に夜の海をいって、どうして湾内に入れるのか」

　航海士・山羽少尉は、海図台上にじっと視線を向けながら、この押し問答を聞いていたことであろう。艦橋に敵弾が直撃したのは実にこの直後であったという。右舷に炸裂した敵弾が、右から左へ、いならぶ艦の首脳たちを、あっという間もなくなぎ倒した。


　オーデンドルフ少将は、午前四時十分、味方駆逐艦が中間にあって大破炎上している報告を受け、あわてて砲撃やめを命令した。将兵を麻痺させていた嵐のような音が消えた。闇を引き裂いていた閃光が取りはらわれると、あたりに深々と夜の闇がかぶさってきた。東の方——ディナガット島の空がほんのわずか白みかけているのを、このときになって将兵は気づいた。

さながら同じ命令を受けたかのように、日本艦隊も砲撃を中止した。正確にいえば、砲撃を中止したのではなく、砲撃ができなくなったのである。米軍砲撃中止の間隙(かんげき)をぬって、四時十五分ごろ時雨は一八〇度反転、戦場から離脱しようとした。一挙にして首脳部を失った最上は、射撃指揮所にあって助かった砲術長・荒井義一郎少佐の指揮のもとに、これも一八〇度方向転換して避退しようとしていた。志摩艦隊が後ろから突入してくる、それに合流、援護を受けようと志したのである。西村艦隊の悲劇の戦闘は終わった。

3

〈4時から5時30分〉

炎上している軍艦が、山城型と思われる幅ひろい味方戦艦二隻と知ったときの、志摩艦隊の衝撃は、かなり大きいものがあった。二隻は約六〇〇メートルほど隔てて火だるまとなって停止していた。

「分隊士、あれは味方の戦艦らしいですね」

直属の機銃員長（下士官）にいわれたとき、霞の加藤少尉は改めて自分の心をいあてられたように、愕然とした。炎上する軍艦、艦砲の砲門、それらから立ち昇る海戦の硝煙が流れて、薄暗くなった視界ではあったが、それらは間違いなく、くの字を描いた山城型戦艦の艦影であった。しかし、艦橋から伝声が乗組員に伝えられてきた。

「右前方に燃えている艦は敵の戦艦！」

忘れられたように、ときどき砲声が響くほかは、戦場は静寂につつまれている。持ち場に坐って、遠くから燃える戦艦を眺めた。そして、加藤少尉はあまりに静かすぎると思った。艦橋よりの士気昂揚策はわかりすぎるほどわかっている。こんどは自分たちが死ぬときだと覚悟した。

「糞ッ」

少尉は立ち上がると、ぶるぶると身体をふるわせて、部下の兵に命令を下した。「敵魚雷艇に注意せよ」。なんで身体がふるえたのか、少尉にはこのときわかっていなかった。

先頭をゆく曙の通信士・石塚少尉は少しくうちのめされていた。かれの頭の中では、混乱がさらに混乱を呼んでいるようである。前日に受けたいろいろの通信文の内容を思い出した。巡洋艦がやられ、そして武蔵は魚雷を数発も受けていた。大作戦が展開されていることは察知されたが、どの海域にどの艦が参加し、そしてどんな戦闘が行われているのか、皆目見当もつかなかった。そして、ただ現実に燃えているのは目の前にいる扶桑であり、山城であった。石塚少尉は自分でも理解のしがたいような怒りが胸奥に湧いてくるのをおぼえた。

怒りよりも悲しみを感じている人もいた。那智の駲田少尉がそうである。かれにとっても訳のわからない戦闘が展開されていた。前方進撃方向に、駆逐艦が一隻、濃い煙幕を張りめぐらして停止しているのをみとめた。味方識別旗をかかげたその艦は発光信号で「タレカ」と問いかけてきた。志摩司令部が「ワレ那智」と回答すると、全速で航過する志摩艦隊に「ワレ時雨、操舵故障中ナリ」とだけ信号し、南の闇の向こうにとけ込んでいった。沈没間近いと思われる日本戦艦二隻と、漂う駆逐艦一隻。駲田少尉は扶桑に配乗された同期生の顔を思い浮かべた。扶桑の前檣トップの電探室には、電測士の金谷茂二(かなやしげじ)少尉がいるはずだと思った。

「俺には妹が一人いてな、二人兄妹だから可愛くてなあ」と、口ぐせのように語っていた西脇賢治少尉の戦闘配置は、航海艦橋一つ下の暗号室である。しかし、前檣や暗号室付近からも黒煙が赤い焰を包んで噴き出している。駒田少尉は悲痛の念にうたれ、ほとんど自分を抑えることができないでいた。

四時二十分ごろ、駒田少尉が中央部付近で茫然としていた那智の艦橋では、方位零度距離九キロに二目標を発見し、さらに右前方に炎上停止する一艦をみとめ、志摩中将は「左舷戦闘用意」を下令した。那智と続行する足柄は、魚雷発射の準備を終えた。志摩中将はこのまま突進すると、炎上艦の炎を背景にし敵のいい目標になると判断して、その手前で右へ転舵し、二目標にたいする魚雷発射を企画した。那智、足柄はともに二〇度の方位で八本の魚雷をレーダー射撃によって撃ち込んだ。不祥事はその後に起こった。

那智の艦橋の将兵はこのときだれも気づかなかったのであろうか。炎上停止していると推察した艦が、実はゆるゆると那智の進行方向に動いていたのである。夜眼にも明らかに艦首は白く水を切っていた。炎上艦は勇戦した最上である。艦橋からは青色の軽便信号灯で「ワレ最上、ワレ最上」をしきりに味方艦に連送している。那智はその最上の前部に、約二〇度の交角で衝突していった。がきっと食いあった二つの巡洋艦はそのまま並行して密着したまま一緒に航走した。最上は那智のスピードにひきずられ、そして那智の艦首はよじれ、たちまち速度が一八ノットに落ちた。

煙突後方を炎に包んだまま、生きるために必死のあがきをつづける最上の艦橋から、メガホンの声が、茫然となった那智の艦橋に届けられた。
「本艦は艦長、副長戦死。先任将校砲術長なり。操舵装置破壊。機械回転でわずかに針路を保つ状況なので、よけられないで失礼しました。出しうる速力一〇ノット」
悲劇的な戦闘の中における喜劇としかいいようのない那智のボーン・ヘッドであった。これで海戦の幕は急速に下ろされようとする。

那智に続行する足柄は、巧みに操舵して、衝突した二艦の外側に安全に方向転換した。不知火と霞がこれにつづいた。足柄の艦上では、那智の下手くそな操舵について不足なき酷評がとんでいた。若い安部少尉も面食らいながら旗艦の喜劇的な奮闘に腹を立てていた。「艦長はどこをみて走っていたのだろう。戦場で衝突なんて、なっていないよ。切腹ものだぞ」と、のちにガンルームで評されていたのを、かれは記憶している。

このとき、怒り心頭に発していたのが曙と潮であった。志摩中将の突撃命令に、二隻は向こう鉢巻きで暗黒の海をひたすら北上しつづけていた。全速三二ノット。

敵影はどこにもなかった。小さいながら主砲を仰角いっぱいにふり向け、砲員は砲塔に、発射管員は発射管に身構えていた。戦勢についてはよくわからないが、とにかく山城、扶桑の仇を撃つのだの意気に、全艦が火の玉となっていた。曙の石塚少尉は、操舵しながら主力は何をもたもたしているのかと思った。那智と最上の衝突など露知らなかったが、へっぴり腰でやってきて、後ろを向きながら突撃せよもないものだ、と少尉の意気は天を衝いている。敵艦隊がいると思われる北方海面が暗黒の中にとけ込み、ひっそりとしているのがより不気味な感じを与えていたが、かれは平気であった。

死中に活を求めるの意気に燃えていたものに、潮の航海士・森田少尉もあった。全軍突撃せよ、よしきた承知と、機関科に燃料を聞いた。速力と燃料消費高からどれだけ走れるかを、すばやく少尉は計算していた。敵影のまったく見えない底知れぬ闇の中に、勇壮におどり込んでいく。少尉のそばには、先任将校・筆前享大尉が眼を大きく見開いて突っ立っている。艦は風をきって突進。と、筆前大尉が突然いった。

「通信ッ、キンタマはあるかッ」

声は風で後方へとび散っていく。森田少尉は、あわててさぐって、思わずニヤリとした。

「大丈夫、ありますッ」

「それはよかった。大事にしとけ」

二人の士官は、声をかわしながら、いぜんとして、暗闇の奥を凝視しつづけている。

数分後、志摩司令部は、慎重さは蛮勇にまさると判断した。そして離脱し海峡外に出て状況を見ることを決意すると、反転南下を全軍に命じた。退却である。曙と潮も呼び集められた。本隊は魚雷発射のとき右に回頭していたから、そのまま回頭をつづけ南下した形になった。四時四十三分、艦隊は隊型をととのえた上で、戦場からひたすら離れようと航進を開始した。西村艦隊の時雨はすでに先を走っていたし、大破した最上も、その残った力をふりしぼって、低速ではあったが、志摩艦隊のあとを追ってスリガオ海峡をすべりおりていった。


志摩艦隊の突進、衝突、避退は、同士討ちをみとめたオーデンドルフ少将が、砲撃を中止させていたその短い時の間に行われていた。少将が大破したグラント以外の駆逐艦を避難させ、再び砲撃開始を命令しようとしたとき、レーダーは、海峡に漂流するグラントと炎上する山城のほかはなにものもキャッチできなかった。戦勢は混沌としていた。オーデンドルフ少将は明らかにさっきまで後続の一部隊をみとめていたのだが、いまはそれがかき消すように消えているのである。

午前四時五十一分、少将の最後の命令を受けた重巡艦隊五隻が、駆逐艦をともない残敵掃蕩のため、レイテ湾死守の陣型からはなれて海峡東側を南下しはじめた。一五ノットでかれは四方に注意をくばりながら、血にそまった海上を走った。海峡西側は重巡三隻と駆逐艦三隻が受け持った。もはや海峡は戦場ではなくなっていた。山城、扶桑をはじめ西村艦隊は、傷ついて避退中の最上と時雨をのぞき、すべて海底にあった。夜はまだ明けていない。圧倒的戦力をもったアメリカの海軍将兵にとっては、撃てども撃てども突撃し応戦してきた少数の日本艦隊との砲戦で、この夜ほど長く思われたことはなかった。

巡洋艦七隻の砲撃ぶりはすさまじかった。約四千三百発の砲弾が発射された。戦艦群はオーデンドルフ少将の弾薬節約令を守って、ウェスト・バージニアは十六斉射、テネシーは十三、カリフォルニアは九、メリーランドは六といずれも自重した発射で終わった。そしてペンシルバニアは「砲撃やめ」の命令がくるまで一斉射もしていなかった。それにしても五千発に近い砲弾が西村艦隊七隻に撃ち込まれたのである。

キンケイド中将は、砲戦がたけなわの四時すぎ、ハルゼイ提督にあてて、「われ敵とスリガオ海峡にて交戦中。第三十四任務部隊はサン・ベルナルジノ海峡にありや」との電報を送った。さらに一時間後、「敵はスリガオ海峡から退却、われ追撃中」と打電した。これらの電報がハルゼイの手もとに届くのは、ずっとあとのことになる。ともあれ、このとき、第七艦隊長官キンケイド中将は、その得意や思うべしの状態であったことは間違いない。見事に敵を撃滅したのであった。

針路一八〇度、速力一八ノットでサマール島東方の海上を行く栗田中将が受けた電報は、キンケイド中将のそれとは違い、憂うべきものであった。西村中将が発した「敵ラシキ艦影見ユ」電、つづいて「駆逐艦二被雷、山城被雷一、戦闘航海支障ナシ」電、それで西村艦隊の消息は絶えた。さらに志摩中将より「当隊戦場到着」の電報を受け、大いに戦果の上がるのを期待しつつ夜の太平洋を進撃しているときであった。午前五時二十二分、届けられてきた志摩中将よりの電文を読み上げる参謀の声が、短い電文でありながら、途中で絶句した。

「第二戦隊全滅、最上大破炎上」

息をのんだのは大和の艦橋である。かぶった帽子の後ろに、夜光塗料で「シチ」（司令長官の略語）と書いてある主将の後ろ姿がわずかに動いた。闇に浮く蒼白い文字が椅子にかけたままの栗田中将の心の動きをみせていた。志摩電報はつづいていた。

「当隊攻撃終了、一応戦場ヲ離脱シ後図ヲ策ス」

　通信はそれまでであった。あとスリガオ海峡はまったくの沈黙にとざされる。しかし、たとえ西村・志摩両艦隊の成果がどうであろうと、またレイテ湾内の敵の戦力、陣型がどうであろうと、栗田艦隊は一路レイテに向かうのである。湾口まであと六時間。

　太平洋の、この夜は暖かく、暗かった。ときどき晴れるスコールの間から見える星が素晴らしかった。風は東北東、風力は四メートル、海上は南下するにつれて波立ってくる。千切れた暗雲が矢のように走った。早霜の通信士・山口少尉は、同期生の阿部少尉と艦橋にならんで立ちながら、低く垂れた重い雲を見やり絶好の奇襲日和（びより）だなと思った。ともに最下級の士官だが、二人寄ることで随分と力強さを覚えるのだった。


　同じ同期生の、最上の航海士・山羽少尉は立派な死を死のうとしていた。艦橋でなぎ倒されたとき、まだ息があったので、作戦室まで運び込まれてソファーに横たわっていた。かれが最後まで任務を果たしていた海図台の、レイテ湾を示す海図は鮮血に赤く彩られていたという。作戦室の床上には、これも重傷の信号員・長谷川

桂一等兵曹が寝かされていた。かれは、かすれる声で、

「航海士、航海士、どうですか」

と山羽少尉に呼びかけた。しかし、返事がなく、少尉はときどき身体を痙攣させていた。ソファーから下がった手が、長谷川一曹の眼の前にある。少尉の鼓動は永遠に動きをやめようとしていた。手首の腕時計だけが永遠に時を刻もうとするかのように動いていた。

「二十五日の日出〇六二五」

いまは廃墟と化した艦橋の小黒板に、そう書かれていたことを長谷川一曹は思い出した。

4

〈5時30分から6時30分〉


夜明けの風がまだひんやりとするほど冷たかった。その冷気が、浜風の魚雷発射管の下で昏睡していた武蔵の測的士・高地少尉の意識を取り戻させた。気づいたとき、一人の下士官が少尉にいった。

「ガンルームの士官らしい人が後甲板で死にかけています」

高地少尉はその言葉に立ち上がった。そしてガンルームにたどりついた。なつかしい同期生の浜風の通信士・桐谷礼太郎少尉の顔をそこに見ると「俺だ」と高地少尉はいい、驚く桐谷少尉に、

「酸素ボンベはあるか。酸素吸入をやりたいのだ。頼む」といった。

後甲板で意識を失っていたのは、やはり同期生の井上守少尉だった。二人の少尉は、後甲板で、それからしばらく、もう一人の同期生の生命を取り戻すべく最大最善の努力をはらった。たった二本のボンベではあったが、死にかけた男を、死神から奪い返すためには、これ以上に有効な武器はなかった。いや、武器は——死神を恐れさせるようなもっとも強力な武器は、かれらの友情ではなかったか。武蔵には八人の同期生が乗り組んでいたが、いま浜風艦上で見るかぎりでは、高地少尉と井上少尉の二人だけでしかなかった。せっかく助けられた少尉を殺してはならないのである。

「大丈夫だ。つぎの泊地マニラまで五時間だが、これなら大丈夫だ」

と桐谷少尉がいった。高地少尉はへなへなと崩おれた。友は助かったのか。高地少尉はこのとき初めて戦闘にたいする重苦しい疲労感を味わっていた。

一方の、朝のスリガオ海峡には、生きることを拒否し、死を希求する男たちが数

十人数百人となく残っていた。午前六時ごろ、まだ焔を出して流れる破片や残骸が明るくなりかけた海を照らし、厚ぼったく重油が海峡いっぱいにひろがっている中を、米駆逐艦の内火艇やカッターならびに魚雷艇が、漂流する日本兵を求めて走り回っていた。しかし、重油にまみれ、浮き袋一つ持たずに浮いている西村艦隊の生存者は、救助されることを拒みとおした。

米将兵にとっては考えられぬ日本兵のかたくなな敗北の姿である。救助の指揮をとったコンレイ大佐は天を仰いだ。戦闘は終わっているのだと思った。しかし、海中の生存者は救助の手をきっぱりと拒否した。いや、見向きもしなかった。士官が泳ぎながら「降伏するな」と部下に叫んでいたが、かりに士官の指示がなくとも、かれらは救われることに最後まで抵抗したことは明らかだった。

無理やり引き上げて駆逐艦に収容したところで、それは徒労であった。甲板に上がった日本将兵は、再び黙って舷側から身をおどらせて、海面にいくつもの水しぶきをたてるのである。

海面には数百人が浮いていた。救われたのはほんの一にぎりである。海面に残されたかれらはどうしたのであろうか。レイテ島もディナガット島も朝焼けの空の下にすぐ眼の前にあった。海上においてはすべて近くに見えるといっても、泳げばたどりつけそうな距離である。事実かれらの中には元気よく泳ぎだすものもあった。

かれらは岸にたどりつくことができた。しかし、海岸にはHapon（日本人）を憎む住民がといだナイフや蛮刀を持って待ちかまえていることを知らなかった。虐殺されるために、かれらは泳いだのであろうか。山城の生存者わずかに十名、扶桑のそれは数名にすぎぬ。

これから死のうとするものがいる。いや、自分が生きるために敵を殺そうとするものもいる。午前六時少し前に、第三十八機動部隊シャーマン隊、ボーガン隊、デビソン隊の合計空母十隻より、上空警戒戦闘機群が飛び立った。つづいて索敵機。そして最後に第一波攻撃隊の戦闘機六十、急降下爆撃機六十五、雷撃機五十五という大編隊が飛行甲板を蹴った。真夜中に合同し北進をつづけてきたエンガノ岬沖の猛将ハルゼイ提督麾下の攻撃隊は、日本機動部隊を全滅させようと、まなじりを決している。

戦争がはじまっていらい、数度にわたって戦われた空母対空母の決戦において（珊瑚海（さんごかい）、ミッドウェイ、南太平洋、マリアナ沖）、日本もアメリカも、たとえ大打撃を受けることがあっても巧みに全滅を避けほとんどの艦を救っていた。そして戦術的な勝敗からいえば、二対二のタイ・スコアであった。その意味から、こんどこそ勝負をつける艦隊決戦であり、最後の航空戦でなければならなかった。ハルゼイ大将の決意はこの一点にしぼられている。まず空母を、しかも空母のみならず全艦艇を葬り去らねばならない……。

一方、攻撃を受ける小沢提督指揮の日本機動部隊は初めから全滅を期している。全艦艇が沈むことに異存はない。繰り返すが、自分の命を投げ出して主力艦隊のレイテ突入を助けるという捨て身の任務なのである。犠牲はすでに覚悟の上のこと。小沢艦隊のこの日までの戦闘はゆっくりと展開してきた。手さぐりであり、情勢はまったく不明であった。しかし試練の日の時の刻みは急速であり、はげしく回りはじめている。

午前六時十分、夜明けの空にはほとんど雲がなく、北東の風がさわやかに吹いていた。小沢中将は戦闘爆撃機五、雷撃機四、急降下爆撃機一を、フィリピンのツゲガラオ基地に飛び立たせた。空しく敵の餌食となるよりも、陸上で役立たせた方がよいと考えたからである。残るは直衛の戦闘機十九機である。格納庫は空になった。反撃の手段は、銃砲の火力だけとなった。この海戦を後にアメリカはエンガノ岬沖海戦と名づけた。偶然の暗合（あんごう）というにはあまりに不思議なことに、スペイン語でこれは〝おとり〟とか〝一杯食わす〟という意味である。あまりに象徴的な呼称ではなかったか。

小沢艦隊は八キロの間隔をおき、二つの輪型陣を形成していた。瑞鶴（ずいかく）、瑞鳳（ずいほう）を中心とする第一部隊は、伊勢、大淀、秋月、初月、若月、桑の八隻。第二部隊は千歳、千代田をかこんで日向、多摩、五十鈴、霜月、槇の七隻である。針路三〇度。敵をぐんぐん引き上げるべく、北進中であった。

輪型陣の先頭をゆく大淀の森脇少尉は、日本を出るとき、日向の山々にたいしてそっと別れを告げたときの悲壮感が湧きおこらず、むしろぼんやりとした心を自分のうちに見出して驚いている。勇み立っているわけでもない。期待するものもなにもなかった。ずっと一つのことしか考えなかった。それは早く敵機が来てこの重苦しい時間にカタをつけてくれないかということである。艦橋にある少尉には、この空白の時間が無性に長く感ぜられてならなかった。

大淀から輪型陣の直径をひいた最後尾に伊勢が走っていた。ここでは、測的士の高田少尉がぶつぶついいながら、また陸用機関銃の手入れを部下とやっている。昨夜、夜戦をめざし突撃を命ぜられたときはひどく勇み立ったが、その日の午後十時、第二部隊は反転し、再び第一部隊と合同、航空戦にそなえるという。少尉の任務はまたしても無きに等しくなったのである。これからはじまろうとするのは少尉にとっては砲戦ではなく機銃戦なのである。それでも、積んでもいない飛行機の整備士なんかよりはましだな、と少尉はあらためて思うのであった。

決戦〈十月二十五日午前〉

「馬鹿野郎、敵はすぐそこにいるんだ！」

五十鈴（いすず）
二等巡洋艦。昭和19年（1944）、比島沖にて
〈資料提供：大和ミュージアム〉

〈6時30分から7時〉

1

日の出は午前六時二十七分。

その一時間前に栗田艦隊には対空戦闘のための輪型陣をつくる命令が出され、各艦は決められた位置につこうと速力を増減して走り回り、海を攪拌（かくはん）しながら前進をつづけた。その左手の方から太陽が昇る。洋上の日の出は魂をゆさぶる色彩の大乱舞にはじまるが、その朝のサマール島沖の海は、その前奏すらも見せようとはしなかった。白波は、まだ海面に残る夜の暗さを蹴ちらしているが、ところどころにスコールが立ち、灰色の靄（もや）が、低い乱雲と海をつないで、陽の光をすっかりかくしている。

その陽の当たらない朝、敵空母の姿を求めて、いま神風（かみかぜ）特別攻撃隊の二五〇キロの爆装戦闘機六機が、直掩機（ちょくえんき）四機とともに、ダバオ基地から飛び立とうとしていた。朝日隊二機、山桜隊二機、菊水隊二機。これとほとんど時を同じくしてセブ基地よりも大和隊の特攻機二機が直掩機一機とともに発進する。

体当たり――それは第一航空艦隊がなけなしの可動機三十機のすべてをあげて敢

行しようとする常識にない戦法である。あえて統帥の正道に反し、伝統に反し、人間性に反し、指揮官が戦闘の〝鬼〟となって決定した十死零生の戦法。その〝鬼〟の汚名をみずから着て、この常道ならざる戦術を採用しようと断を下した人は一航艦長官・大西瀧治郎中将である。のちに、かれは副官に「俺の評価は棺をおおうても決まるまい。百年後になっても知己を得まい」ともらしたという。

確かに航空戦に関するかぎり日本海軍は追いつめられていた。もともと捷一号作戦は、飛行機を多数保有していたときにたてられたものである。それがその後の空襲などで徹底的に痛めつけられ、戦える飛行機が激減した。それ故に作戦開始の日まで米空母機の乱舞下にあって、搭乗員たちは隠忍自重を強いられた。そして日本の命運をかけた大作戦がはじまったのである。思いきって敵空母に体当たりによってでもいい、これを沈め、作戦を成功させたいとする痛憤が搭乗員たちの胸の底から衝き上げてきた。敵機動部隊への攻撃は、ほとんどが生還の期し得ないのが現状ではないか、どうせ死ぬなら死に甲斐のある死に方をしたい。自分の死を意義あらしめたい、それが若い飛行機乗りたちの心情となった。祖国が滅亡せんとするとき、それに殉ずるになんの躊躇やある。余力がある間は、従来の戦法から飛躍することは容易ではないが、いまはその余力すら失っている。それは、艦船に乗って、レイテ湾めざして突進していく小沢、栗田、西村、志摩の各艦隊の若い少尉たちにも共通した純粋な心情であった。見事に死ぬことこそ、よりよく生きたことを意味している。日本人は、とくに若いものは、このとき、同じ心の戦闘を戦っていた。

神風特攻という驚天動地の作戦に、もし栄光というものがあるなら、爆弾を抱いて突入していった若い人々に与えられるべきものである。絶望に押し流されそうな人間が、自分を現世にとどめておくために、全世界に向かって、最後の力をふりしぼって打ち込んでいく鉤（かぎ）、それが体当たりなのである。それはまた、いかに死ぬかということが、いかに生きるかにつながっていく、当時の日本人の人生観の根本問題にかかわってくる。かれらはこの命題を、すべての日本人に投げかけながら散ろうとするのである。

フィリピンの山々は、ゆるいなだらかな線を描いている。雨にぬれた緑が映えて、しっとりとした美しい朝が訪れている。それは酷烈な戦闘の予告であった。爆弾を抱いた飛行機はすでに始動していた。敵艦隊の位置が示され、隊員は駈け足で機上の人となった。整備員が機から離れようともせず、歯をくいしばり、涙をいっぱいにためた眼を大きく見開き、飛ばされそうになりながらも、操縦席の風防を作業服の袖で、いつまでもいつまでもこすりつづけている。死にに行く隊員がそっとかれの肩を叩き、もういいからと合図する。整備員はやむを得ないというように、何度も何度も頭を下げて、機からよろよろとして離れた。

午前六時三十分、再び帰らざる機は地上を蹴った。

十八分後、エンガノ岬沖のハルゼイ大将は、キンケイド中将よりの電報「われ敵とスリガオ海峡で交戦中、第三十四任務部隊はサン・ベルナルジノ海峡にありや」を受け取り、不思議そうな顔をした。なにをいまさら、第三十四任務部隊のことを聞いてくるのか。第一、四時十二分発信の電報が手もとに届くのに遅すぎる、とぷりぷりした。戦局は微妙な動きを見せている。もし中央の栗田艦隊がサン・ベルナルジノ海峡を突破してくるような場合があったなら、第三十四任務部隊が編成されるはずなのである。だから、ハルゼイ大将はすぐ返電を送った。いや、第三十四任務部隊はわが高速空母群とともに、いま日本の機動部隊と交戦中、と。つまりその位置するところは、はるかなるエンガノ岬沖にある。この電報は一直線にキンケイド中将の手もとに届いていった。ほぼ七時五分前というが、この早すぎる電報の到着も、キンケイド提督には遅すぎるように思えたのである。では、サン・ベルナルジノ海峡の出口には、味方が一隻もいなかったのか。

そのときの栗田艦隊の陣型はあまり見ばえのしないものであった。暗雲とスコールに包み込まれていた。左から、矢矧（やはぎ）と浦風（うらかぜ）、磯風（いそかぜ）、雪風（ゆきかぜ）、野分（のわき）の第十戦隊。熊（くま）

野、鈴谷、筑摩、利根の第七戦隊。羽黒、鳥海の第五戦隊。能代を旗艦とし、早霜、秋霜、岸波、沖波、藤波、浜波、島風よりなる第二水雷戦隊が、多少でこぼこしながら横にならんで進撃し、そのあと少し遅れて左から金剛、榛名の第三戦隊。大和、長門の第一戦隊がつづき、大和を中心にして前後左右から近寄ろうとしていた。各艦はいそがしく信号旗を上下し、航海長は伝声管にかじりついて自分の定位置に着こうとしている。こうして対空戦闘序列（輪型陣）がまだ完成してはいなかったが、次第にそのような型になりながら、栗田艦隊はスコールの中で針路を一五〇度にとり、二〇ノットでレイテ湾をめざした。

艦隊はスコールを抜けた。針路を一七〇度に転じた直後の、正確に午前六時四十四分である。矢矧が水平線上すれすれに機影ありと報告してきたのと、ほぼ同時だった。大和の前檣トップの見張りが叫び声を艦橋にするどく投げ下ろした。

「マスト四、駆逐艦ラシイ、左六〇度、三万二〇〇〇」

報告はつづいてきた。「イマノ目標ハ敵。空母三、巡洋艦四、駆逐艦二。空母ハ飛行機発艦中……」

勝負は一撃で決まる。栗田中将に躊躇も逡巡もなかった。いまは、歴史に壮んなる一ページを書き記すときである。命令は流れるように発せられた。すべてはいかに迅速に行動するかにかかっていた。最大戦速即時待機。一三〇度方向に列向変換

（一令の下に一斉に同方向に変針すること）。展開方面（戦闘のため味方艦隊の進むべき主方向）一一〇度。全速力で敵空母の風上に出、敵空母からの飛行機発艦を押さえ、主砲の連打でこれを潰滅しようという。士官も下士官も兵も、ゴム人形のように宙をはずんで戦闘配置についた。ラッパが高らかになりわたる。

利根の水測士・児島少尉は敵機動部隊発見の報に、思わず「ありがたい」と敵に向かって手を合わせた。艦橋よりのスピーカーは艦長の生き生きとした声を伝えた。「東の方に敵機動部隊が見える。直ちに近迫して攻撃する」。歓声が湧いた。泣き出すものもいた。いまのいままで、死中に活を求め、敵機動部隊と一戦交え連合艦隊掉尾の威武を発揮したいと心から切望し、しかし、それが不可能であろうとあきらめ、あきらめてなお、あきらめきれずにいたその敵機動部隊が、三万メートルを隔てて真正面にあらわれたのである。児島少尉は昨日の、武蔵の悲惨をきわめた最後を思い出した。空襲が終わって、白い服の兵員が手や頭に包帯し甲板に休んでいた。それが傾斜をました甲板よりぽろぽろと、力なく、さながら死を希求しているように無抵抗に海中に落ちていく様をこの眼で見ているのである。武蔵ばかりではなかった。この敵機動部隊のために、どんなに多くの友が、万斛のうらみをのんで死んでいったことか。その敵がすぐ手の届くそこにいた。児島少尉の血は、このとき確かに逆流していたようである。

艦隊の先頭を走っていた羽黒の甲板士官・長谷川少尉は、敵空母発見の報に、まず冷静にならなければいけないと自分にいいきかせた。それでなくても、俺はおっちょこちょいなのだから。最上甲板にいるためか、水平線上に次々とあらわれる敵艦のマストが、木枯らしで葉を落としたポプラの梢のように肉眼で眺められた。三本、四本、五本と数えた。大分落ち着いたわいとひとり悦に入ろうとしたとき、背後にあった大和の四七サンチ巨砲九門が一斉に火を噴いたのである。それは少尉をたちまち興奮のるつぼに叩き込んだ。灰褐色の砲煙は全艦をおおってしまった。全速力で走る巨艦が、まるで生きもののように身をゆさぶって咆哮（ほうこう）した、と感じるほどのすさまじい砲撃である。重さ一・四トンの弾丸は、大和と敵艦隊の中間にある重巡部隊の頭上を飛びこえ、敵陣に殺到していった。右舷戦闘である。長門の主砲がただちにこれにつづいた。榛名も、北方に占位した金剛も発砲した。アメリカ艦隊に集中される信じられぬほどの鋼鉄の洪水だ。助かるものなどないであろう。長谷川少尉は内心で叫んでいた。「天佑（てんゆう）だ。これはまさしく天佑だ」と。

六時五十四分、戦艦・重巡戦隊が、「近迫敵空母ヲ攻撃セヨ」の大和からの命令で突っ込んで行くとき、駆逐艦が主体の第十戦隊と第二水雷戦隊には、栗田司令部から「後ヨリ続行セヨ」の命令が届けられた。白昼退却に専念する高速空母部隊にたいして、やすやすとは魚雷戦の好機がおとずれないだろうし、また全速力で走った場合の駆逐艦の燃料を考慮しての、司令部よりの処置であった。が、これが駆逐艦全乗組員に底知れぬほどの失望を与えた。戦艦群の射撃で、灰色の空が明るくなり、大きな煙の雲が海上をおおい、渦を巻いている中で、磯風の通信士・越智少尉は栗田司令部をうらめしく思っていた。接近戦においては、高速の水雷戦隊こそが先陣を切るべきであろう。その魚雷一本はよく一艦を葬るのである。しかも俺たちがいま最も敵に近い位置にいる。それなのに脚の遅い大和、長門の後ろを追尾せよとは何事であるか、と思った。大和の主砲は三十秒に一回の速さで撃ち出されていた。この砲撃は単なる攻撃ではないのだ、と少尉は思った。ガダルカナル、ソロモン諸島、サイパン、屈辱的な敗退をしいられてきた日々、無数の死、愛宕(あたご)、摩耶(まや)、高雄(たかお)、武蔵の沈没、将兵ひとりひとりがやっともちこたえてきたのは、このときのためではなかったか。少尉はのろった。しかし、いまこの栄光のときに、後ろに下がった駆逐艦の豆鉄砲では、どうにもならないことである。できることなら、敵空母まで弾丸をかついでいって攻撃してやりたいと思う……。

第二水雷戦隊の島風も磯風と同じように後続を命ぜられ、敵を眼前にしながら無為無策で大艦の戦闘を見物させられる苦痛を味わっていた。砲術長はあせっていた。「撃ちます」「撃ちます」と強要するが、艦長はこれを許さない。駆逐艦の一二サンチ砲では中間に空しい水柱を上げるのみだ。艦橋後部に陣どって、摩耶の砲術士・池田少尉はこのやりとりをみつめていた。かれは「戦闘」の下令とともに、軍医長の制止をふり切って艦橋にかけ上った。胸の激痛、吐血、左下半身の火傷（やけど）も忘れていた。千載一遇の大海戦を、しっかりとその眼に見て死にたかったのである。少尉はほとんどひったくるようにして見張員から双眼鏡を借り、夢にまで見た敵空母の姿をとらえる。多くの戦友がパラワン水道で摩耶と、さらにシブヤン海で武蔵とともに失われていった。なぜ早く死んだのか。かれらにあわてふためく敵空母の姿を見せてやりたかったという想いが、少尉の胸を熱くするのである。

2

〈7時から8時〉

栗田司令部が、水雷戦隊を後方に下げたのは、遭遇した敵の空母部隊を、高速の、正規の機動部隊と信じ込んでいるからである。戦艦、重巡による砲撃で敵に打撃を与え、その後の戦勢と敵の動静を見て、機敏に水雷戦隊に攻撃参加を命令する作戦であったという。しかし、本ものの敵高速機動部隊は全艦艇が遠くエンガノ岬沖の海上にあり、ハルゼイ大将に指揮され、小沢艦隊の撃滅にのみ眼を向けていることを栗田司令部は知らなかった。

いま、栗田艦隊の眼の前にいるのは、では、なにか。キンケイド中将に指揮されたレイテ島上陸陸軍部隊支援の第七艦隊に所属する第七十七護衛空母群にすぎなかったのである。その任務はレイテ島の上陸部隊の空からの援護であり、対空・対潜哨戒であり、残敵掃蕩（そうとう）である。敵機動部隊との砲雷撃戦などは任務のなかにはない。戦闘の直接指揮をとるのはT・L・スプレイグ少将。そして、これら護衛空母は商船または油槽船を急ぎ改造したもので、積載飛行機も多いもので三十機足らず、小型で、速力も最高一八ノットといういたって劣弱な空母である。その装甲はブリキ一枚のものもあったという。そこで米海軍はこれらの空母を赤ん坊空母、ジープ空母とよんで仲間うちの笑いものにしていた。

この朝、T・スプレイグ少将は、麾下（きか）の空母群を六隻ずつ三つの部隊に分け、それに駆逐艦三、護衛駆逐艦（対潜攻撃専門）四をつけ、レイテ島を中心に北に三番隊、中央に二番隊、南にスプレイグ少将みずから指揮して一番隊を布陣させていた。北の三番隊の司令官は、同じスプレイグ姓をもつC・スプレイグ少将。二番隊はF・スタンプ少将が指揮をとっていた。

　そして栗田艦隊と、思いがけないときに、思いがけない場所で遭遇したのは、いちばん北にあったC・スプレイグ少将指揮の三番隊、ジープ空母六隻と駆逐艦群七隻である。栗田艦隊が水平線上に敵艦のマストを発見するとほぼ同時刻、朝の三杯目のコーヒーを飲もうとしていたC・スプレイグ少将は、哨戒飛行艇からの日本艦隊発見の報告に、思わずカップをとり落とした。

「敵か味方か確かめろ」

　C・スプレイグ少将は命じた。答えはするどく短かった。

「敵と確認。日本戦艦特有のパゴダ・マストをもっている」

　パイロットの声はひきつっている。驚愕（きょうがく）と狼狽（ろうばい）がまき起こった。つづいて北の水平線上で味方哨戒索敵機への対空砲火をも望見されたし、日本語の会話まで傍受されるに及んでは、作戦計画を丹念にねっている暇などあろうはずがない。ただ退却あるのみ。

「針路九〇度、全速。全機発進せよ。煙幕を張れ」

　C・スプレイグ少将はそれだけを全艦に命令するのがやっとであった。一分後、三番隊の空母群のまわりには高い、のけぞるような水柱が林立しはじめた。空母は逃げながら飛行機を飛ばそうとする。〝赤ん坊〟が巨人にけなげにも立ち向かうのである。偶然か、行く手には大きなスコールが海上に灰色の幕をたらしたように立っていた。針路は東。ひたすら東進し、そのなかに逃げ込んで身を護ろうと、三番隊の護衛空母六隻は死にもの狂いになった。そして指揮官は平文で、直属上官のT・スプレイグ少将に緊急援助を求めた。自分の位置、針路、敵との距離を報告し、とにかく助けてくれと叫んだ。

七時をやや回ったとき、T・スプレイグ少将は、C・スプレイグ少将からの平文電報を受け取ると、ただちにさらに上長の、全艦隊を指揮しているキンケイド中将に、すべての飛行機を敵艦隊迎撃のために差し向けてくれるよう要請した。いま、即座に、T・スプレイグ少将が悲鳴をあげている味方のためにしてやれることはそれだけであるが、かれは無線電話をかけて、C・スプレイグ少将に声の援助も送り届けた。

「心配するな。俺たちがついている。あわてるなよ。しくじるなよ」

C・スプレイグ少将はしくじりようがなかった。問題は一つ、いかに逃げのびるか、である。そのほかのことなど考えられない。冷静に、恐怖と混沌に対処した。飛行機を次々と発艦させ空母を救うための攻撃を命じ、駆逐艦三隻にも突撃を下令した。飛行機はほとんどが対人用爆弾、陸上攻撃用の爆弾を積んでいた。それらは鋼鉄の軍艦には役立たないであろうが、そんなことに不平をいっているときではない。とにかく攻撃せよ、である。そして機をみて残りの護衛駆逐艦四隻にも突撃魚雷戦を下令する。ほかに手の打ちようがないのであるから、しくじりようもなかった。むしろ、日本艦隊がしくじってくれることを神に祈った。錯誤と混乱を敵に期待した。しかし、日本艦隊は、整然と、かつ巧妙に戦闘をしかけている。その射撃はアメリカ側の砲術科士官が感嘆するほど正確であった。空母ホワイト・プレーンスはたちまち至近弾を受け、一時操舵不能に陥った。艦長サリバン大佐はのちに報告している。「まるで甲板の対角線の長さをコンパスで測っているように艦首右と艦尾左に至近弾が落ちた」と。

しかも、かれらを地獄へ送り届ける射弾は、どの艦の弾丸がどこに落ちたかを知るため、着色弾であった。威嚇するように直立する水柱は、緑、黄色、赤、そして水色に染められていた。自分が死ぬことを忘れれば、凄壮な美しさがあった。ひとりの水兵は恐怖に顎をがくがくさせながら叫んだ。

「やつらの射撃は〝天然色映画〟だ」

C・スプレイグ少将はゆっくりテクニカラー映画の鑑賞をしている意志もゆとりもない。スピードに勝る日本艦隊の突進でその間隔はみるみるつまってくる。もうどうにも手の打ちようがない。ずっと海戦を支配してきた航空母艦というものがいったん長い距離からの攻撃という利点を失い、海上の近接砲戦となると、いかに無力であり劣弱であるか。かれの骨身にしみた。しかも日本艦隊からの砲撃は量と正確度をますます増した。砲撃をまともに浴び水柱と破片に包まれながら、旗艦ファンショウ・ベイの艦橋にあって、少将は観念のほぞをきめた。

「あと五分で、わが艦隊は全滅するであろう。しかし、私の処置は間違っていなかったはずだ」

だが、それがなんの慰めとなろう。確かに、絶望的な状況である。軍人である以上、最後まで戦わねばならないが、この後、どうしたらいいかを考えるため、少将は智恵をめぐらした。とにかく、敵は大軍であり、速力もあり、射撃は正確であり、勇敢である。間もなく五十四歳の自分の人生も終わるであろう。「だが……」と少将はのちに語った。「あわれみ深い神は私にスコールを贈りたもうた」と。

スコールこそが救いの手である。つかむべきワラであった。三番隊の空母六隻は、歓喜にむせぶ指揮官を乗せながら、よろめきよろめきスコールに突入していった。

はるか南方にあって、護衛空母群司令官T・スプレイグ少将は、ずっと焦燥にかられていた。かれの指揮下にある空母群の飛行機を一機のこらずかき集めれば、戦闘機二百三十五、雷撃機百四十三の大部隊になる。しかし、いまその三分の一に当たる三番隊は敵の奇襲攻撃下にあったから、あてにはできない。しかし、残る三分の二を率い、C・スプレイグ隊の救援に当たれば、ハルゼイ機動部隊ほど強くはない攻撃隊であろうと、恐らく日本艦隊の進撃を一時でも食いとめることはできるであろう、と少将は考えた。それは飛行機が手もとにあっての話である。現実には、直率の一番隊の飛行機の大部分は、スリガオ海峡に突入し退却していった日本艦隊（志摩艦隊）を追って発進してしまっていたし、中央のスタンプ少将の二番隊の飛行機も大部分が、あるいは決められた哨戒パトロールを実施し、あるいは真水の缶をレイテ島の陸軍に空輸するという馬鹿げた任務のために飛び立っていた。いかに有能な提督とはいえ、手の打ちようがなかった。しかし、とにかく攻撃あるのみである。

総指揮官キンケイド中将の場合はしばらく茫然（ぼうぜん）自失の状態にあった。それから、おもむろにかれを襲ったのは怒りと憤懣（ふんまん）であった。サン・ベルナルジノ海峡に第三十四任務部隊はいないのだと、突き放したようなハルゼイ大将よりの電報を受け取ってから、まだ十分間とたっていないときなのである。C・スプレイグ少将の悲鳴を聞いたとき、中将の脳裏を、レイテ湾をうめつくす四百二十隻におよぶ輸送船がつぎつぎ炎上し、上陸部隊が砲弾のもとに慴伏するさまがよぎった。中将がしなければならないのは、C・スプレイグ隊を救うことだけではなく、輸送船団を救い、上陸地点の陸軍部隊を守り、兵站を確保することである。事態は最悪である。

C・スプレイグ少将の緊急報によれば、日本艦隊はレイテ湾まで三時間足らずの距離にある。中将に残された時間はそれだけ。いかにしてレイテ湾を守るか。そして忘れてならないのは、この時点で、麾下の巡洋艦隊と駆逐艦群のなかばは、残敵掃蕩と逃げる敵艦隊を追って、スリガオ海峡の奥深くまで進撃してしまっていることである。しかも、戦艦をふくめ全艦とも、五日間にわたる上陸作戦援護の艦砲射撃と昨夜の西村・志摩艦隊との砲撃戦とで、弾薬が危険この上ないほど不足し、駆逐艦は魚雷を撃ちつくしていた。のみならず、各艦の燃料不足も絶望的な状態である。

しかし、たとえ情勢が最悪であろうと、一歩の退却もゆるされないと、キンケイド中将は、オーデンドルフ少将にレイテ湾東入り口に陣をはり迎撃準備を命令した。テネシー、カリフォルニア、ペンシルバニアの三戦艦と巡洋艦五隻、二つの駆逐隊は狂ったかのように、われさきに弾薬を積み込み、燃料を補給しはじめる。昨夜の艦隊同士の砲戦で、日本艦隊を叩きつぶした勝利の艦隊とは思えぬほど、悲壮感が全軍にみなぎった。あわただしい艦の動きにもかかわらず、レイテ湾は気味悪いほど静まりかえった。あまり静かなので、不眠不休の将兵は悪い想像にとりつかれ、身を震わせた。

その中で、恐怖と怒りをおさえ、キンケイド中将は主将としての任務を冷静に果たしている。ハワイにいるニミッツ大将と、それから自分たちを死地におとしいれる暴挙をあえてしたハルゼイ大将に、まず悲劇的な報告を送らねばならない。かれは「敵戦艦、巡洋艦、わが護衛空母群を攻撃中」と第一報を打電した。さらに「高速戦艦を即刻レイテ湾に必要とす」とやり、それでもなお中将は足りないと思った。かれの不安はおさまりそうにもなかった。さらにもう一報〝緊急・最優先〟電報を打ち込んだ。

「全速力にて戦艦群を送られたし。高速機動部隊を送られたし。機動部隊にて敵を攻撃されたし」

いや、と中将は考え直した。ハルゼイ大将にはどうしようもない現状を明確にわからせる必要がある。それは巡洋艦ナッシュビルの艦長コニー大佐がそのとき抱いた感想「まるで三回戦ボーイがヘビー級チャンピオンと打ち合うような」異常な事態をである。キンケイド中将は、あからさまに、

「われ弾薬欠乏す」

と書いて通信参謀にわたした。サマール島沖の戦いの序曲はおよそこのようなものであった。

眠る間もなかったという点では栗田艦隊の将兵も同じである。緊張のほぐされるときがなかった。が、かれらはいまや眠気も緊張もいっぺんに吹き飛ばして爽快な追撃戦に移っている。スコールがちの天候である。のみならず、敵空母群の護衛駆逐艦の張る煙幕は海面低くたれ下がった。砲撃や命中による厚ぼったい砲煙硝煙がそれに重なった。視界はたちまちに狭められた。昼間でありながら〝夜戦〟の様相を呈していた、と形容した方が正確であろうか。そのうす暗さの中で各艦は衝突をさけながら遮二無二突進していった。

大和、長門の第一戦隊は隊型を保っていたが、金剛、榛名の第三戦隊は、榛名の速力がややにぶいために離れ離れとなり単艦行動となった。その間をぬって高速の重巡戦隊がおどり出し、真一文字に敵に迫っていく。利根の児島少尉は勇み肌の兄ィになっていた。第一戦速から第三戦速になったが、機関科員がよほど張り切りすぎたのか、制限を無視して全速回転で、旗艦の熊野を追い抜いて利根は先頭に飛び出してしまった。黛艦長の驚きとは別に、児島少尉はこの機関科員の張り切りぶりが、自分のそれと合致して嬉しさが倍加するように感じた。それいけ、それいけとおのずから掛け声が出てくる。が、間もなく減速の効果が出て、戦隊の右一キロほどのところを下がって、利根が三番艦の定位置に着いたとき、ひどくがっかりしたことを、少尉は覚えている。

あ号作戦で至近弾を受け、その傷がなおりきらないために、いくぶん速力が鈍くなっていた榛名は、ややもすれば遅れがちになった。通信士・榊原少尉にはそれが残念この上ない。僚艦の金剛が高速で先へ先へと突っ走るのに、榛名はむしろ脚の遅い大和、長門と道づれになって、のろのろと突進しているようにも思えてならなかったのである。しかも、頑固な、いくつかの敵の抵抗に遭遇した。手はじめは飛行機である。その攻撃ぶりはシブヤン海のときと比べれば、技倆の劣るドロ臭いものであるが、五月の蠅のように、一機ずつばらばらになって、とめどなく攻撃を加えてくる。榊原少尉はすっかり腹を立て、来るならきちんと、いっぺんにやってこいと思った。それほど一機一機による連続的な攻撃なのである。

米飛行機は、日本艦隊の攻撃と同時に、あわてて発進してきたものであるから、魚雷を積む余裕もなく、ただ陸用爆弾と銃撃による攻撃に終始した。しかし、それだけに一層、勇敢に突っ込んだ。〝蠅〟であると同時に〝狼〟となって牙をむいて、栗田艦隊に挑戦した。

さらにC・スプレイグ少将は指揮下の駆逐艦に命令を、いつもそう呼ばれている呼称で伝えた。「狼、攻撃せよ」と。空母を護って退却をつづけていた狼たちは、ただちに、突撃してくる日本艦隊に向き直った。かれらは黒煙を吐きながら、前進を開始した。混乱した状態を収拾し得るものは、断乎たる決意だけであり、おのれの義務がなんであるかを知り、それを忠実に果たす以外にはない。先頭に、チェロキー族の子孫を艦長とする駆逐艦ジョンストンが立った。突撃は三〇ノットの高速で敢行される。


熊野の甲板士官・大場少尉は応急係として上甲板に配置されていた。スコールと煙幕の厚い壁の向こうから敵駆逐艦がおどり出してきたときは、一瞬あっけにとられたが、その勇敢さがぐんと胸にきて、敗けるものかと闘志を燃やした。駆逐艦は砲撃しつつ熊野ら第七戦隊に刃向かって真っすぐに前進してきた。命中はおろか至近弾すらも受けなかったので、敵艦が発する煙幕も、弾幕もまるで自分に関係ないように少尉には思えた。少尉の相手とするのは空母だけである！

その敵駆逐艦は距離九〇〇〇メートルでくるりと反転した。大場少尉の眼には「四〇〇〇メートルか、せいぜい五〇〇〇メートルしか離れていなかった」ように映った。熊野は追跡する形にあった。その直後である。少尉が後になって艦橋にいたものから聞いたところによると、水雷長が「あ、魚雷だ。雷跡左舷ッ」と叫んだとき、坐乗していた第七戦隊司令官・白石万隆中将が鶴の一声で、それを無視したという。

「いや。あんなものは波だ。波にすぎん」

確かに海上は泡立ち、逆巻き、各艦の切る波頭と長い澪がぶつかり合い狂奔しつづけていた。目もくらむ白波が、急湍のように舷側をすべって艦尾の方に飛んでいた。しかし、そのときのそれは、波ではなかった。

最大戦速三五ノット、すぐ回避すればかわせたかもしれなかったが、熊野の前部を、魚雷は見事に命中しえぐりとった。記録によれば、駆逐艦ジョンストンの放った魚雷は十本。その一発が、熊野の左舷艦首、主砲付近にまで大きな破孔をつくり、たちまち艦は洋上に立ち往生した。幸いなことに、ほとんど戦死者はなかったし、間もなくその速力も一四ノットまで出せることがわかったが、熊野がこれ以上追撃戦に参加することはあきらめざるを得なかった。大場少尉は、せっかくの好機をあっという間に掌中より取りにがしたのである。

殊勲のジョンストンには、つぎの瞬間に悲惨が待っていた。熊野の仇を討ったのは、勇み肌の榊原少尉の乗る榛名である。主砲三六サンチの砲弾三発が、駆逐艦を一瞬にして、鉄くずにしてしまった。一分後には、どの艦の砲弾かはっきりしないが、一五サンチ砲弾三発がめり込んだ。乗組員はのちに語っている。「まるでトラックにひかれた玩具のようであった」と。遠くから激戦を眺望していた大和は、ただちに「ワレ巡洋艦一隻ヲ撃沈ス」と大本営に打電した。七時二十五分である。しかし、ジョンストンは沈まなかった。折よくスコールがこの勇敢な駆逐艦を包み込んだ。雨に打たれながら、爆風のため腰から上の衣服を吹き飛ばされた艦長は、その先祖チェロキー族そのものの半裸の姿で、艦橋に傲然と立っている。血にまみれて……。

スコールの幕はまた、C・スプレイグ少将の空母群をも救っていた。空母群を目視できなくなった大和、長門、榛名はそのため七時十分に砲撃を中止した。しかし、空母一隻を撃沈したと栗田司令部は確認、これもただちに大本営に打電された。単艦で、ずっと北に回った金剛だけがずっと撃ちつづけていたが、十五分後の、ジョンストン大破漂流と同じころ、射撃を中止した。C・スプレイグ少将は視界せいぜい一〇〇メートルの、滝を浴びたようなスコールの中で、空母六隻（それはまだ一隻も失っていなかった）におもむろに針路を南にとるべく命令した。そして、ぴったりとついて護衛の任に当たっていた護衛駆逐艦四隻に、そのまま後続して煙幕を張れと命令を発する。少将の闘志はいぜんとしてくじけていなかった。

闘志にあふれた男はほかにも大勢いた。落伍した熊野から第七戦隊司令部を、二番艦の鈴谷に移そうとカッターが出され、それの指揮をとっている大場少尉がその一人。追撃戦の真っ最中の司令部移動は、この闘志の若い少尉には理解のできぬことで、こうなったら全軍の指揮は大和がとればいい、とか、利根、筑摩の僚艦が見えなくなるほど先行しているときに、なにが七戦隊司令部だ、とか、こんな大事なときに停止している艦があっていいのか、とか、かれなりの戦闘観が頭の中をかすめたが、いまは司令部を鈴谷に移すという任務に懸命になっている。

上空には飛行機が乱舞していた。突然、かれらが急降下し、銃撃を加えてくるのにしばしば直面した。カッターでは逃げても詮ないこと、少尉は避ける気もなく、当たってたまるものかと確信して前へ前へと進んだ。鈴谷は熊野より一キロほど先に速度をゆるめて航行していた。背後で白煙をあげ跛行（はこう）している熊野に比べると、まだ強そうに見えた。三角波の立つ海面をしぶきを浴びながら、一キロの距離を、いままでずっと威ばりくさっていた司令部を運ぶのは、少尉にはあまり楽しい任務ではなかった。軍艦の戦いで停止することは死を意味している。被害を受けてない艦に移るということは、と大場少尉には皮肉な考えがよぎった、要するに生命が惜しいからではないか。そう思うと、司令部の将と参謀たちがひどく爺むさく弱々しげに見えるのである。

先任参謀より鈴谷舷側につけよと少尉は命令を受け、カッターをその方に向けたとき、鈴谷の艦上より艦尾へ回せと怒鳴ってきた。大場少尉が艦尾に苦心してカッターをつけると、鈴谷から縄梯子が降ろされ、司令部の将たちはあたふたとそれをたぐって移乗していった。あわてたものか書類など一つ二つを運んだきりでほとんどがカッターに残されていた。移り終わるか終わらないかのとき、敵機が襲来し、鈴谷のスクリューが回り猛然と一万七〇〇〇トンが走り出した。噴き出るような水の奔騰にカッターは水面からもち上げられ、はげしく傾いて震え、激浪にまかれて転覆しようとした。海底に引き込むようにさらに渦が襲い、波間にカッターは放り投げられた。大場少尉には海面が上になったように思えた。ずぶ濡れになった兵たちとともに少尉は、カッターの舷側にしがみつきながら、音をとどろかせてみるみる遠ざかる巨艦を、茫然として見送った。

熊野に戻ったとき、人見錚一郎艦長は一言、力強く、「ご苦労だった」といった。大海に単艦で大破して取り残されながら艦長は、落ち着いた闘志と沈着さとを見せていた。

やられたのはジョンストンと熊野だけではない。米駆逐艦ホエールも金剛と一騎討ちの態勢に入り散々に痛めつけられていた。魚雷発射前に、艦橋をやられ無線装置をこわされ、後部の缶室とタービン、左舷のスクリューを破壊され、舵は面舵一杯のまま動かなかった。それでも必死の魚雷四本を撃ち込んだが、金剛はこれをするりとかわした。

もう一隻の駆逐艦ヒアーマンは、なかなか巧みな攻撃を行った。同じところへ二度と弾丸は落ちないのジンクスにしたがって、着色水柱の中に突っ込んで、魚雷を手当たり次第に七本、わきかえる水中に放りこんだ。頭上を大和の四六サンチ砲弾が〝急行列車の轟音〟をたてて飛んでいった。ヒアーマンはさらに突進して、魚雷を打ち込んだ。いずれも目標は戦艦においた。

煙突から黒煙をはき出し、艦尾から火薬煙による白い煙幕。二色の煙で巧みに艦体を包みかくしながらの米駆逐艦のこうした突進は、たしかに栗田艦隊をなやましていた。それだけではなく、考えられないような打撃を栗田艦隊に与えることになった。

大和、長門の二隻が右舷一〇〇度の方向に六本の雷跡をみとめたのは、七時五十分をやや回ったときである。ホエールもヒアーマンもジョンストンも、あるだけの魚雷を右に左に発射しているから、正確にはどの駆逐艦の魚雷であるかはわからないが、白い糸をひく殺戮者は、このとき一直線に二巨艦に迫ってきた。大和は回避のため左に六〇度変針、さらに変針してほとんど真北に向かった。長門もこれに従った。考えてみよう、敵空母群は南にあり、南に遁走をつづけている。そのときに、大和と長門は北に走り出した。大和の速力は二六ノット、魚雷もほぼ同じスピードで、さながら二巨艦につきそうように、右に四本、左に二本がならんで航走しはじめた。

それはまったく奇妙に釣り合った形となった。日本の戦艦二隻は右にも左にも回避できない。そして、北へ、北へ……。大和を逆方向に走らせながら栗田司令部は苦しまぎれに「雷跡ニ注意セヨ、雷跡ニ注意セヨ」の緊急電を全軍に打った。戦場からどんどん遠ざかりながら、戦闘を指揮するのである。大和の副砲発令所長であった砲術士・市川少尉は、その日は朝から一歩も発令所を離れなかったため、戦闘がどのように展開し、どのような推移をたどっているのか確認することなしに、奮戦をつづけている。知らされたことはといえば、空母一撃沈、巡洋艦一撃沈ということで、あとは対空戦闘のみがつづいた。そしていま大和が、逃走する敵と反対方向に航進していることを、所内の羅針儀で知った。少尉は、さっきまで砲撃目標だった敵艦隊が、こんどは後方にあって、スコール煙幕のかなたに消えて行くのを、残念この上ないことと思った。しかし、それに大和はどう対処しようもないのである。

大和と長門が後ろへ後ろへと走っているとき、金剛は敵機の執拗な反復攻撃を追いはらいながら前進、榛名と重巡戦隊はいよいよ空母群に近接した。逃げる空母群は南々西に向かうかと思えば南東に舵を戻し、また南西に、さらに真南にと、細かく針路を変えた。護衛駆逐艦四隻が横隊一列で後ろにならび、煙幕を懸命に張った。戦闘はおもむろに南方から南西方に移っている。その南西方向に、レイテ湾があった。そこではあわただしく迎撃準備がととのえられている。三番隊空母群はその方向にひたすら遁走する。

だが戦いは思いもかけぬところで生起した。司令官T・スプレイグ少将が直率し、戦闘海面よりはるか南方にあった一番隊空母群のサンティとスワニーの二空母が攻撃を受けたのである。二隻を襲ったのは、意志も感情も涙もない軍艦の砲弾ではない。人間である。人間が二五〇キロの爆弾を抱いて飛行機もろとも甲板におどり込んできたのである。

攻撃は、大和が北へ向く少し前の午前七時四十分からはじまった。一番隊の四隻の空母は、追撃を受け悲鳴をあげている三番隊の空母群を救うため、攻撃機を発艦させ、さらに帰投してくる機を収容するため全力をあげていた。常に風に立って走り、白いウェーキ（航跡波）が長く尾をひいた。各艦のレーダーにはいくつもの機影が映っていたが、それらは進撃し、あるいは帰投する味方機と思い込んでいた。空母サンガモンの見張りが「零戦(ジーク)！」と叫ぶより早かった。耳をつき裂くような金属音とともに、零戦らしい飛行機が四機上空にあり、たちまちに一機は編隊を解くと、約二〇度の角度で降下、機銃を発射しながら、サンティの甲板に突っ込んできた。機首を上げようともしなかった。だれもそれを止められない。そのまま突入した。甲板を突き抜けた機は、格納庫で爆発した。黒煙と焔が一気に噴き出し、サンティの甲板前部はたちまちに火の海となった。

つづく二機は、空母と駆逐艦群がいっせいに撃ち上げた四〇ミリ、二〇ミリの機銃による弾幕を突き抜けて、サンガモン、ペトロフ・ベイに命中突入するかにみえたが、操縦者が防御砲火に傷ついたのか、わずかに機首が振られて二機とも舷側近くの海中に墜落し爆発した。一番隊にとって一瞬のうちに戦争は他人事(ひとごと)ではなくなった。数秒のうちに、何人かのものが吹き飛ばされ、あるいは破片に傷ついて倒れた。

第二の命中攻撃を受けたのはスワニーだった。やや遅れて攻撃に入った最後の一機は、対空砲火にもひるむことなくそのまま降下してきて、この軽空母の後部甲板を貫き格納庫で爆発した。甲板にできた破孔から、火と煙が噴出した。

太平洋戦争の戦闘で、それを最初から目的とし、身を挺して散っていった初めての特攻機の攻撃である。基地を飛び立ってより一時間余、海上を飛びながら特攻隊員はなにを考え、なにを思って操縦桿をにぎっていたことか。かれらが痛切に感じていたのは、祖国の危機ということであり、特攻隊員を志願して死ぬことをいさぎよしとしたのは、かならずしも軍人精神に徹していたためだけではなかったであろう。日本の行く末を鋭くみつめ、そのときにさいしての自分自身の生き方をみつめることで、生への執着をたち切って、大きく飛躍することができたに違いない。しかし、本当に生きているものが、生きることをやめることができるのだろうか。その苦悩と悲痛を胸に、かれらは自分の身体を肉弾と化した。かれらの魂は、大破した敵空母にのり移り、いつまでもいつまでも天を焦がして燃えつづけていた。

戦闘開始いらい、ほぼ一時間が経過した。レイテ湾の東南の海上では、スワニーとサンティが焔々たる炎を上げていた。サマール島の沖合では、ジョンストンとホエールが燃え、C・スプレイグ少将指揮の六隻の空母が、集中攻撃を受け、息もたえだえに遁走をつづけていた。追いつめた猟犬の日本の重巡戦隊の主砲は、ぴたりとその空母群に狙いをつけた。射程に入った瞬間それは完膚なきまでに、敵を撃ちのめすであろう。そして、大和と長門はいぜんとして敵に後ろを見せて、魚雷とならんで北へ走っていた。午前八時を迎えようとするとき、サマール島沖の戦闘は確かに常軌を逸していた。整然たる艦隊決戦ではなく、一つの艦が一つの敵を見つけそれと必死に取り組んでいる。炎はますます高く昇っている。熱に浮かされたような兵、若い士官の充血した顔、双眼鏡から寸秒も眼を離そうとしない将。そして戦いの轟音の中できびしい命令が縦横にとび交っていた。

このとき、スリガオ海峡を無事に抜けた志摩艦隊は、主力、栗田艦隊の突撃によって昨夜の敵が蒼白となって湾口に立ちすくんでいるとも知らず、一路針路を西にとって避退をつづけていた。〝海峡外にあって情勢をみる〟という反転の理由は忘れられた。全艦が敗北感にうちのめされている。それでも志摩司令部は最後の努力を傾注し、魚雷を受け脱落していた阿武隈には、潮を護衛につけて、マニラに向かわせ、また、辛うじて脱出してきた大破の最上には、曙を護衛につけてコロン湾回航を命じた。それでなくても弱体である艦隊は、こうして手足をもがれて威容を失った。本隊である那智、足柄は残った駆逐艦二隻を従えて、先行し、静かなスール海を西へ西へと突っ走っていく。

3

〈8時から9時〉

第一戦隊司令官として、大和の艦橋にあった宇垣纒中将の日誌によれば、「この間約十分なるも一月もかかる様の思せり」ということである。魚雷の間にはさまれて北進をつづける大和と長門。艦橋にある栗田司令部にとって地団駄踏む想いであったろう。艦尾方向はるか彼方に、スコールから抜け出た敵空母が、南へ南へと逃げている。

「右の気泡、消えました」

「面舵一杯。急げ」

「左の気泡、二つとも消えました」

魚雷の脅威から解放された大和の巨大な艦首が左に傾きながら、右へ右へと回りはじめ、長門がこれにつづいた。回りながらその間に測距員が報告した。「距離三万五〇〇〇」。初めに遭遇したときよりも敵と離れている。常套手段をとっていたのでは敵を取り逃がしてしまう。栗田司令部は、敵を高速機動部隊と信じているから、巨砲の射程外に敵空母群を逃がすことをもっとも恐れていた。いわば、遭遇は〝天佑〟である。敵は巨砲の弾丸のとどく範囲内にいた。しかし、敵の正式空母は大和、長門よりはるかに高速である。大和は二七ノット、長門は二五ノット、これに対して正式空母は三四ノットは優に出せる。いまは速度がなにより重要なのである。射程内にいれば空母は無力な存在にひとしいが、振りきられれば、大砲のとどかぬところから飛行機で攻撃されてしまう。拳闘でいうアウト・レーンジ戦法である。それだけに栗田司令部はあせった。射程間にある間にこれを撃滅せねばならない。もはや躊躇すべきときではない。大和はまだ敵に向き直っていなかったが、三万五〇〇〇と報告を受けたとき、間髪をいれず命令がとんだ。

「全軍突撃セヨ」

大和の艦橋には殷々(いんいん)たる敵味方の砲声が、南の水平線の彼方からまるで遠雷を聞くようにとどいてくる。八時三分である。戦いはクライマックスに達しようとする。

突撃命令に、やっともやいを放たれた第十戦隊、第二水雷戦隊の駆逐艦群がおどり出していく。南西に逃げる敵空母群に比較的近くにいたのは、矢矧を旗艦とする第十戦隊の浦風、磯風、雪風、野分の四駆逐艦であった。「ワレ敵空母一、重巡一撃沈ス」と大和よりの戦果報告を黙って聞くばかりであった戦闘の序曲、相も変わらず敵飛行機からの攻撃を受けていなければならなかった中盤の追撃戦、戦闘がはじまっていらい戦艦や重巡の活躍をただ指をくわえて眺めることに終始していた駆逐艦乗りにとっては、「全軍突撃セヨ」の命令に、生き甲斐も死に甲斐もかかっていた。

矢矧はすでに錨鎖庫付近に損傷を受けていたが、意に介さず、三〇ノットに増速すると、針路を南々西にとって追撃戦に移った。前部機銃群指揮官・大坪少尉は〝これぞ海戦なり〟という興奮と熱狂で、われを忘れた。もうじりじりしながら待つことはない。そばの部下が「ようし、やっつけてやる。こんどこそ沈めてやる」といいつづけているのを聞いた。しかし本当の意味での敵愾心というものがあったかどうか。どこからともなく砲弾が飛来して艦の前部に命中したとき（それは不発弾だったが）、その衝撃で少尉は機銃台から放り出され甲板に転げ落ちたが、そのときも、少尉は敵に闘争心こそもったが、憎悪を感じなかったように思う。かれはいままで〝敵〟と面と向かって殴り合ってはいない。離れて戦う海戦とはただ勇敢な闘争心によってのみ戦われる、およそそういうものだと納得するのである。遠距離という因数が、憎しみとか復讐とかいった感情を忘れさせ、ひたすら戦うことに一人の人間の全精力を傾けさせるのだと、あとになって少尉は知った。

この朝、栗田艦隊の各艦の通信室には歓喜とにが笑いと混乱とがいり乱れていたようである。海域いっぱいにたけり狂った攻撃が展開されているためであろうか、各艦の信号、電話、電報が複雑にとび交った。たとえば、七時三十分、重巡鳥海（ちょうかい）より全艦隊あてに電報が打たれた。攻撃してくる敵機は「爆弾ヲ持チアラズ」。これに利根（とね）が一分後にやりかえした。「敵機ハ魚雷ヲ持チアラズ、爆弾ヲ確認ス」と。負けん気の利根艦長の面目が躍如とし、艦長を知る人は思わずにやりとさせられる。そのほかにも、平文のまま敵の無電もとび込んでくる。「攻撃を受けつつあり救援たのむ」。磯風の通信士・越智少尉は思わず口もとをほころばせた。たしかに、水平線を美しく彩色する水柱や、曳痕弾（えいこんだん）の光や、神経に触れるような近くの機銃の音のほかにも、戦いは行われているのである。大和よりの「空母撃沈」の報、金剛よりの「空母を大破」の知らせ、そのたびに越智少尉は机を叩いてこれあるかなと微笑んだ。そしてこんどはこっちの番だと闘志を燃やした。それにしても、と少尉は思った、いささか腹が減ったようだと。勝者はズボンのバンドをきつく締め直した。

戦場には、T・スプレイグ少将の率いる十六隻の空母のほとんどの飛行機が増援として駈けつけ、いり乱れて日本艦隊への攻撃をつづけた。戦闘は激烈の度を一層高めた。爆弾、魚雷が追撃する日本艦隊を襲った。栗田艦隊の各艦は大角度の転舵によってこれを避けながらなおも前進する。いぜんとしてスコールがここかしこにあり、視野を悪くさせている。大破したジョンストン、ホエールの両駆逐艦は波間に漂いながら、なおも砲撃をやめようとはしなかった。これらが空母群の遁走を有利にしたために空母群一八ノット、日本艦隊三〇ノットの追撃戦の間隔は、容易につめられなかった。

しかし、時間の経過にしたがって、おもむろにではあったが、包囲の網はせばめられていた。攻撃機は次々に火を噴いて墜落した。C・スプレイグ少将の腕時計は、全滅を予告するかのように不気味に時を刻んでいた。右の方向、サマール島の岸ぞいに敵の水雷戦隊が猛然と突進してきた。背後からは戦艦、そして左の外洋からは快速の重巡洋艦がせまる。少将に、もし心なぐさむるものがあるとすれば、猛攻を受けつつも、六隻の空母から、手持ちの六十五機の戦闘機、四十四機の雷撃機のすべてを、戦端が切られて三十分もしないうちに空に飛び立たせ、攻撃に参加させたということであろう。さらに三隻の駆逐艦も攻撃に向かわせた。残る戦力は四隻の護衛駆逐艦だけである。これを出せば、空母は裸になる。しかし、このまま経過すれば、いずれ裸にされるであろう。

C・スプレイグ少将は、肉迫する日本の重巡四隻（羽黒、鳥海、利根、筑摩）に絶望的なまなざしを向けた。私は誤りを犯さなかった、初めから、私は正しく処置した、と思った。それから昂然（こうぜん）と頭をあげていった。
「〝子供たち（スモール・ボーイズ）〟、突撃だ。左舷の敵重巡を迎撃せよ」

〝子供たち〟護衛駆逐艦群は対潜用に大量生産された小型低速の応急艦である。しかし、いかに戦力的に劣ろうとも、闘志においてはおくれをとらじと、四隻は勇敢に日本重巡艦隊に挑戦してきた。煙幕によって身を隠して前進し、S・B・ロバーツ、デニス、レイモンドの三隻は自分で目標をさだめそれぞれ魚雷三本を発射した。J・C・バトラーは雷撃のチャンスがつかめず、砲戦によって日本艦隊の行く手をさえぎろうとした。そして各艦は攻撃を終えるといっせいに南西に針路を変えて、身を隠そうとしたが、無事に逃げられなかった。たちまち左右から砲弾がなだれのようにかれらを包みこんだ。レイモンドとバトラーはどうやら生き残りそうであるが、デニスは砲塔をぜんぶ粉砕され、ロバーツは焔と黒煙に包まれ、ほとんど停止状態となって海上に打ち伏した。

「一寸先の見えないものすごいスコールを抜けた。パッと視野のひらけた眼の前に、艦首を海中に突っ込んで完全停止している敵空母がいた」と、羽黒の甲板士官・長谷川少尉の記憶はあざやかである。右五〇度近距離に空母は黒煙を上げていた。そこまで羽黒は突っ込んでいた。艦長・杉浦嘉十大佐は獰猛、勇敢そしてタフであった。突撃の初めごろ、敵機の攻撃にいちいち回避をしていたが、のちにはまったく敵機にかまわず、駆逐艦そして、空母に砲撃をつづけながら、ただ直進することを下令した。羽黒は、敵空母の生存者が漂流している海面を、一直線に疾駆した。これほど痛快きわまる突進はなかった。漂流者は羽黒のたてる艦首波の内側で、声をかぎりに叫び手をふっていた。救助を求めているようにも思え、降伏を叫んでいるようにもみえる狂態ぶりに、少尉は〝勝者の喜び〟を感じた。砲撃、雷撃、爆撃とほしいままの戦闘をつづけてきた敵兵がいま溺れようとしているのである。それだけに、海に浮かぶかれらに向かい、兵隊たちは空になった薬莢をなげつけた。これまで徹底的にうちのめされたことにたいする憤りの爆発である。水兵たちは空薬莢をつかみとって叫んだ。

「これでもくらえッ。ざまァみろ」

午前八時を回ったか、と思われたときであった。上空に急降下爆撃機を発見、と、瞬時にして羽黒は直撃弾を二番砲塔の直上に受け、天蓋を大音響とともに吹き飛ばし、ぽっかりと口をあけた内部からは濛々として黒煙が立ち昇った。艦橋にある男たちの耳には、いつまでもすさまじい大音響が聞こえているようであった。その、痛いような耳鳴りとともに、将兵は顔の色までを失った。砲塔底部の火薬庫の誘爆を恐れたのである。

「甲板士官、注水」という号令を聞いて、上甲板にいた長谷川少尉はわれにかえった。戦闘配置における甲板士官の任務は応急係である。少尉は部下とともに注水ホースをかかえ火焔の噴出している砲塔へ駈け昇った。

　砲塔の内部は鋼鉄の廃墟にひとしかった。すさまじい爆発の灼熱で、内部の構造は黒こげになっている。なお、噴煙と鉄をも溶かす火焔とが熱風をともなってふき出ている。その地獄の釜そのままの、赤く染まった、深い、燃えている穴の底に、戦闘配置のままの姿で黒こげになった十四、五人の下士官兵を、長谷川少尉らはみとめて思わず息をのみ、棒のように立ちすくんだ。死神はかれらに少しもやさしくはなかった。

　しかも、考えられないような現実を、長谷川少尉はみとめたのである。砲塔底部の火薬庫の誘爆をとめるべく、一人の下士官の死体が、しっかりと弾火薬庫緊急の注水弁をにぎって、その上に伏していた。弁が動いたのか、どうか。間違いなく、火薬庫は水でうめられていた。爆撃を受け、一瞬にして鉄の棺と化した砲塔の中で、黒焦げの下士官が、生ける屍(しかばね)となって這いよって、弁を回すことが可能なのだろうか。すでに死んでいる肉体が、ただ旺盛な責任感に動かされ、弁を動かしたとみるほかはない。大爆発も、大火傷も、かれの魂までも奪うことはできなかったのか。

一個人の責任感が、だれの命令も受けずに、自分の生命とひきかえに艦を守り抜いたのである。戦場では、死神はとほうもない残虐さをもって人間の尊厳を叩きつぶしてきた。しかし、その死神すらも、ついに、一人の男の責任感の前には敗北せざるを得なかったのか。

少尉の心の激痛と逡巡を無視するかのように、ホースの口からはすごい圧力をともなって水がほとばしった。底でうごめく将兵の最後の生命の灯を消し去り、それを奪うことになる。少尉は眼をつむった。注水弁をしっかりにぎって、死せる下士官、うめく黒焦げの兵、それらを無視して、ホースの筒先を火を噴く破孔に向けた。火を消すのではない。そこになにものも存在しないかのように、二番砲塔を完全に水槽にしてしまうまで、放水をつづける。それが任務というものである。戦争のきびしい現実なのである。

長谷川少尉は、このとき、なんの脈絡もなく、全身火傷の身に鞭うって弾火薬庫緊急注水弁にとりついたものが、二番砲塔先任下士官の本多という上等兵曹であったと、その名前を不意に思い出した。

こうした戦争の悲惨、人間の力を超えたような努力、悲しいまでに任務に忠実たらんとする意志を、別の海域でも見ることができる。いや、間もなく見られようとしている。そのために視点をずっと北に移してみなければならない。その朝のエンガノ岬沖は、ルソン島沖のスコールまじりの悪天候と異なり、快晴、北東の風がわずかにそよぎ、水平線に千切れ雲が一つ二つ浮くだけ、すばらしい天候に恵まれていた。空母瑞鳳(ずいほう)の通信士・阿部少尉は自分がやられることを知りつつも「絶好の空襲日和だな」と思わず口に出してつぶやいた。戦闘配食の梅ボシ入りのにぎりめしに、みそ汁とつけ物が、空襲を覚悟して空を見上げて立つ将兵をすっかり元気にしていた。早朝から、アメリカ空母機三機によって小沢艦隊は発見され触接されていたから、文句なしに今日は敵の大編隊が上空に殺到することであろう。それは待ちに待った死戦なのかも知れない。阿部少尉は今日が俺の命日だなと平然として死を受け止め通信室に入ると、自分の部署についた。

小沢艦隊十五隻の各艦の艦上には、緑色の軍装にゲートル巻き、鉄かぶとをかぶった機銃員たちが勢ぞろいし、戦闘準備をととのえている。七時十二分の敵索敵機発見は、戦争開始いらい、いくたびか戦われたこれまでの空母決戦に比べてみると、あまりにも早い出現である。小沢司令部はもう十分に敵の手のうちを知りつくし、アメリカ機動部隊が慣例的に払暁(ふつぎょう)の捜索飛行を実施することを承知していたから、この海域で、これほど早く敵艦載機を発見したことで、敵機動部隊とは一〇〇浬(かいり)も離れてはいない、と判断した。この日早朝、小沢中将は、保有している飛行機わずか二十九機のうち十九機の零戦(ゼロ)をのぞき、他の雷爆撃機を全部フィリピンの陸上基地に飛ばしていた。全滅必敗の空母と行をともにするよりも、再度の奮戦が航空部隊には期待されているからである。こうしてすべての迎撃準備をととのえ、そして敵に発見された後に、小沢艦隊はこの日までつづけてきた南下を中止し、針路三〇度で北上を開始した。敵機動部隊を上へ上へとつり上げる。二四ノットである。

まず小沢中将は、〝おとり作戦〟の成功のよろこびを伝える第一報を全艦隊に送った。

「敵艦上機ノ触接ヲ受ケツツアリ」

たらした糸に、待望久しき大魚がものの見事にかかったのである。高価な血の犠牲だが、小沢中将はそれを待ちのぞんでいた。小沢本隊第一群は瑞鶴(ずいかく)、瑞鳳をはさんで伊勢、大淀、初月、若月、秋月、桑の輪型陣。松田支隊の第二群は千代田、千歳をかこんで日向、五十鈴、多摩、霜月、槇が直衛した。二部隊間の距離八キロ。いよいよ戦闘開始。瑞鶴のアイランド型の艦橋上には戦闘旗と中将旗が風に翩翻(へんぽん)とひるがえっている。

敵編隊発見は、南に位置する第二群の方がわずかに早かった。南のサマール島沖で、大和が魚雷五本にかこまれて敵方向に艦尾を向け、予期せざる後進をつづけていたころの、八時わずかに前の時刻である。日向は「二〇〇度ノ方向ニ敵大編隊探知」の旗旒信号をかかげた。ただちに全軍に報告され、迎撃のため零戦七機が勇躍して飛び立った。いずれ運命をともにするであろうことを確信しつつ、将兵は歓呼をもってこれを送った。千歳の甲板より最後の一機が飛び立とうとするとき、艦長付の岩松少尉の隣にいた信号兵が「旗艦にZ旗が上がりました」と報告した。開戦いらい三たび上がった精神結合の旗じるし。「皇国の興廃この一戦にあり……」をあらわす旗旒信号ではあったが、将兵はこれを仰ぎ、かれらの奮励努力がいかに国運を左右するかを知って奮いたった。岩松少尉の背筋にはきびしいものが走っていた（第二波攻撃のときさらに零戦十一機が迎え撃った）。

軽巡五十鈴の航海士・竹下少尉は、戦闘を迎えるこの一瞬、初陣のあ号作戦での、翔鶴艦上のできごとを再び思い出していた。あっという間に九名の同期生を失った悲惨な戦闘に、自分がなぜ生きのびたかわからない。確かに、かれは死ななかった。いや、死ななかった。死ななかったがために、生きて再び戦わねばならない。戦争の中での生とは、死の反語でなく、死が訪れるまでのつかの間の時間なのであろう。そう思うことで、竹下少尉はクソ度胸のようなものが自分の心のうちに、いつかすわっていることに気づくのである。

八時十七分、敵機動部隊よりの第一波百八十機が二手に、第一群に百十機、残りは第二群へとわかれ、小沢艦隊上空に達した。そこに直衛の零戦隊が自刃をひるがえして殴り込んだ。星のマークのついた雷撃機が一機火を噴いて墜落、数機が傷ついて抱いていた魚雷を放りなげ避退した。空中の勝負はそこまでである。やがて大空は星のマークにおおわれた。瞬時をおかず日本艦隊よりの対空砲撃が開始される。敵機の姿を明確にとらえていながら、砲撃を開始するまでの長い空白な時間。それは将兵にとって、はげしい興奮と、そのくせ下半身がしびれ、足のつけ根から力が抜けていくように感じられる奇妙な時間なのである。瑞鶴の高角砲指揮官・峯少尉はそうした頼りなさの中にあって、ふと自分がこれから戦おうとしているのが、現実のことではなく、夢の中のことかも知れないと思った。幻想ともつかず現実とも思えぬ奇妙な意識の混淆（こんこう）である。ただ、次第に激しくなるおのれの鼓動を意識することで、死と隣り合わせた間違いのない現実であることに、少尉は気づくのである。

しかし、「撃ち方始め」の号令がかかり、静穏な海上は転瞬にして戦場となったとき、将兵のもつもやもやしたものは吹き飛んでいる。色とりどりの曳光弾、着色弾が炸裂(さくれつ)し、コバルト色に澄んだ空は不吉なうす暗さにおおわれた。艦隊はジグザグの回避動作によって、爆弾や魚雷をかわした。しかし、敵機は数えきれぬほど多数であり、急降下爆撃機も雷撃機もあらゆる種類の降下を演じ、一気に艦隊に殺到してきた。第二群では被害が続出した。千代田は至近弾を受け損傷、多摩は魚雷一本をまともに食い落伍した。第一群でも秋月が沈没した。大淀の航海士・森脇少尉は左三〇度に黒煙に包まれた秋月を見たように思えた。黒煙が消えたとき、しかし、艦らしいものはそこになかった。確かに〝見た〟と思ったのは錯覚であっただろうかと、少尉が思うほどに、秋月の最後はあっけなくも、はかなかった。魚雷を受けて瑞鶴も艦尾の一部を吹き飛ばし、操舵の自由を失い、手動機によって舵をとらざるを得なくなった。

「艦長、舵故障です」「艦長、機関室に浸水しました」の報告が、矢継ぎ早に瑞鶴の艦橋にとどけられる。すばやく命令がこだました。「F一旒(いちりゅう)あげぃ」「D(デッキ)一旒あげぃ」。Fとはわれ舵故障、Dは機関故障を意味する。さらに指令がとび交った。「復旧いそげ」と。

電灯のすべて消滅した艦橋で、航海士・近松少尉は、下甲板の暗闇の中で復旧に専念する兵、防水消火に努力する兵の姿を思い描いた。栄光の空母の生存はかれらの真摯（しんし）な奮闘に賭けられていると思う。しかし、それにしても長い、気の遠くなるほど長い時間だと近松少尉には感ぜられる。五分が一時間にも二時間にも思われてくる……。

しかし、兵たちは見事に義務を果たした。舵と機械の故障を直し、艦の傾斜も九度に復元した。

「速力二一ノット全力」

三四ノットの速力をもつ瑞鶴も、二一ノットが全速力となった。しかし、この報告が喜びでなくてなんであろうと、若い近松少尉は納得する。たとえ遅くとも、戦場において、瑞鶴は自力で動ける。それは瑞鶴が自分の手でしっかりと自分の運命をとりもどしたということなのである。

中でもいちばん手ひどい被害を受けたのは第二群の千歳であった。この日の米軍の攻撃は敢闘精神旺盛であり、作戦的にも巧妙で攻撃のたびに空母一隻ずつに主攻撃をかけ、各個撃破をこころみているように見えた。第一次攻撃の主目標が千歳。岩松少尉は、あ号作戦のときとくらべ、敵の爆弾の爆破力が数等よくなっているのに気づいた。着弾した瞬間に爆発したのがあ号作戦時の爆弾であったのに、こんどの場合は明らかに遅動信管になっていると、少尉は戦いながら思った。すぐには爆発せず一、二秒たってから爆発するものが多く、そのため甲板上ではなく艦内に達してから破裂し、艦を内部から打ちくだいた。

八時三十分ごろ、左舷前部甲板に受けた直撃弾が、このため千歳の致命傷となった。一万二〇〇〇トンの軽空母はゆっくりと左に傾き吃水線下の赤腹を見せた。艦橋はあせりの色を濃くした。ただちに開始した消火も思うにまかせず、火焔が艦内のガソリンに引火し、内部で一室一室とその火勢をひろげていく様子が、手に取るように察せられた。岩松少尉は艦長の後ろに立って、死力をつくしている応急消火班の活躍を見ていた。その間にも敵機の攻撃があり、大回頭がつづけられた。そうした合戦のさなかに、少尉の肩をそっと叩くものがいた。水中聴音室にいた同期生の岡達少尉が艦橋にその姿を見せ、そしてニーッと笑い、少尉にいった。

「この世での付き合いも終わりだな。あの世でもよろしく頼みます」と。

きびしい戦争の現実がそこにある。間違いもなく、この世での友情は艦とともに消え去るであろう。岡少尉が去ったあとしばらく艦橋にいたもう一人の少尉、予備学生出身の水野弥三通信士が「もうだめだな」とかれに眼で伝えて、電信室へ降りていく。その後ろ姿を見ながら、岩松少尉は、そうだ死ぬ前に、この世にし残したなにか大事なことはないだろうかと、妙な考えにとりつかれた。二十歳の生涯で満足して死にきれるか。残したことはたくさんあるようでもあり、ないようでもある。

結局、一つのことしか思いうかばなかった。さびしく笑う許婚者（いいなずけ）の顔であった。

小沢艦隊とハルゼイ艦隊との、第一回の火花を散らせた太刀合わせは終わった。小沢中将に秋月を失い、千歳と多摩が大破、そのほかの艦も損傷を受けていたが、小沢中将に敗北感など微塵（みじん）もない。全滅するまで戦うのみ。破損した艦、それを護る駆逐艦と、広い海になおも北進を命じた。しかし、小沢には一つの不運があった。それは、ハルゼイ大将が手にし得た戦果が、かならずしも、艦船の撃破撃沈だけではなかったということである。瑞鶴の通信設備を破壊するという付録までをかれは獲得していた。このため、小沢長官が発しようとした「敵艦隊ハ北方ニ誘致サレ、敵艦上機八十機来襲、ワレト交戦中ナリ、地点……」という全艦隊あての電報はついに発せられなかったようなのである。

ともあれ多大の損害をこうむりながらも、小沢艦隊の〝おとり作戦〟は完全な成功をおさめつつあった。全能の神があれば、時を同じくして、二つの場所で――つまりエンガノ岬沖では凄惨な敗北の戦いを、そしてサマール沖では勝利の戦いを、日本艦隊が戦っている様を鳥瞰（ちょうかん）して見ることができたであろう。なるほど、この間に緊密なるコミュニケーションはなかった。結果論でいえば完全な成功とはいえなかったにせよ、艦隊の全滅を期してうった大賭博ともいうべき捷一号作戦は、その時点では見事に図に当たり、太平洋全般の戦局を一挙に転換し得るかも知れない最後のチャンスが、連合艦隊にめぐってきていることは確かである。

なぜなら、サマール島沖では突進がつづき、敵艦隊は全滅に瀕していたからである。しかもレイテ湾はもう眼の前にある。しかも、利根、筑摩、砲塔の損傷を治癒した羽黒、鳥海と金剛は完全に敵を追いつめた。榛名は南東方に敵空母群（スタンプ少将指揮の二番隊）を新しく発見し、艦首をその方に向け主砲の狙いを新目標にぴたりとつけながら進撃をはじめていた。南方の、遁走をつづける敵の空母群はすべてに命中弾を受け、火を発した。煙幕、スコール、勇敢な駆逐艦の突進、さらに飛行機の決死の雷爆撃も、これらジープ空母の生命を救いそうにもなかった。

ファンショウ・ベイは直撃弾五と至近弾一を受け、穴だらけになって火焔を高く上げていた。カリニン・ベイは被弾十五発。ホワイト・プレーンとキトカン・ベイは二発の命中を受け、甲板はめくり上がり使いものにならなくなる。被害のいちばん惨憺たるものはガンビア・ベイである。直撃一、至近弾一で機関室をやられたのが致命傷になった。缶に水が入り速力が落ち、隊列から落伍した。護ってくれるものとてない。そこに日本の重巡艦隊や水雷戦隊が猛然と突っ込み、集中砲火を浴びせたのである。

もっとも矢矧の大坪少尉が初めて見参した敵は、煙幕の中に見え隠れしながら発砲する駆逐艦ジョンストンであったようである。チェロキー族の艦長は負傷はしたが、いぜん健在で、よろよろとしながらも果敢な攻撃を挑んだ。矢矧はただちに後続する駆逐艦に砲撃を命令、浦風、雪風、磯風、野分は即座に勇敢な駆逐艦の挑戦に応じた。一斉射、二斉射……。四方からインディアンの襲撃を受けたホロ馬車さながらに、ジョンストンは砲弾の矢を浴びて叩きのめされ、攻撃力を奪われた。大坪少尉は、黒煙をあげ停止したその艦影を双眼鏡の視野の中におさめた。ボートが舷側より降ろされようとしている。不気味な震動をつづける艦上での作業は困難をきわめているように見えた。敵の将兵の姿もいくつか散見されたが、かれらは敗残者そのものによろめき、傷つき、あわてふためいてボートにのがれようとしていた。

ジョンストンは停止し、代わってヒアーマンが日本駆逐艦にレーダー射撃で激しく突っかかってきた。勝ち戦に勇みたつ磯風の越智少尉が眼にしたのは、瞬時にしてこの勇敢な駆逐艦が艦橋を吹っ飛ばされて立ち往生してしまったあとの瓦礫(がれき)のような姿であった。水兵が右往左往している様が肉眼で見えるほど近くまで、第十戦隊は近接し、空母への突進をつづけた。たけり狂った攻撃がつづいたあとで、磯風の将兵には大いなる喜びがやってきた。敵の水兵が次々と狂奔する海中に飛び込んでいる。かれらは銃砲をもって戦う海の戦士ではなく、砲弾銃弾の飛び交う海面で、奇妙なぐあいにおき捨てにされ、水と戯れている男たちのようにも、越智少尉には思えるのである。

大坪少尉にも越智少尉にも、戦場において日本艦隊がどのように布陣され、戦闘がどのように展開しているのか、知る術もなく、知る必要もなかった。そのときそのときに眼前に突発する事態に即応していくだけであったから、漠然とではあったが、これはわが軍が勝っているぞという実感がひしひしと身にせまっている。はかなき抵抗をこころみる駆逐艦をノック・アウトしたし、また、沈みかかっている空母が手のとどきそうな範囲のうちでよろめいているのである。しかもわれとわが身にはさしたる損傷もない。これが勝利でなくてなんであろう。

強者弱者の比較でいえば日本艦隊は強者であり、アメリカ艦隊はこのとき弱者であった。そして強者のうちでも巡洋艦戦隊が米空母に近接していたから、米機の攻撃は、当然のことのように、巡洋艦戦隊に集中してきた。飛行機は決して弱者ではなかった。魚雷も爆弾も使い果たすと、機銃で戦い、この機銃掃射はかなり日本艦隊を痛めつけた。なによりも人間に死傷者が続出した。そして機銃弾も底をつくと、素手で戦うのであるかのように低空に機を滑空させ、かれらは雷撃せんとするかのように低空に機を滑空させ、そして日本の巡洋艦の進路を空母の遁走コースからなんとかそらそうとする。かれらにとっても苦しい戦いであった。飛行機は自分の所属などかまわず、一番隊、二番隊の空いている空母の甲板に着艦、弾丸と燃料を補充すると、また攻撃に立ち向かった。

この空からの熊ん蜂のような執拗な攻撃と、スコールはあり、砲煙や煙幕で視界がより悪くなった海面で、砲撃はあと一押しで命中弾というときにそらされ、回頭している間にスコールで敵艦を見失うという困難さに、日本の重巡戦隊はしばしば見舞われた。だが、なおも突進をつづけた。そして西側よりは水雷戦隊がきびしく迫っていた。それにしても空母潰滅は時間の問題である。相接近した敵味方のだれの眼にもそれは明らかなことと思えた。

T・スプレイグ少将の護衛空母群はすでに百機以上の飛行機を失った。駆逐艦一隻はすでに沈んだ。駆逐艦一、護衛駆逐艦一、空母一が沈もうとしていた。ほかにも空母四、駆逐艦一、護衛駆逐艦一が大破、炎上するか黒煙を噴出して海上を漂流していた。空母キトカン・ベイの砲術士官が自嘲するかのようにいった。

「もう少しなんだ。諸君よ。おれたちは、強力この上ない敵を四〇ミリ砲の射程内にうまくおびきよせているんだ」と。

確かにサマール島沖の状況はアメリカ海軍にとっては最悪である。しかし、はるか北方海上にエンガノ岬沖にあったハルゼイ大将は、そのような状況はおよそ理解のできぬ、考えようにも考えのおよばぬことである。大将坐乗のニュージャージーを中心とする戦艦部隊・第三十四任務部隊は、機動群よりもずっと北方に前進し、その巨砲のもとに日本の機動部隊を撃ちすえんと、二〇ノットで間を縮めようと必死になっている。大将は、小沢艦隊をば今日こそ完膚なきまでに潰滅させる決意を一層強く固めた。一方、休養を取り消され、戦場に向かいつつ、二六〇浬かなたの海上で洋上燃料補給にかかっていたマッケーン中将指揮の機動第一群には、早く合流して敵機動部隊を攻撃せよ、という督促電が飛んだ。かれらは四つに分かれた機動群のうち最強とうたわれていた。ハルゼイ大将の勇みぶりが察せられる。

こうして、ただ攻撃あるのみと熱中しているただなかに、ハルゼイ大将の頭を冷やすような第七艦隊よりの緊急報が作戦室に届けられてきたのである。第一次攻撃隊が小沢艦隊の各艦を痛めつけ、防空駆逐艦秋月を轟沈させた直後、午前八時二十五分のこと。

「敵戦艦、巡洋艦隊わが護衛空母群を攻撃中」

作戦室は電報の真実性を疑った。が、さらに、八分後、レイテ湾上のキンケイド中将が先に拝むようにして打った第二報が大将の手に届けられた。

「高速戦艦を即刻サマール島沖に必要とす」

作戦室は動揺した。しかし、どんなに必要といわれようと、高速戦艦部隊はレイテ湾から三五〇浬以上も離れた北方に占位、敵機動部隊を攻撃中なのである。ハルゼイ大将は二通の電報を手にして困惑を深めた。電報は二本とも、不用意にか、レイテ湾へ向かっているらしい日本艦隊の陣容について、触れるところがまったくない。ハルゼイ大将には、サン・ベルナルジノ海峡を越えて太平洋に出てきたところで、中央の日本艦隊は昨日の攻撃で徹底的に痛めつけられ破壊された艦隊にすぎない、という確信が底にあった。

情報の不確実さと強い確信、さらに拍車をかけるようにして小沢艦隊に向かった第一次攻撃隊よりの戦果報告が、このころから続々と作戦室に入りはじめている。後方のミッチャー中将総指揮の第二、第三、第四機動群からは第二次攻撃隊発進（午前八時三十五分）の信号も送られてくる。ハルゼイ大将には、いまさら攻撃を続行するのに躊躇しなければならない理由など一つもなかった。生来の闘志だけがぐいぐいと頭をもたげてくる。いま、ここで兵力を二分させることは兵理の上からも当を得ていない。大将はレイテ湾沖の第七艦隊の悲鳴を無視し、高速戦艦部隊各艦へ命令を通報した。「二五ノットにてただ敵に近接せよ」と。かれの敵は、南になん

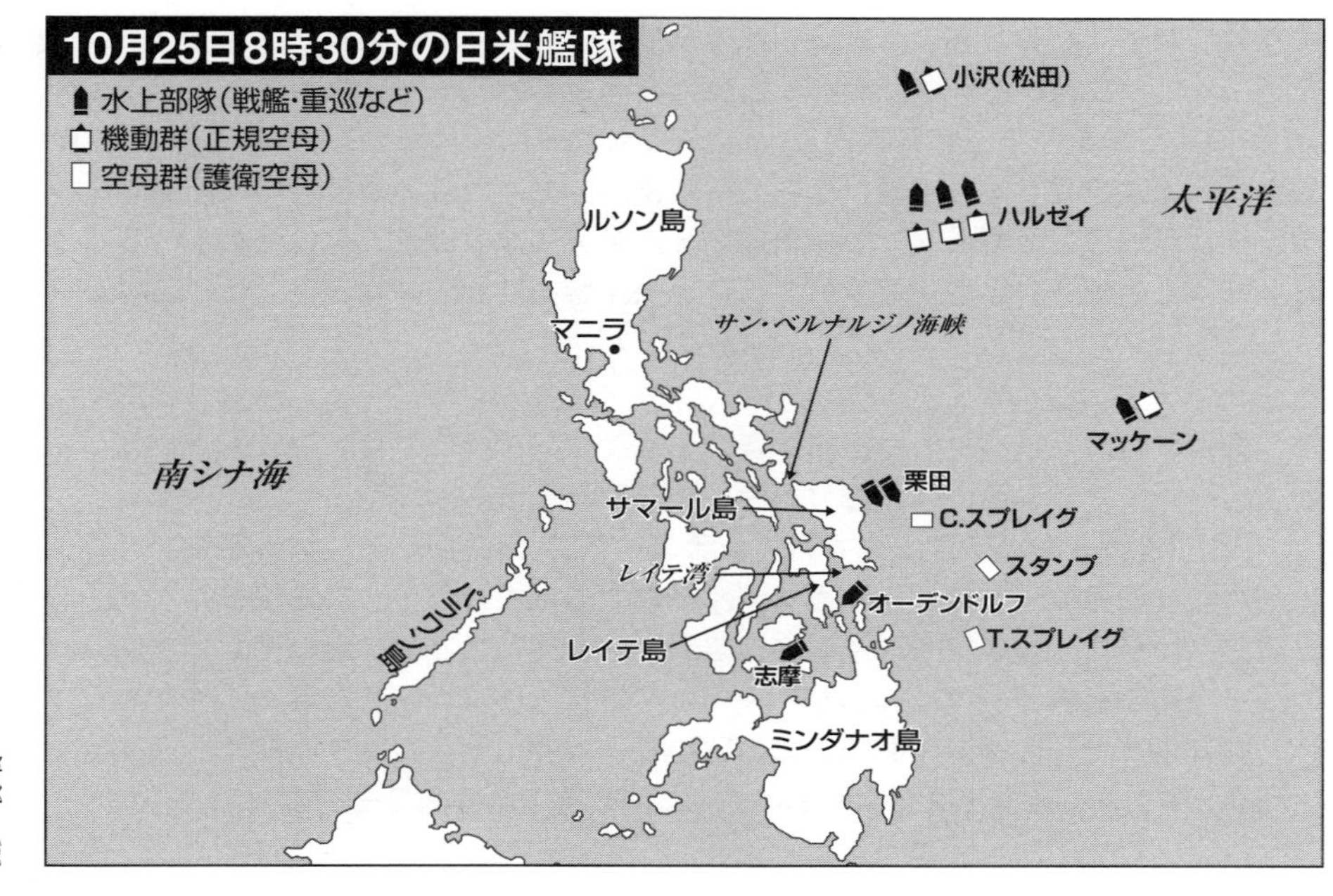
10月25日8時30分の日米艦隊
水上部隊（戦艦・重巡など）
機動群（正規空母）
空母群（護衛空母）
小沢（松田）
ハルゼイ
太平洋
ルソン島
マニラ
サン・ベルナルジノ海峡
マッケーン
南シナ海
栗田
サマール島
C.スプレイグ
スタンプ
レイテ湾
パラワン島
オーデンドルフ
T.スプレイグ
レイテ島
志摩
ミンダナオ島

かいない、北にいるのみ！

そして、洋上補給中の機動第一群のマッケーン中将に、先の合流命令を取り消し、全速力にて針路を南西にとり、サマール島沖の日本艦隊を攻撃せよと大将は指示した。それも、可能なかぎり早くである。マッケーン隊はただちに補給作業を中止した。猛然と進撃を開始したが、サマール島沖ははるか水平線の彼方にあり、全速力で走り、攻撃圏内に入るやすぐに飛行機を発進させたとしても、敵艦隊上空までは三時間余を要するであろう。それが、〝可能なかぎり〟の限度であった。

ハルゼイ大将は、キンケイド中将に「マッケーン隊をさし向けたから」とにべもない返事を送ったきり、口をとざした。かれは熱狂的な、あくまで主観的な戦いだけを戦っていた。

敵将同士が、この行き違った、非能率的な、いささか主観的にすぎるやりとりのつづいている間こそ、栗田の乗ずべき最大好機があった。完勝をこの手でつかみ取るべき絶好のときである。しかし、追撃開始いらい二時間の長い時の刻みに、戦場を、疲労というより、奇妙な倦怠(けんたい)がおおいはじめた。戦闘は放物線を描いて転変する。その戦いの流れがいつか栗田艦隊に下降線を描いて逆流しはじめていたのか。あるいはまた、戦いの論理のなかにある奇妙なもの、つまり一瞬のゆるみが裏目となりツキが相手に回るといった偶然が支配しはじめたのか。日本海軍は一度は勝利を掌中にしながら、これを少しずつこぼしはじめた。

　砲戦をはじめたときから、不運の影がつきまとっていないでもない。白く光る命中の閃光を敵の艦体にみとめていながら、それは火柱も上げず爆発もしなかった。ぺらぺらの駆逐艦や商船であるならば、あるいは、と首脳は考えたであろうが、正規空母がなぜ爆発を起こさないのか、とまどわざるを得ない。栗田艦隊の将兵のだれもが敵を正規空母群と思い込んでいた。

　一歩しりぞいた冷静な判断を戦場において求めるのは、所詮、無理なことであったとしても、それなら一歩踏み込んで考えたらの悔いは残る。まして、スコールで見失ってからは敵空母を二度と見ることのなかった大和、長門は別としても、重巡戦隊や金剛はすでに一万数千メートルにまで敵を追い込んでいた。三万トン級の正規空母と、一万トンの商船改造空母との判別が、少しでも冷静であれば、容易についたのではなかったか。いや、歴史に〝もし〟は許されない。

　蜂の巣になったガンビア・ベイは、命中十二弾目を機関室に受けついに停止した。着色弾のために大きく染めあげられた海面で、傾いた空母からは、乗組員が盆から豆がころげるようにこぼれていた。水中にあるかれらは虚脱したまなざしで、大きなうねりを作って通りすぎていく堂々の日本艦隊を見まもった。八時五十分、空母はついに総員退艦命令を発した。

不運はこの後に、突如として、日本の重巡戦隊を襲うのである。ガンビア・ベイの艦長ヴィウェグ大佐が退艦命令を出したと同じ時刻、進撃中の鳥海は左舷中部に爆弾を受け旗旒信号を上げると、みるみる落伍した。さらに四分後、利根の後ろを走っていた筑摩も艦尾に被爆、舵がきかなくなったのか海上でゆるやかに円を描き出す。不関旗（運動の自由を失ったことを知らせる信号旗）一旒がマストにかかげられた。捨て身の空襲によるものであったという。スコールが敵機の加勢をし、上空の視界をさまたげていたために奇襲を避けられなかった。まして真一文字に突撃直進をしていたときでもあった。

それでもなお、栗田艦隊は優勢であった。第五戦隊の羽黒は妙高、鳥海を奪われ、第七戦隊の利根も、熊野をはじめ鈴谷、筑摩の落伍をみてともに単艦、しかしいぜんとして健在である。まったく無事な能代を先頭とする第二水雷戦隊、矢矧を先頭とする第十戦隊の駆逐艦群も元気いっぱいに敵を追っている。大きく外側を回ったため少し遅れたが、金剛はガンビア・ベイに最後のとどめを刺そうとした。榛名は、速力が遅かったばかりに偶然というか、南東一五浬を必死に遁走しようとする新しい敵空母群、すなわちスタンプ少将の二番隊を捕捉、突進しながら砲撃を開始していた。順調そのものである。少なくともすべての艦首は敵に向かっていた。

　東南進する榛名の判断は、追撃している南のC・スプレイグ少将の三番隊は、重巡戦隊にまかせて大丈夫というものである。榛名の着色弾は黄色の水柱を上げた。その水柱は次第に空母の甲板に近よりはじめた。スタンプ少将は狼狽した。C・スプレイグ隊を救おうとするあまり、敵に近づきすぎたことを悔いた。あわてて上空にある自軍の攻撃機に通報する。「われを砲撃中の戦艦をねらえ。われを砲撃中の……」。天は自ら助くるものを助くというのか。


　忘れてはならない戦闘がこの時点に、もう一つの海域で戦われていた。激闘はエンガノ岬沖とサマール島沖だけで行われているのではなかった。無事にスリガオ海峡を抜け出し、ミンダナオ海に入った志摩艦隊上空でも、このとき、必死の海空戦が行われていたのである。敵機は、栗田艦隊がサマール島沖で護衛空母三番隊と遭遇する直前に、T・スプレイグ少将の一番隊より発進した四十数機の攻撃隊である。志摩艦隊は、三つの小グループに分かれ、この敵を迎え撃った。那智、足柄、霞、不知火の主力と、大破した最上と護衛する曙、同じく損傷を受けた阿武隈を護衛する潮の二つの支隊が、互いに視認できる海域で空襲を迎えたのである。

　攻撃は小沢艦隊が受けているような第一波、第二波といった劃然（かくぜん）としたものではなかった。むしろ散発的であったが、絶えまなく攻撃をつづけ執拗きわまりなかった。霞の機銃群指揮官・加藤少尉は、いまこそ内海西部で受けた猛訓練の成果を発揮すべきとし、むしろはやる心が先立って、恐怖や戦慄(せんりつ)を忘れさせた。それだけに、最初に見参した敵艦爆が、高空から投弾するとあっさりと立ち去ったときには、あっけにとられた。お義理な攻撃でいちいち神経をおびやかされるのはたまらないと思い、無性に腹を立てた。

志摩艦隊のもともとの任務は、空母護衛であった。日本内地で、かれらが主にしてきたのは敵機にたいする迎撃訓練である。港湾夜襲は一回の訓練もなく闇雲に決行され、結果的には退却したが、いま明るい日射しの下で敵機を迎えることには、緊張感とともに、訓練どおりに実施すればよいとする一種の気安さがあった。だから、那智の機銃群指揮官・駲田少尉に心配があったとすれば、最上と衝突したために受けた艦首の損傷が果たして戦闘に差し支えないか、ということにつきた。しかし、那智は攻撃を受けるや、二八ノットの高速を出して応戦することが可能であった。少尉は楽観するとともに、部下たちにも希望をもってよいぞと激励することを忘れなかった。空襲がたび重なるにつれ、戦いに馴(な)れ図々しくなっていった少尉は、また来たか、と気軽に戦闘服を着ずに飛び出すまでになるのである。

もっとも、敵機の攻撃がいつも生ぬるかったわけではない。勇敢に堅陣の乱れをついて突入してくるものもあった。足柄の機銃群指揮官・安部少尉が、深く印象に刻みこまれて見たものは、右正横から忍びよる雷撃機で、一番機、二番機が見事な連繋（れんけい）を組んで攻撃してきた。飛行機は投弾するまでは一直線に進むから、機銃群はそこを狙い撃ちした。一瞬、二瞬の息づまる勝負、右舷機銃群の猛射を浴び、一番機はさあーと長く火を噴いた、と見る間に、きらりと魚雷が投下される。足柄は面舵転舵で艦体をきしませながら、魚雷方向に首向する。機銃台が大きく振られて狙いが定まらない。これに二番機が魚雷を撃ち込んでくる。その勇敢さに少尉は舌を巻いた。やられる！　と思った。よし死んでやるぞ、足柄が俺の棺桶だ、豪華じゃないかと、少尉は若い精神力で、死を恐ろしくないものとわれとわが身に思い込ませる。しかし、足柄も少尉も死ななかった。大きく傾斜し横波を受けて回頭、ローリングする足柄の艦腹をこするように、銀鼠色の棒が突っ走っていく。

攻撃は八時過ぎよりはじめられ、九時近くまで間断なくつづけられた。この間にも、那智艦橋の志摩司令部には、大和の栗田司令部が発する敵機動部隊と会敵し「空母一隻轟沈」さらにまた重巡一隻撃沈という快報が、つづいておどり込んできた。

志摩艦隊には反転、レイテ湾を背後からねらう好個のチャンスがあった。結果論でいえば、それを摑むべきではなかったか。事実、志摩中将は迷った。が、煮えきらないというか、ふっきれない戦闘を主将は出撃いらい戦わされてきた。栗田艦隊と呼応しながら、所属は南西方面艦隊の指揮下にあった。協同すべきほかの部隊とはずっと無縁の存在であり、命令はどこからもこなかった。

那智の艦橋には重い空気がよどんだ。時計は八時四十五分を指している。すでに、一時間に近いが、空襲はなおもつづきそうである。いままでのところ、味方にさしたる損傷はないとはいえ、戦力の乏しい艦隊はやがては敵の好餌となるであろうと、思う間もなく、またしても敵編隊が発見され、戦闘配置のブザーが鳴った。敵の制空圏下、退避できる前進基地はかなたにあり、重苦しい空気は悲壮感に変じようとする。そのときであった。突然、那智の張りつめた艦橋のスピーカーが、英語で、

「母艦が攻撃されているから直ちに帰投せよ」

という放送を流したのは。主将をはじめ艦橋にあった将兵は、敵信の傍受がそのまま生で流れたのだろうと思った。志摩司令部敵信班にいたハワイ生まれの二世の予備士官・亀田重雄少尉が、得意の英語をつかい、敵の電波に合わせて打ったニセの電信であることに気づくものはだれもいなかった。気づかなかったのは敵編隊も

また同様である。かれらは攻撃を中止、たちまち東へ消え去った。巧みな、というよりも、あまりにできすぎた偽電であった。ともあれ、志摩本隊は幸運であった。これを最後に、再び敵影を見ることがなかったのである。

ミンダナオ海全体にこうした幸運がつづいているわけではなかった。かつてミッドウェイ海戦で三隈と衝突し、いままた夜のスリガオ海峡で那智と衝突、勇戦も空しく後退をつづけてきた最上には、最後まで不運がつきまとっていた。夜陰ではそれと察せられなかったが、白日の下にさらされた最上の惨状は、志摩艦隊将兵の胸を強く衝撃した。左へ傾斜し、艦橋はふっ飛び、上甲板の主砲の砲塔は叩きつぶされ、わずかに残った砲身はばらばらの方向を向いていた。鉄屑の山から苦悶の手が突きだし虚空をつかんでいるようであった。塗料が焼け落ち、赤茶けた鉄板がむき出しになっている。そして、甲板や砲座付近には戦死者がおり重なるように伏し、かれらの服がどす黒く染まって見えるのは、血痕であろう。

遠くこれを望見した足柄の安部少尉が、これが戦争というものであり、敗北の実相であり、明日のわが身であると思い、いさぎよく死ぬことが必ずしもいさぎよさを意味しないと感じたのは、最上甲板上の死体の山を見た時である。誰のものともわからぬ手足が散乱している。そうした想いは、直衛の曙の石塚少尉には、より痛切であった。空襲は、その千切れた死体をさらに細かく砕くかのように、いままた最上を襲うのである。猛烈に抵抗する曙を無視し、反撃力を失っている最上に敵機は攻撃を集中した。悲惨は徹底されなければならないのか。強い衝撃の炸裂音が最上をゆるがした。再び火炎が前部砲塔と砕けた艦橋の間に発し、消火すべき最後の力を艦は失っているようであった。スピードはみるみる落ちた。弾薬庫に火が回り、誘爆の可能性は刻一刻に高まっている。周囲を回りながら、この上なお最上を救おうとすれば、曙が曳航していくよりほかに方法はないが、しかしそうしたところで、石塚少尉は、最上の最後はもう時間の問題だと考えられた。

加藤少尉が乗っている霞が本隊を離れ、救援におもむいてきたが、最上の惨状をみると、そのまま引き返していった。水平線の向こう側に志摩本隊が去り、那智の高い檣もすっかり地球の丸みの陰になった。大海に、ほとんど停止して炎上する最上と、周囲をぐるぐると走り回る曙だけが残された。万事は休したのである。石塚少尉は心細さを感じた。菊の紋章をいただく天皇の艦であろうと、これをもう一度生き返らせることは絶望的である。

曙に坐乗する第七駆逐隊司令・岩上大佐は、電信で、最後の断を志摩中将に要請した。これを受けた中将はやむなしとして、生存者を収容したのち魚雷をもって処分せよの命令を送った。曙はただちに最上の左舷に横づけしようとおもむろに歩み寄った。曙より、生存せる先任士官を手旗で尋ねる。

「艦長、副長戦死、砲術長・荒井少佐ガ先任ナリ」と最上は答える。曙はさらに手旗で信号を送った。「暗号書ノ処分遺憾ナキヲ期セヨ」。そして、二砲塔を取り払い水上機十一機を積めることにしてあった最上の後部に、曙はすうーと横づけした。道板が渡された。負傷者を先頭に、戦いに戦い、そしてわずかに生き残った将兵が移ってきた。

「ゆっくりと……」と石塚少尉は回想する。「ほんとうにゆっくりと、疲れ切って、弱々しい足どりで」生きている勇者わずか三十名余が移乗し、曙の甲板に立つと、決まって最上の方をふり返った。

　艦は、火を噴き、そして魚雷発射管付近からは白煙が一本立ち昇っている。

「うちの艦は、もう線香をあげている」

　一人の下士官が、ぽつんとそんなことをいった。

4

〈9時から10時〉

曙は最上から離れた。拭ったように美しく晴れた空……海。海面からの反射光がだれの眼にもまぶしく映った。駆逐艦は雷撃の絶好の射点につくため徐航し、ゆっくりと回頭する。艦橋に直撃を受け、通信科の将兵が全滅しているため暗号書の処分が不確実と判明したが、いまさら火の回った艦橋下の暗号室にもぐり込むのはできないことである。

曙の伝令が号笛（パイプ）を吹いて「いまより最上を処分する」と艦内をふれ回った。艦橋からてきぱきした号令で目標を指示された魚雷が、コバルト・ブルーの海に吸い込まれていった。ただの一発だけである。それは最上の中央に命中した。八五〇〇トンの艦は横転し、艦首より千尋の底に吸い込まれていこうとする。茫然と立った石塚少尉の心のうちには、最上のような勇敢な艦を自分の手で沈めなければならない無念さ、そして、魚雷一発で見事に沈めた曙の技術の優秀さを誇る気持、そうした矛盾する気持が複雑にまじり合って、空白の想いの中で渦をなしていた。悲しいのでも腹立たしいのでもない。いずれにせよもったいないと思うだけであった。

最上の艦尾が高く上がったとき、しかし、石塚少尉の視線は、懸命に、ありったけの力で回転をつづけているスクリューをとらえた。まだ生きている乗組員がいる、ということは鮮烈な想いであった。そして、艦が沈み大きな渦流が消えたとき、思いもかけず、重油の海面に三人の男が浮かび上がってきた。操艦していた少尉は思わず叫んだ。

「人がいます。救助します」

　曙はわずかに動きはじめている。艦長は「やむを得ん、そのまま出せ」と、暗い声でいった。危険な海域であった。制空権、制海権が敵の手にある海上で、小さな駆逐艦が長時間停止していることの危険は、だれもが骨身にしみていることである。しかし、石塚少尉は自分の生命とひきかえてもいいとする強い想いを、スクリューの最後の回転の中に感じた。沈みつつある艦がなお生きるのを止めないで鼓動していたのである。機関部にある兵は与えられた義務以上のことをやりとげていたのである。しかも、そのかれらが九死に一生をえて海面に浮いてきた。だれがだれに許されて、これを見殺しにすることができるというのか。

　艦が停止した。司令も艦長も黙っていた。舷側からはだれが命令したわけでもないのに縄梯子が降ろされた。早くこい、ここだ、元気をだせ、待っていてやるぞ……まだ朝のすがすがしさの残っている海面で、駆逐艦の、戦い疲れて眼をくぼませた乗組員が口々に叫んだ。三人の男は、勢いづいたように、手を大きく回し、抜き手をきって泳ぎだした。

　サマール島沖のガンビア・ベイもほぼ時を前後して沈んだ。僚艦に取り残されたジープ空母は、一分間に一発の割合で弾丸をぶち込まれ、一時間近い苦闘の後に赤々と燃え生命を終えた。

　ほかの五隻の空母の命数もようやく尽きようとしている。一艦だけにはなったが、羽黒、利根の重巡戦隊は敵空母の退路を絶つように並行して走り、これを追い抜こうとしていた。距離は一万メートル足らず。矢矧を旗艦とする第十戦隊は、野分を重傷を負った筑摩の護衛として分派したものの、浦風、磯風、雪風の陽炎型のベテラン駆逐艦三隻がしっかりと肩を組み合って、ジョンストンを潰し、ヒアーマンを追い払い、そしてガンビア・ベイに最後の砲弾を叩き込み、まさに意気天を衝くの感で爽快な追撃戦を展開していた。距離一万五〇〇〇メートル。

　魚雷戦にはまだ遠すぎる距離にあったが、煙幕やスコールに邪魔されても、この千載一遇の好機をのがすことはできない、と戦隊司令官・木村進少将は考える。意を決した。西側から空母群に近接した矢矧は「戦闘、魚雷戦用意」を発令する。つづいて水雷長の命令がとんだ。

「起動弁開け！」

　同時に「突撃セヨ」の命令を示す旗旒がかかげられ、高速で走る矢矧のマストにちぎれるばかりに風を受けた。浦風、磯風、そして雪風とつづいて同じ信号を掲揚し了解を示した。命令は発動され、信号が降ろされるのを合図に魚雷発射である。突っ走る、ひたすら突っ走る。「発射用意……撃て」、水雷長の、胸に響くような声がこだました。

磯風の通信士・越智少尉は艦橋にあって、後部発射管よりの「魚雷発射！」の報告を、この世でいちばんすばらしい言葉を耳にしたように感じながら、聞いた。「発射雷数八本」という伝令の報告がつづいた。全管発射である。そして水雷長が落着いた声で、

「魚雷到着まで九分」

といった。水雷戦隊の本領がここにある。この一瞬のため生きもする、死にもする。将兵が一つとなり全精魂を燃焼させるときでもあった。

矢矧は七本、浦風と雪風はそれぞれ四本の魚雷をどよめく海に放り込んだ。その直後に敵機が第十戦隊を襲った。さらに、まだ砲火を開いている護衛駆逐艦のレーダー射撃が打ち込まれてきた。矢矧は、大きく右に反転しこの敵駆逐艦に一騎打ちを挑み、三隻の味方駆逐艦にはさらに近迫し敵空母を攻撃せよと命じた。矢矧の機銃指揮官・大坪少尉は、眼を見開いて敵駆逐艦をにらみつけていたから気づかなかったが、艦橋が「魚雷命中」の見張員の声で沸いたのは、間もなくであった。叫びながら艦橋の眼という眼はいっせいに魚雷方向に飛んだ。双眼鏡がとらえたのは、

霧の壁のようにさあっとひろがって崩れる水柱であった。そして水柱が消えたあとには、果てしもなく水平線のみがつづいていた。空母の姿はない。轟沈だとだれもが思った。

しかし、事実は、違っていたようである。帰投中だった攻撃機の一機が命中せんばかりの魚雷を発見し、これに身を挺して肉迫、銃撃を加えて爆発させたのである。空母カリニン・ベイの艦尾からわずか九〇メートル。長く引く艦首波の中央でそれは破壊された。ほかの空母群はいっせいに海面を射撃し、さらに一発爆発させ、懸命に回頭した。遠距離で魚雷のスピードが弱まっていたこと、同航発射だったことが、かれらには幸いした。巧みに回避した空母群の両舷をすり抜けて走りゆく魚雷十二本をかれらはみとめ、安堵の吐息をもらしたという。

東の方から肉迫した羽黒の長谷川少尉はもっと忙しい戦闘を行っていた。徹底的に撃ちまくっているため、羽黒の各砲塔および機銃の残弾がちぐはぐの状況を呈しはじめてきた。ついに、副長の指揮のもと、「手すき総員弾丸をはこべ」が下令された。甲板士官・長谷川少尉は戦闘のただ中において、素手で主砲や機銃の弾丸をかつぐ労働者に早変わりしたのである。

空襲の合間に、かれらは弾丸を抱き、後甲板より前甲板に、左舷より右舷へと、掛け声をかけながら弾丸の融通に走り回った。馴れない仕事に肩の筋肉に骨がくいこみ、吐く息と吸う息とが一緒になって少尉は眼を回した。思わず甲板にへたへたと座りこみ呼吸をととのえる少尉には、ふわりふわりと落ちてくる敵飛行兵の落下傘が、戦場とは思えぬほどのんびりと映り、その白さが眼に沁みた。

眼を回したのは長谷川少尉だけではなく、先方海域にあったハルゼイ大将も、まったく別な意味で、つまり日本の少尉が肉体的な意味だとすれば、アメリカの大将は精神的な意味で痛棒を食らい、眼を回したのである。それは困惑と混乱によって醸成された。かれの困惑は、キンケイド中将よりの第三信が原因である。「護衛空母群がさんざんに痛撃されている。全速力にて戦艦群を送られたし、ただちにレイテへ派遣してくれ。高速空母群でこの敵をいますぐ攻撃して欲しい」というものであり、電報はこのときになり、初めて日本艦隊の陣容を明らかにした。戦艦四隻、巡洋艦八隻以上と。ハルゼイ大将には信じられないほど大艦隊ではないか。最上が沈み、ガンビア・ベイが沈み、長谷川少尉が弾丸運びに息を切らした午前九時を、やや回ったときのことである。

さらにハルゼイ大将は、九時二十二分第四信を受け取った。「わが方の戦艦群は五日間にわたる陸上砲撃とスリガオ海峡戦のため、弾薬欠乏す」。大将は愕然とした。

かれの一生を特色づける頑固さによって、キンケイド中将の第七艦隊は、T・スプレイグ少将指揮の十六隻もの護衛空母群をもち、オーデンドルフ少将の戦艦・巡洋艦隊もある、これで十分に半身不随の栗田艦隊に太刀打ちできると決めこんでいた。が、その大いなる確信が根底から音をたててくずれ落ちる想いを大将は味わった。弾薬が欠乏！　いかなる巨艦であろうと、徒手空拳で戦うことは不可能であろう。それは、飛行機なき空母に等しい。そう思うことで背に冷たいものが走った。こんな重大なことを、なぜ早く知らせてこなかったか、とキンケイド中将の処置に舌うちした。

しかし、小沢艦隊を全滅させてやるというかれの決意は、どんなことが起ころうとも、ひるまなかった。まだ楽観視していた。なぜなら、キンケイド中将が知らせてきた敵兵力は、もしそれが正しいものとしたら、残存艦隊ではなく、昨日の栗田艦隊の全兵力そのものではないか。昨日の六次にわたる猛攻撃が無意味無効果であったなどとだれが信じられよう、というのが大将の判断である。武蔵の頑強な抵抗がこのときになって意味をもつことになった。かれは武蔵一艦を沈めるために、二百機以上を要したとは思ってもみなかった。奇襲を受けたりすると狼狽のあまり、えてして敵兵力を過大評価するものなのだ……。そう思うことによってハルゼイ大将は気をとり直すと、マッケーン隊を救援のためすでにさし向けたこと、そして「高速戦艦部隊はいぜん北進中なり。地点……」という事実を知らせる電報を、キンケイド中将に送った。現在位置を示しておけば、いくら急行しても高速戦艦部隊が間に合わぬことがよくわかるだろう、とかれは思った。

エンガノ岬沖のハルゼイ大将の楽観をよそに、サマール島沖の追撃戦はなおつづけられていた。武蔵の犠牲、小沢艦隊の犠牲を、いまこそ生かすべきときなのである。砲戦開始いらいすでに二時間余、距離にして一〇〇キロ以上も全速で追撃し戦いつづけられている。戦場は拡大し、日本艦隊は分散した。大和艦上の栗田司令部が、このときに得ていた敵勢は、現在羽黒、利根が先頭になって追撃続行中の南方の敵部隊（C・スプレイグ少将の三番隊）と、榛名が追撃中の東南方の敵部隊（スタンプ少将の二番隊）、それに敵が平文で救援を求め、これに「救援にあと二時間を要す」と答えてきたいまだ姿を見ざる敵部隊の三隊ということである。栗田司令部はいずれに主攻撃をかけるべきか迷った。これらの情報をそのままに受け取ってみれば、栗田艦隊は敵の機動部隊に包囲され険悪な状況にあるとも考えられる。しかし、いずれにしても敵情が不明確であった。

大和はこれより少し前、大切にとっておいた艦載水上偵察機二機のうち一機を、様子のわからぬ煙幕の中の敵空母群の偵察に出した（八時四十分）が、敵の針路南と報じたあと、敵機の追撃を受けて消息を絶った。これだけの情報ではどうにもならない。四十分後に、最後の一機を、榛名が追撃中の新しい空母群確認のため発進。この偵察機は空母四隻南々東に駆逐艦の煙幕に隠れつつ遁走中であることを報告したが、すぐにまた消息を絶った。栗田司令部は、いちばん大事なときに、敵を確かめるための切り札を失っていた。

午前九時を迎えたときの大和の栗田司令部の状況は、複雑であり、かつ不明の部分が多すぎた。「各艦ノ占位位置知ラセ、敵情知ラセ」と無線電報で、一隻ずつ呼んで電話員が繰り返し同じことをいったが、連絡のとれる艦と、とれない艦とがあった。せっかくとれた艦でも、なかなか返事をよこさなかった。前方の敵味方の状況は不明である。

主将・栗田中将は〝猿の腰かけ〟とよばれている艦橋の小さい椅子にかけたまま、無言で前方を注視した。敵空母群は煙幕とスコールのかなたになって、まったく見えなくなっている。かれの周囲には、電話の声が錯綜（さくそう）し、幕僚たちの報告が入り乱れ、艦の運動を指揮する艦長や航海長の大声が飛びかっていた。栗田中将は頭の中に描かれた戦闘地図にさまざまな軌跡を加えてみた。逃げる兎の群れを追う猟師たちが、足もとを見ずにてんでになっているいまの戦況は危険なのではないか。

敵がスコールに突っ込んだ七時十分ごろから、少数の編隊ではあったが、敵機は反復攻撃を加えている。敵機動部隊は空母一隻に約八十機をもっている。前面の敵は六隻、とすれば、四百八十機の飛行機を有する計算になろう。それがいままでのところ、四、五十機の機影しか見ていない。これは、間もなく大規模な艦上機の協同攻撃を受けることを意味するのか。

　繰り返すが、栗田中将をはじめ全幕僚が、当面している敵空母群が正規の機動部隊の一群だと誤断していた。この誤断がすべてを決定しているのである。

　さらに、判断を誤らせたことは、敵魚雷にはさまれた十分間余りの大和の後退があった。再び回頭し敵に向かうまでおよそ二十分近い時間のロス。転瞬にさだまる戦闘の場において、この三十分におよぶ空白の時間は致命的ですらあった。いま、大和から見る戦場は文字どおり落莫(らくばく)としている。突撃の二時間は底なしの断崖へ突っ込んでいるような、無限の時間とも思えた。目を落ちくぼませた栗田司令部の幕僚たちには、燃料の心配が頭をもたげてきた。着色弾に彩られた海面の前方には、損傷した鳥海、筑摩と、不関旗一旒をかかげ、ゆるやかに円を描く二重巡があらわれてきた。後方には熊野、それと熊野から司令部を移乗させる無駄手間ですっかり戦列から遅れた鈴谷が、さらにその後方に被爆して取り残されている。戦いは疲れを見せはじめている。

　三〇ノット以上で逃げる敵の正規の機動部隊をいくら追撃してもきりがない。この上に深追いすれば、敵機動部隊の総力をあげた空襲にさらされ、各個ばらばらに撃破させられるであろう。空中からの援護がなく、人員にも、大砲にも、弾薬にも、燃料にも予備がない。もともと限定された戦闘である。あらゆる点からみて〝できる〟と考えられることしか、栗田司令部は実行し得ないのである。未知への突進は停止されねばならない。可能性は捨てられるべきであろう。

愛宕から退艦するとき脚を強く打撲負傷していた小柳参謀長が、杖にすがりながら、進言した。

「長官。どうもキリがないようです。もう追撃をやめてはいかがでしょう。レイテ突入があまり遅れては……」

総指揮官・栗田中将が黙って肯いた。

流星光底長蛇を逸した！　戦いは指揮官の性格によって決まる。指揮官の判断一つで勝敗がわかれる。無言のうちの、五十五歳の中将の首肯に、第二艦隊の、捷一号作戦全体の、いや、日本帝国そのものの運命が賭けられてきた。惜しむべし、状況はかならずしも最悪ではなかったのだが。

九時十分、大和の信号灯が、四周に向かって鋭い光芒（こうぼう）を放った。信号は平文の連送だった。

「アツマレ、アツマレ」。遠い艦には電報が打たれた。九時十六分である。「逐次アツマレ、ワレ〇九〇〇ノ位置……」

　このとき、羽黒と利根は、逃げる空母五隻を一万メートル以内にとらえていた。流れる汗を拭う暇はなかった。羽黒は第一部隊に属した第五戦隊の旗艦、利根は第二部隊としてブルネイを出撃した第七戦隊の三番艦、もともと艦の所属も役割も異なっていたから、開戦いらい、肩をならべて戦う機会などはなかったといっていい。羽黒は緒戦においては南方作戦に、利根は真珠湾作戦に参加していた。いらい羽黒は大艦巨砲の、いわゆる〝決戦思想〟時代の夜戦部隊中枢兵力としてほとんど妙高と組んで、珊瑚海、ミッドウェイ、ブーゲンビル島沖、そしてマリアナ沖の各海戦を戦ってきた。利根は筑摩と組み、その生涯のほとんどを機動部隊とともにすごしてきた。ハワイ海戦のあと、ポートダーウィン空襲、ウェーキ島攻略、ミッドウェイ、南太平洋、マリアナ沖の海空戦で戦い抜いた。広い太平洋、戦闘の長い期間、かけ違い相離れて戦ってきた二隻の重巡が、しかし、いまは思いもかけず肩をならべ仲よく敵空母を追いつめているのである。

　すすんで統一戦の隊型をとったのは、利根の方からであった。むしろ、それまでは利根の方が前進していたのだが、右後方に水柱にかこまれた羽黒を見ると、黛艦長は砲戦の負担を平均しようと、面舵いっぱいで反転し、羽黒の艦尾六〇〇メートルに利根を占位させた。二隻の重巡は単縦陣、まったく新しい戦隊を形成して突進した。

黛艦長から羽黒の杉浦艦長に信号。「敗北ノ空母ニ対シ、統一魚雷戦ヲ行ワレタシ。ワレ三回分ノ魚雷アリ」。九時二十分だった。

その十分前に、羽黒は魚雷を右五五度で発射していたが、その効果が確認できなかったため、杉浦艦長は即座に利根に返事した。

「行ワズ。効果ナシト認ム」

呼吸はぴったりとあった。そしてひたすら、右舷ほぼ真横に見える空母群に同航しながら近づいていく。敵空母群潰滅はあと一息であった。

栗田司令部からの集合命令がとどいたのは、まさにそのときなのである。

黛艦長の闘志はなお烈々とした。「目ノ前ノ空母ノ追撃ヲ続行スルノガ有利ト認ム」と信号用紙に書いて阿部航海長に渡した。航海長はいった。「いや、これを打つと、昨日の武蔵のときのように、利根一隻でやらされます。艦長、一隻では効果ありません」。やむなく艦長は翻意した。なるほど反転し主力に合同するのが、兵理にかなうことなのであろう。

しかし、利根の水測士・児島少尉は、艦長が納得して攻撃をあきらめた〝兵理〟の当然さがわからないから、集合命令にただ愕然とした。少尉にはその命令が信じられなかった。右舷から艦尾の方へ、そして左舷、やがて後方へと移動していく敵空母の黒煙を、信じられない様子で見つめ、それから衝きあげてくるものに動かされ、だれにいうともなく強い口調で聞き返した。

「一体、どういうことなんだ。敵が後ろに去っていくぞ」

敵空母群に手をとどかせながら、集合命令を受けたのは羽黒と利根だけではなかった。浦風、磯風、雪風の三隻も、やっと追いついて一万メートル以内までに空母群に肉迫していたのである。気の短い三隻の駆逐艦はもう一度反航魚雷戦をこころみようと、旗旒をなびかせて通信し魚雷発射に移ろうとしたとき、戦闘中止の命令を受けた。その檣上にひるがえしている戦闘旗はだてや酔狂ではない。さきにも戦艦のお屋敷住まい、重巡の文化住宅に比べれば、駆逐艦は長屋住まいと形容した。気安くもあれば、荒っぽくもあった。魚雷一発で二つに折れるぺなぺなのブリキのような艦に乗って大洋を駆けめぐり、大砲を撃ち魚雷をぶち込むのである。そこに生き甲斐をみつけている水雷屋が、命令のために遅れて戦闘に参加し、やっと敵艦をとらえたと思ったときの中止命令である。逸り（はやり）に逸った気持に水をぶっかけられた。全将兵が、一瞬、棒をのんだようになった。そして爆発した。

「馬鹿野郎！　敵はすぐそこにいるんだ」

越智少尉は怒鳴った。「一体、何を考えているのだ！」。だれもがそう思った。磯風の通信室には長い長い沈黙があった。少尉や部下の通信員はお互いに見あって、黙っている。いまさら、何もいうことはなかった。〃馬鹿馬鹿しい〃というくらいではいい足りないような味気なさをおぼえた。なぜそんな命令が出るのか、理解できなかった。そして、だれがこんな命令を出したにせよ、その男はいま水雷戦隊が魚雷によって敵を全滅させようとしていることを知らないに違いない、と思うのであった。

駆逐艦雪風の艦長・寺内正道（てらうちまさみち）中佐の怒りはもっとすさまじかった。

「空母が……空母がそこにいるんだ。馬鹿野郎メ！」

と大声で叫びながら、まなじりを決して艦橋から降りると、甲板上を艦首までかけ抜けていった。ねじり鉢巻きに、ぴんとはねただるまひげ。頭から湯気を出している。だれも笑うものとてなかった。烈しく、野蛮ともいえる敢闘精神が、疾風のように艦首から艦尾へと吹き過ぎていった。

能代を先頭とする第二水雷戦隊の駆逐艦七隻は、磯風らの第十戦隊と比較すればはるかに出遅れていたが、ようやく敵空母を射程内にいれたときに反転命令電をうけた。第二駆逐隊の早霜艦橋は、一瞬、声をのんだ。そしてみるみる艦橋全体が癇癪を爆発させはじめた。

「なにィ、集まれだと？」

ついに一発の魚雷も撃たせないつもりか。通信士・山口少尉は許されるものなら、その場で叫びながら地団駄を踏みたい衝動にかられ、辛うじてそれを抑えていた。そのとき、艦長・平山敏夫中佐の右手が烈しい勢いで艦橋の窓わくをたたいたのを、少尉はみとめた。

「いま一歩というところで、どうするんだ！」

艦長もまた心の中で地団駄を踏んでいることが、山口少尉にピーンと響いてきた。しかし、命令は至上である。やがて能代が右に大きく回頭しながら変針した。各艦も変針、早霜もレイテ湾を背にして変針した。

島風も転針した。昭和十八年竣工の最新鋭艦、魚雷発射管十五門（普通は八門）、速力実に四〇ノットという世界一を誇った駆逐艦も、その兵装を十二分に活用するチャンスをつかみ得ないままに、レイテ湾より遠ざかっていく。艦橋にあった摩耶の池田少尉は無念やる方ない気持で、前方に逆まく海をみつめていた。左半身の火傷がひりひりと痛みだした。乗艦を失った便乗者の悲哀が傷にふれて、若い少尉をせめつける。かれは、そういえば十分な傷の手当ても受けていなかったと、いまになって妙なことが気になってきた。摩耶と比べれば、島風は最新鋭とはいえ、軍医は一人、治療設備とてない小艦なのである。少尉の胸の痛みはなお間歇的に襲ってきていた。

羽黒の長谷川少尉は駆逐艦の乗組員を襲ったいくつかの怒りとは別な、少しく淋しい想いで、集合命令を受けとめていた。それは飄々とした性格の少尉の心のうちに、いつか敗北感が生まれていたからかもしれない。愛宕、摩耶、武蔵そして妙高と、少尉が見てきたのは、やられっ放しの艦ばかりである。サマール島沖で戦闘がはじまってからも、羽黒は空襲と砲撃で痛めつけられている。圧倒的な勝利感などなかった。注水弁をしっかり握りしめ火だるまで戦死した本多上曹の姿が、瞼の底に焼きついている。それよりなにより、羽黒の弾庫が空に近くなっていることを弾丸運びの間に少尉は思い知らされている。第一砲塔四十発、第三砲塔四十五発、第四砲塔残弾なし、第五砲塔四十発、計百二十五発。燃料残量一七六〇トン。羽黒の勇戦力闘の結果である。長谷川少尉は、ここで反転し主隊と合同することもまたやむを得ない、と思うのである。

——こうして必殺必中の戦機は、遠く大和から発せられた戦闘中止の命令の下に、ゆっくりと、しかし、確実に失われていく。羽黒、利根からも、磯風、雪風らからも、煙幕を展張して遁走をつづける空母の姿が次第に遠ざかり、やがて水平線下に没していった。九時二十二分、羽黒の杉浦艦長は「撃チ方ヤメ」を令した。第三戦速。針路は零度、真北である。

旗艦ファンショウ・ベイの艦橋で、空母群が燃え、艦隊が死にかけているのを見つめているC・スプレイグ少将の耳を、突然に襲ったのは、そばに立つ見張員の歓声であった。

「ヘイ、やつらが逃げていくぞ」

九時二十五分だった。思わずC・スプレイグ少将は立ち上がった。その眼に映ったのは、食いつくように迫ってきていた日本艦隊の艦首がすべて北に向いているという、奇蹟とも思える現実である。確かに、かれらは去っていく。以下、少将の手記はそのときの歓びをそのままにあらわしている。

「とても自分の眼を信じることができなかった。しかし、日本艦隊は一艦のこらず、私の目で見るかぎり、退却しているようであった。なお、かつ信じられなかった。上空にある飛行機からも敵反転の確認情報が次々と送られてきた。これは本ものだと思った。それでもなお、戦闘で疲れきった私の頭には、敵反転の事実がすなおに受けいれられなかった。そのときまでに私が考えていたことはといえば、いつ泳ぐかということだけだったのである」

幸運にもC・スプレイグ少将は泳ぐ必要がなくなった。が、否応なしに泳ぐときが近づいている将兵もいた。だれものぞみもしないのに、海中に放り出されるのはたまらないと考えた。しかし、生きるために割り当てられた時間はあまりにも短かった。傾斜が二五度に及んだときには終末がくることを、千歳の岩松少尉は了解していた。第一次攻撃隊の去ったあとの小沢艦隊は、エンガノ岬沖の広い海域にいくつもの群に分かれていた。秋月を失っただけの小沢本隊は輪型陣を組み直し、なお北へ北へと向かっていた。多摩と千歳に大打撃を受けた松田支隊は、五十鈴と霜月を護衛に残し、千代田を中心に日向と槇が輪型陣ならざる輪型陣をくんで前進をつづけた。

五五〇〇トンの五十鈴は、一万二〇〇〇トンの千歳を曳航せよの命令を受けたが、後甲板にワイヤーや綱などを用意したときには、千歳は大きく傾き沈没は時間の問題のように見えていた。

しかし、よそ目にどう見えようと、千歳の戦闘指揮所には、まだ十分の余裕が残されていた。艦長・岸大佐は煙草をくゆらしながら「大丈夫、艦は沈みはせんよ」

と、おのれにいいきかすのか、艦長付の岩松少尉にいったのか、ぽつりとつぶやいた。少尉はそうあって欲しいという切なる希望をもって、その言葉を聞いた。訪れる死が恐ろしいからではなく、心配事が一つあったからである。

暗号の始末のため艦の中に入った予備士官出の通信士が二人、姿を消したなりで、出てこないのである。いざというとき暗号は焼却することを最善としたが、それだけの時間のないときは、鉛の容器にいれ水線下に格納する。しかしその処置は古参の通信士の手によってすでにすまされてあった。それを知らなかった少尉は、退艦していいかと聞きにきた通信士にそのことを命じたのである。

計器は、すでに傾斜二五度を示した。まだ二人は上がってこない。艦長が静かにいった。

「総員上へ」と。艦長付の少尉は伝声管によってそれを全艦に伝えた。二人の姿はいぜんとして見えない。千歳は左傾したまま艦尾より沈みはじめた。錨鎖が音を立てて左舷にすべり落ちた。艦長に従い、若松少尉は這うようにして艦首に昇っていった。二人の通信士はどこへいったか。海中に身をおどらせる時間がなかった少尉は、足場をかため、そのまま艦と一緒に渦の中にまきこまれた。ものすごい渦の中で翻弄（ほんろう）されながらも「必死に手足を動かしてもがいた」記憶がかれにはある。

気がついたとき、たった一人で、嘘のような静けさの中にかれは浮いていた。艦上からはそれとわからなかったが、小山のような大きなうねりが、空高くかれを押しあげ水底に突き落とした。靴をぬいだ。ひどく重く感じられたからである。水中で手をやってゲートルをはずし、靴をぬいだ。ひどく重く感じられたからである。俺の戦闘は終わったのだと思った。孤独の海の中で、自分の足もとの海の底に何人かの人が横たわっているように思った。交代を申し出た索敵機の飛行少尉、退艦を聞きにきた二人の通信士、艦長……かれは生き残ったことに自責の、むしろ絶望感を感じた。

付近の海面には、五十鈴が微速で進んでいた。救助行動を起こそうとしたとき、旗艦より命令がとどけられた。「損傷セシ多摩ノ警戒ニアタレ」と。

多摩警戒のために五十鈴が南へ急航していったのが九時五十分、同じ時刻、サマール島沖の海面では、勇猛を誇った二一〇〇トンの駆逐艦ジョンストン艦長・エバンス中佐が、ついに退艦命令を発した。あらゆる火砲を破壊された艦上には、ただ一門残った一二サンチ砲のみが火を噴きつづけた。背は低いが、がっちりとした体格のチェロキー族の子孫エバンス艦長は救命ボートに横たわりながら、なお抵抗をつづける艦に、それはもう軍艦とはいえない、原形はどこにも残っていないほど破壊された艦に、永遠の別れをつげた。かれ自身も、永遠の眠りに向かって旅立とうとしていた。

5

〈10時から11時〉

サマール島沖の海上は攪拌されて泡立ち、三角波と三角波がぶつかりあい、大きなうねりとなってゆりかえした。雲の流れが速かった。北上をつづける大和、長門を中心に戦果と被害を確認し、あらためて輪型陣を組むべく、栗田艦隊各艦は色とりどりの戦場の跡を突っきって各方面から集まってきた。すでに沈没したガンビア・ベイ、ホエール、ロバーツの生存者が救命ボートやカッターやイカダの残骸にむらがり集まって、絶望的なまなざしを日本の軍艦に向けた。その漂流者の群れを、うねりがゆすりあげ、また深く沈めたりした。

午前十時を過ぎて、漂流者の中に、新たにジョンストンの乗組員が加わってきた。この勇敢な駆逐艦のとどめをさしたのは、明らかに、矢矧を先頭とする第十戦隊の三隻の駆逐艦だった。乗組員三百二十七名の過半数の百八十六人が戦死、生き残ったものはいま沈もうとする艦を無言で見つめていた。一門残った砲は総員退艦の命令をきかぬかのようになおも撃ちつづけ、撃ちながらジョンストンは転覆した。そのまま海中に没し去ろうとするとき、一隻の日本の駆逐艦が半速で近づいてきた。漂流者の一人は、その駆逐艦の艦橋にひとりたたずむ士官が——恐らくそれは艦長なのであろう、沈みゆく艦に挙手の礼をささげているのを見た。

勇敢にたいして十分な礼をつくされず、そこに強い軽蔑の念をもたれたように感じた猛将があった。エンガノ岬沖の第三艦隊司令長官ハルゼイ大将は、その侮蔑にたいしてほとんど自分を抑えることができなかった。二通の電報を手にし、いきなり帽子をひっかくるとデッキに叩きつけ、大声でわめき、わけのわからない怒りを大将は爆発させた。そばにいた幕僚たちは主将の狂乱に衝撃を受けた。果たして総大将の頭に血をのぼりきらせたものは、何であったのか。

電報の一通はキンケイド中将から送られてきた緊急電で、しかも、こんどは先の八時半から九時半にかけて送られてきたものと違い、暗号を用いていない平文であった。それはそのまま、いかに緊急であるかを語っている。

「リーの戦艦群はどこにいるのか。戦艦群をすぐ派遣ありたし」

この電報では、ハルゼイ大将は内心むしろニヤリとした。キンケイド先生、よほどあわて給うている、それにしても、ずいぶん絶望的な調子ではないかと。しかし、かれを驚倒させたのはもう一通の方で、ハワイにいる太平洋方面艦隊司令長官ニミッツ大将から送られてきたものであった。

発──太平洋艦隊司令長官
宛──第三艦隊司令長官
「第三十四任務部隊はいずこにありや、世界はこれを知らんと欲す」
瞬間、ハルゼイ大将は、心の中にあった信念や確信をはじめ、かれを支えている誇り、矜持、自負といったものが、冷たい風に吹き飛ばされるのを感じた。全世界が知りたがっているとは、一体どういうつもりか。かれは怒り狂った。参謀長が「おやめなさい。何をなさるのです。しっかりなさい！」といって、かれをおさえるまでハルゼイ大将はものもいえないほど狂いに狂っていた。第七艦隊の悲鳴が、文字どおり地球を半周してかれの耳に聞こえてきたのである。
ハルゼイ大将の〝人間〟の中で、暴風のように様々な思考が荒れ狂った。決断の時間は引きのばせない。戦闘がいかに指揮官の人間性によって左右されることかが、ここでも明瞭となる。兵が力戦し、下士官が立派であり精強であり、若い士官がいかに殉国の情熱のもとに生命を捨てようとも、指揮官が無能であれば、戦いは敗れねばならない。時計の針は午前十時をやや回っている。落ち着きをとり戻した大将の心の中で、このときになってなお早急に当面の敵を撃滅する、という冷たい意思が、ほかのあらゆる感情にうちかって、大きくかれの人間を支配しはじめていた。

先に発進していたミッチャー中将指揮の機動群の第二波が、小沢艦隊上空に突撃を開始しようとした午前十時五分、ハルゼイ大将は全軍に無線電話で明瞭闊達な命令を送った。敵機動部隊を攻撃せよ、まだ打撃を与えていない母艦に攻撃を集中せよ。ただ前進あるのみ。どんなに侮辱されようと、かれの心も眼も、いぜん北に向いていた。そしていった。

「すでに大破落伍した敵艦は放っておけ。後刻、巨砲にて撃ちすえてやる！」

ハルゼイ大将にあくまでも目標とされた小沢艦隊には不運がつきまとった。おとりの役を完璧なまでに果たしながら、その覚悟どおり全滅するまで戦うほかはないのか。瑞鶴、瑞鳳、千代田に攻撃は集中してきた。瑞鶴の高角砲指揮官・峯少尉の記憶している戦闘は、その言葉どおりにいえば「わんわんやってきて、どかどかやった」という無我夢中の時間の連続であった。なんども、舷側をかすめて走る魚雷を見、高くあがる水柱のしぶきを浴びた。少尉は、なんと操艦のうまい艦長であることかと思ったことも記憶している。あくなき信頼をかれは艦長・貝塚武男（かいづかたけお）大佐においていた。しかし、技術と闘魂のみでは艦を救うことのできないときである。ついに避けきれず魚雷を受けると瑞鶴は横に震えた。爆弾が命中すると巨艦は縦にゆれて悲鳴をあげた。少尉は、あの艦長にしてなお命中弾を受けるのは仕方がないと思った。運不運の問題ではなかった。いかに不沈対策がしてあり、乗組員の超人的な努力があったとはいえ、数量を誇る攻撃の前には、〝不沈〟は所詮形容詞にすぎないと峯少尉は思った。

峯少尉は知らなかったが、瑞鶴艦橋では静かな押し問答がつづけられていた。ついに無電の損傷の復旧はならず、通信不能の母艦は旗艦としての能力は失われたとみるべきであった。このため、小沢長官の大淀移乗を参謀たちがすすめ、これを中将はきっぱりと拒否した。航海士・近松少尉の胸にも、小沢中将が歴戦の正規空母艦上での死をのぞんでいることがじかに伝わってきた。死ぬとき、死ぬ場所をえらぶことは、恐らく戦士に許された最後の希いなのであろう。

しかし、貝塚艦長までが説得に加わるにおよんでは、小沢中将も意を決せざるを得なかった。

「よし、旗艦は大淀、いまから移る。艦長、ご苦労であったなあ。あとをよろしく頼むよ」

艦長は快活に答えた。

「長官、大切な艦を傷つけて、申しわけありません」

「いや、いや、君だからこそ、これまでやってこられたのだ。有り難う。今後も頼むよ、死にいそぎしてくれるなよ」

近松少尉は、二人の提督の会話のなかに、男同士の信頼のほんとうの姿を見たように思った。

このころ、瑞鳳の阿部少尉は通信室で長い戦闘の時間を鋼鉄の壁を見ながら耐えていた。あわただしく昇降するラッタル（傾斜梯子）の音、甲板上から響いてくる突き破るような機銃の連続音、腹にこたえる高角砲音など、音響の狂乱に無表情に耳を傾けた。通信室の空気は息がつまりそうな、どちらかといえば非現実的なものである。外で血を流し生命を奪いあう凄惨なやりとりが行われているとは思えぬほど静まりかえっている。事実は各艦との間にかなりせわしない交信があったが、それらは戦闘の大音響に消され将兵を沈黙させ、静寂すらを感じさせるのである。魚雷や爆弾の至近弾を受けるたびに、艦内電灯がついたり消えたりした。あわただしい点滅に艦の運命が象徴されているようで、少尉は不安感を覚えた。この灯りが永遠に消えるときが、恐らく自分の生命が消えるときであろう。それにしても眼かくしされたまま戦うことはたまらないことであった。

伊勢の高田少尉は、測的士ではなく、陸上用機関銃の指揮官となっていた。常識で考えても、手で操作する機銃弾が超高速で反転する飛行機に命中するとは思えなかったが、その当たらない武器をとって戦うことに全精魂をうち込んだ。かれは飛行機をその眼でしっかりと捉えたのかどうかあまり記憶にない。空中に銀色に光るのを垣間見ただけのような気がした。それでも少尉は幸運な方であった。なんら戦闘配置をもたされない飛行機の整備士たちは、初めの予想どおりただ右往左往し、精神が錯乱したかのような印象を、武器をとって戦う戦友たちに与えた。しかし、それも仕方がないと高田少尉は思った。素手でなぶり殺しに遭っているような、絶望的な状況にかれらをたたきこんだのは、上のものの責任だぞ、と思う気持が一部にはあった。一機の飛行機すらも積んでこなかった伊勢に、整備兵だけ乗せてくるバカがどこにある！

同じとき五十鈴はずっと南に下がった海面で、敵機の攻撃を受けていた。単艦であった。命令によって多摩の護衛につこうと南へ急行しているときに、第二波の攻撃を受けたのである。撃墜一の白星をあげて敵機を追い払ったとき、竹下少尉が痛切に感じさせられたのは、あ号作戦をはるかに上回るような敵の物量であった。五十鈴一艦に十二機の編隊が襲ってきた。戦闘の容易でないことはあらかじめ察していたが、これでもかこれでもかとばかりに単艦に殺到する敵機の量には、少尉は一種の敵意、いや憎しみ、もっと正確にいえば嫉妬のまじった憎悪をすら抱くのであった。

　空襲をきり抜け、五十鈴は南の海面に取り残されていた多摩に近づいた。五十鈴も多摩も、いわゆる〝五五〇〇トン〟と呼びならされている軽巡洋艦で、定規で引いたような平らな上甲板と、等間隔に直立した三本の煙突が特徴になっている。五十鈴の方が三年ほど若い大正十二年竣工であるから、ともに艦齢二十年を超えた老朽艦、それが相たずさえて第一線で戦うのである。戦場でぴったりと老いた身体をより添える。

「貴艦出シウル最大速力知ラサレタシ」

「最大速力一八ノット。ワレ故障復旧、戦闘航海ニ差シ支エナシ」

　多摩の敢闘精神はやむことを知らぬごとくである。五十鈴は「ワレ先行ス」と信号して、多摩の先に立ち本隊を追って航進を開始した。本隊は北方にあって、北へ北へと前進をつづけている。全滅するまで一時間でも多く敵を引きつけておく。果敢な戦闘の続行を意志するかのようであった。

　五十鈴が多摩とならんで走りだした十時二十五分、第二波四十四機の攻撃が終わって千代田は左舷後部に命中弾一のほか至近弾多数を受けた。ゆるく右舷に傾斜し、機関室に浸水のため航行が不能になった。しかし、なお艦橋には信号旗が高く上がっていた。

「ワレ航行可能ナル見込ミ、片舷五ノット」

艦長・城英一郎大佐は猛将の名が高かった。特攻体当たり作戦を具体的な形で口にしたのは、かれを嚆矢とするという。攻撃隊を編成し、その指揮官に自分を任じて貰いたいと進言したが連合艦隊長官は許さなかった。そのかれが、満身傷ついた艦をなお捨てない悲壮な決意を、高くかかげた信号旗で表明しているのである。日向と槇がこの意志に応え、その周りを旋回して警戒した。日向の高射機指揮官・中川少尉は、このとき初めて持ち場を離れ、傾いた空母の姿を見た。甲板に、断片による負傷かあるいは火災による火傷か、十五、六人ほどの兵がうずくまっていた。しかし、見えたと思う間もなく、かれらの身体はずるずると滑りはじめ、高い甲板から海中へ転げ落ちていった。少尉は思わず手をさしのべた。舷側の高い戦艦から手をさしのべたところでかれらを救うことは不可能である。戦場のすさまじさは弾丸に当たって人がばたばたと死んでいくところにだけあるのではない。いま溺れて死のうとしている人に、何をいってもなんの慰めにもならない。人は真に人のために犠牲となれるのか。かれらを見殺しにする悲惨。無駄死にではないかと思う。死ぬことはなんでもなかったが、同じ死ぬにしても死に方があるのではないか。死は恐らく不可避であろう。だれが決めたことかわからないが、恐らく順番が決まっているに違いないと中川少尉は漠然と考えた。それにしても、いつ終わるのだろうか、早く終わればいいと願う気持が底の方にあった。それが戦闘にであるのか、自分の生命にであるのか、少尉にはまだはっきりと摑めてはいない。

ずっと南の海上で、五十鈴は、海面いっぱいに広がった千歳の漂流者を発見し、ストップして救助をはじめた。後甲板いっぱいに救助網が張られた。空襲下の、だれもが救助など期待していない戦況であっただけに、あきらめきっていた千歳の生存者の心に灯がともった。南海の陽が救うもの、救われるものを照らしている。引き上げられると安心して眠りはじめる生存者の頰に拳がとんだ。

「目をさませ。生きるんだ。眠ったら死んでしまうぞ」

一撃を食った将兵は、眼がさめて、なにをッという風に血の気をのぼらせた。

「そうだ。怒れ、怒れ。礼をいうな。安心したら死んじまうぞ」

やや薄日のさしはじめたサマール島沖では栗田艦隊の集合がなおもつづけられている。各艦の分散があまりにも広範囲であったために、再集合の上で整然たる陣型を組み直すのは容易なことではなかった。しかも、戦闘中止は栗田艦隊の一方的な措置であり、キンケイド中将やT・スプレイグ少将が攻撃を中止しているわけでない。敵は決して待っていてくれない。栗田艦隊の各艦は、北上をつづける大和のまわりに集まろうと舵をとりながら、その間にも敵機との戦いを続行、苦闘を強いられている。ジグザグの敵弾回避は集合の速力をより遅らせた。

この間に、栗田司令部は各戦隊各艦と連絡し、それまでに得た戦果をまとめた。正式空母三ないし四隻を撃沈（エンタープライズ型一隻を含む）、重巡二隻および駆逐艦数隻を撃沈という華々しいものである。少なくとも一つの機動部隊を葬ったのである。司令部は胸を張って連合艦隊長官へ報告した。予期せぬ勝利ではあったが、味方の損害も決して少なくはなかった。ブルネイを出撃したときの三十二隻がいまやその半数近くにまで減り、昨日までの二部隊は一つの輪型陣に組み立てられた。

十時十八分、栗田司令部は損傷した各艦には、風上の海岸線にそいながらブルネイ湾またはマニラへ後退するように命令した。艦首をやられた熊野はついに戦列に復帰し得ぬまま、すでにレイテ湾に背を向けて単独で避退しつつあった。甲板士官・大場少尉は複雑な感情を味わっている。所詮は生命が惜しいのかと、戦隊司令部の幕僚たちに腹立たしさをおぼえた自分の中に、後退すると知ると、急に死にたいする恐怖が生まれたような気がしてならなかったからである。その反面では、もう一戦華々しく交えたいとする強い気持が鬱勃としてわいた。どちらが本当の自分なのか、正直なところかれはわからなかった。

　集合地点よりずっとレイテ湾近くで損傷した鳥海には藤波が、筑摩には同じく野分が、それぞれ護衛するために派遣されていた。鳥海の損傷はその後の空襲のためより大きくなり、ほとんど海上に停止していた。一方の筑摩は自力航行可能なまでに修復し、そろそろと後退をつづけた。大和からの集合命令いらい、様相としては、戦闘が終わって後始末をしているような感じになっているが、損傷しない艦はもちろん、損傷した艦ですら、戦闘はまだまだこれからなのである。二時間にわたった追撃戦は、いわば本作戦の付録にしかすぎなかった。かれらがあらゆる犠牲をものともせず、サン・ベルナルジノ海峡を越えてきたのは、捷一号作戦の真の目的であるレイテ湾に突入し、敵の輸送船団を全滅させるためである。その戦闘はまだ終わってはいないのである。

　戦いが終わらないどころか、これから戦いに参加しようとする新手の部隊もあった。かれらは全速力で戦場に近づいてきた。ウルシー基地での休息を中止したマッケーン中将指揮の機動第一群は、ハルゼイ大将から栗田艦隊攻撃命令を受けてよりすでに一時間、ようやく攻撃圏内の海域に入ると遮二無二(しゃにむに)攻撃機を発進しようとしている。敵までの距離三四〇浬、恐らく太平洋戦争はじまっていらいこれほど遠距離からの攻撃機発進はなかったであろう。しかし、かれらは強行した。ことは急を要するのである。三隻の空母から発進した九十六機は編隊を組む時間も惜しんで、戦場へ直行しようとする。

燃料の関係から魚雷を抱いた機はなかったし、初めは機動部隊攻撃を予定されていたため、戦艦・重巡攻撃用の徹甲爆弾をもった機もそれほど多くはなかった。しかし突撃あるのみ。恐らく母艦に再び戻れるだけの燃料をどの飛行機も保有してはいないであろう。攻撃を終えたらレイテ島の味方基地へ帰投せよ、とかれらは命ぜられ、発令後十五分にて全機が飛び立っていた。午前十時四十五分である。敵艦隊上空まで二時間半の長い飛行である。

サマール島沖の戦場では、マッケーン隊攻撃機の到着を待つことなく戦闘がつづけられていた。戦運の潮は変わりつつあった。スタンプ隊第三波の攻撃機が、集合し戦闘序列を形成しつつある栗田艦隊の各艦に襲いかかったのである。果たして突撃中止命令が日本艦隊への弔鐘でもあったろうか、攻防はところを変えていた。いまは防戦ではなく、明らかに敵機は攻撃側に回ったために、栗田艦隊の集合はなおも遅れた。いや、集合に手間どっただけではすまされなかったのである。

先の司令部移乗時の脱落で、まともに戦闘に参加できなかった鈴谷は、徹底して負い目をおわされた。爆弾は右舷後部の魚雷発射管付近で水面炸裂し、爆風と火焔は魚雷発射管室を襲い、消火作業員の努力で局所的に防ぎ得たかと思った瞬間、一大轟音とともに魚雷の誘発をまねいてしまった。炸薬は次々と誘爆した。手のほどこしようもなくなり、一瞬にして重巡は廃墟と化した。やむなく栗田司令部は駆逐艦沖波を派遣し、この救助に当たらせた。

　鈴谷を傷つけたスタンプ隊の攻撃が終わったあと、レイテ湾を中心とする戦闘海域には、突然、といっていいほどに空白の時間が訪れた。全砲火がいっせいにやんだ。十時五十分ごろである。長い劇におけるインターバル、あるいは静かな間奏曲といいかえてもいい。もっと正確にいえば、マルス（軍神）がそのために与えた祈りのときでもあったろうか。

　海上を低く這うようにして編隊を組んだ五機の戦闘爆撃機がレイテ湾沖の米空母群へと機首を向けていた。本居宣長（もとおりのりなが）の歌にある「敷島の大和心を人問はば朝日に匂ふ山桜花」によって名づけられた神風特別攻撃隊敷島隊の零戦である。すでに三時間以上も前に、朝日隊二機、山桜隊二機、大和隊二機は、敵空母にその肉体を先陣として叩きつけていた。いま、その主隊である五機が、一機よく一艦を斃（たお）し、早くも散っていった戦友たちの後を追おうとするのである。

　先頭の機には、特別攻撃隊総指揮官・関行男大尉が操縦桿をにぎっている。この回天の大作戦の第一陣には全軍の士気を鼓舞するためにも、海軍兵学校出の指揮官が欲しいという大西瀧治郎中将の要望に応え、とくに選ばれた二十五歳のもと艦爆搭乗員である。かれは愛情で結ばれた結婚をしてからまだ半歳、しかも母一人子一人という境遇にあった。故郷の四国には老母が無事な帰還を待っていたし、新妻は鎌倉の実家で夫の武運長久をひとりひそかに祈っていた。

　出撃前、出撃基地マラバカット飛行場にいあわせた報道班員に、関大尉はこういった、という。

「報道班員、僕の遺影を撮ってくれませんか。そして家内に届けてやってください」と。そのかれがいま編隊の先頭に立って何を考えていたのであろうか。出撃を前にして大西中将は「日本はまさに危機である。しかも、この危機を救い得るものは、大臣でも大将でも軍令部総長でもない。もちろん自分のような長官でもない。それは諸子のごとき純真にして気力に満ちた若い人々のみである。したがって自分は、一億国民に代わって、皆にお願いする。成功を祈る」と訓示した。果たして、大尉はこの意味するところをもう一度かみしめていたのか。

　攻撃計画によれば、編隊は敵のＳＫレーダーの通達距離内で急速に上昇し、高度二〇〇〇より急降下に移ることになっている。まだ敵の見張りに発見されていない。

敵のレーダーにも五機の光点があらわれていない。戦場にあらわれた奇妙な段落。

関大尉は出撃前に淡々としながら、その心境を報道班員に語っている。

「日本もおしまいだよ。僕のような優秀なパイロットを殺すなんて。僕なら体当たりせずとも敵空母の飛行甲板に五十番（五〇〇キロ爆弾）を命中させて還る自信がある」

そのあふれるばかりの自信は、恐らくこの瞬間まで消えていなかったに違いない。

敵空母群は戦闘配置を解いて、命からがらの危機のあと、ぽっかりと戦場にあいた無為の時を楽しんでいるようであった。その上空で、敷島隊五機は互いに別れを告げて散開した。肉体もろともの突撃に入ろうとする。関大尉は冗談めかしてこうも語っていた、という。

「僕は天皇陛下のためとか、日本帝国のためにとかで行くんじゃない。最愛のＫＡ（家内）のために行くんだ。命令とあればやむを得ない。日本が負けたら、ＫＡがアメ公に何をされるかわからん。僕は彼女を護るために死ぬんだ。最愛のもののために死ぬ、どうだ素晴らしいだろう」

ここにも、見事に死ぬことが確かに生きることであるというその時代の青春があった。

敷島隊がねらったのは、栗田艦隊の反転集合で土壇場で生命の綱にしがみつくことのできたC・スプレイグ少将の三番隊のよろよろの空母群である。敵の後退で安堵の溜め息をもらし、幸運を神に感謝し、破損個所に応急修理を加えながら、ひたすらレイテ湾に逃げ込もうと急航していた。セント・ローは栗田艦隊の猛砲撃にも、うまく煙幕とスコールにかくれ一弾も当たらぬという奇蹟を拾った空母である。艦長がその安心感もあり、部下にコーヒーをのむ余裕を与えようと戦闘配置を解いたときである、見張員が絶叫した。

「日本機、接近！」

キトカン・ベイは甲板の端に激突を受けた。ホワイト・プレインズは命中をかわしたが、十一名が負傷した。カリニン・ベイは前甲板に突入され火災を起こし、さらに後部煙突付近にもう一機の体当たりを受けた。被害のもっとも大きかったのは、セント・ローであった。燃えながらも一機は飛行甲板の中央ライン付近を突き破って下部で爆発、たちまち格納甲板にあった魚雷八本と爆弾を誘発させた、かと思うと、爆弾を積み待機中だった飛行機が甲板を突き破って片ッ端から空中に四散した。打ちのめされた艦体からはひっきりなしにガソリン缶や砲弾が炸裂し、火焔と黒煙をはく火山にもひとしくなった。艦長は「艦尾はまだ艦にくっついているかッ」と思わず叫んだ。

攻撃で被害を受けなかったのは、C・スプレイグ少将の坐乗する旗艦ファンショウ・ベイだけであった。炎上するキトカン・ベイとカリニン・ベイ。もはや空母ではなくなったセント・ロー。少将は、重なる悲運に自分の背骨がぶち折られたような心境を味わいながら、これらの空母にぼんやり視線を向けていた。

6

〈11時から12時〉

「逐次アツマレ」を下令してからすでに二時間近くなっている。空襲もさることながら、大和・長門が北に向かって航行しながら集合をつづけようとしたことが、この時間の遅延をもたらしたともいえる。ともあれ、栗田艦隊はようやく接敵序列（輪型陣）をつくりあげようとした。十一時少し前、大和は旗旒信号を高い檣頭にはためかし、「二八〇度ニ左一斉回頭」の命令を全軍に伝えた。まず針路を西にとる。

戦艦四隻、重巡六隻、軽巡二隻、駆逐艦十一隻をもってサン・ベルナルジノ海峡を突破してきた艦隊は、三分の二になっていた。戦艦四隻（大和、長門、金剛、榛名）、重巡二隻（羽黒、利根）、軽巡二隻（能代、矢矧）、駆逐艦八隻（早霜、秋霜、岸波、浜波、島風、浦風、磯風、雪風)。戦いぬき生きぬいてきた精鋭が一つに固まって、レイテ湾へ突入しようという。

かれらは欣然(きんぜん)として、全滅を覚悟の上の進撃をつづけてきた。その覚悟は、いま、ほとんど確実に実現されようとする。午前十一時二十分ごろ、艦隊は針路をさらに二二五度にとった。艦首の方向は明らかにレイテ湾である。その旨を栗田司令部は連合艦隊をはじめ全艦隊に通信した。

「ワレ地点ヤマヒ三十七、針路南西、レイテ泊地ニ向カフ」

艦隊はレイテ突入の不退転の決意をもっている。だれの眼にもそのように映っていた。

栗田艦隊の刻一刻の動きは、その上空にあった飛行機からの報告で、キンケイド中将に届けられた。その報告を見る中将は、しばらくの間は複雑な気持にさせられていた。二時間前から、栗田艦隊は攻撃を中止し、明らかに北西に針路をとり、戦場から遠のこうとしていた。しかし、そのままサン・ベルナルジノ海峡の方へ避退してしまうとは、いくら楽観的に構想しても、あり得べからざることである。初めから日本艦隊の作戦目標がレイテ湾にあることは明瞭である。が、砲撃をやめ引き返していってから二時間におよぶ栗田艦隊のゆっくりした動きからは、かれらがなにを企図し、どう動こうとしているのか、中将には予想もつかず、その真意もまったく摑めなかったのである。中将はおよそ期待できないと知りつつも、日本艦隊の避退をやはり期待するのである。しかし、間もなく、それが空しかったことを知らされる。十一時二十七分、警戒の飛行機は再び「栗田艦隊のリターン」を報じたのだ。

二時間前の〝帰る(リターン)〟は遠ざかることを意味したが、こんどの〝帰る(リターン)〟は、レイテ湾へ戻ってくることにほかならない。中将は、薄陽のもれている天を仰いだ。もはや奇蹟をのぞむことは間違っている。あと二時間で敵の強力艦隊は間違いなく射程内に入ってくる。おかれている状況は最悪であった。ともあれその中において最善をつくすことが中将に課せられた義務ではないか。かれは、オーデンドルフ少将の戦艦、重巡部隊に全力出動を命じ、ヒブソン島の北方数マイルの地点に進出待機させた。さらにもう一つ、中将を悩ましている要因があった。一旦は退却したかにみせかけ、実は、無傷に近い志摩艦隊が再びスリガオ海峡からとって返してくるかも知れないということである。これにも、少ない砲数であろうと配置し、備えを固めておかねばならなかった。

オーデンドルフ少将の旧式戦艦部隊は出動した。再び海の底へ沈むかも知れない悲痛な戦いが数時間後に待ちうける。あるだけの弾丸を積み込み、強力な栗田艦隊にたいしても、数時間前に西村艦隊を潰滅させたと同じT字戦法によって応戦しようと綿密な作戦をねった。しかし、狭い海峡と違い広い太平洋が戦場である。キンケイド中将にも勝てる自信はない。といって、ハルゼイ大将の第三艦隊の高速戦艦群は、かりに最初の緊急電報で急ぎとって返していたとしても、あと二時間後にひかえた海戦に間に合わないことは自明の理なのである。機動第一群マッケーン隊の攻撃機はどうであろうか。十時三十分に発進命令が出され、第一次攻撃隊が飛び立った情報が、中将の手に入ることは入っていたが、これとても、二時間半後でなくては戦場にたどりつけないことは確定している。要するに、外からの救援はない。キンケイド中将の第七艦隊自身がみずからを守るほかはなく、といって、できることはきわめて少ないのである。いまは、はかない抵抗であろうとも、栗田艦隊のレイテ湾突入を、一分でも二分でも遅らせ、なんとかハルゼイ艦隊の到着までもちこたえる以外には、第七艦隊にできそうなことは見当たらなかった。

陸上の仮設の司令部にあった攻略部隊最高司令官・マッカーサー大将は、この、自分の生涯の希望を打ちくだいてしまうであろう破局に直面して、ただ茫然としている。その絶大なる指揮権をいかに駆使しようとも、この場合に、できることはかれにはなに一つなかった。そのことがまた、緻密で合理的にものを考える将軍には我慢できない。この危機はあまりに非合理にすぎる。あり得ないはずのことが起こったのである。かれはその回想録に書いている。
「いまの段階では、私は、自分の部隊を固め、戦線をひきしめて、きたるべき海戦の結果をじっと待つほかはなかった……勝利はいまや栗田提督のふところに転げ込もうとしていた」

その栗田艦隊の前進が、勝利を半ばにぎりながらつづけられた。もちろん突入は刺し違えの全滅を意味しようが、それは栄光ある潰滅にほかならない。望むところであろう。出撃の翌朝には潜水艦の攻撃を受け、その翌二十四日はほぼ一日中敵艦載機の空襲、さらに狭いサン・ベルナルジノ海峡での恐怖をともなった航進、そして今日も間断ない空母機の攻撃を早朝から受けている。分秒のゆとりのない戦い。この間に、戦艦一隻と重巡八隻とを輪型陣から失った。歴戦の疲労は骨身に徹している。二十三日いらい不眠不休の戦闘配置であり、死神との直面であり、乾パンをかじりながらの戦闘の連続であった。しかし、大和の巨砲を、ともかく、レイテ湾直前まで運んできたのである。その巨砲のもつ神秘の力をいまこそ試すときがきた。この日までの血も涙も汗も、この一撃のためであった。栗田艦隊の前進は、その意味で、力強く堂々としたものであった。

　しかし、外面はともかく内に一歩踏み込んでみれば、この間に、栗田司令部は、困惑と混乱をまねくような情報の洪水にのみこまれようとしていた。敵の通信はありあまるほど入ってきている。が、それは不正確で、しかも不正確なだけに一層裏になにか不気味なものを感じさせたのである。味方が敵の通信を傍受し、それを転電してくる。そこに味方の報告電がいり乱れた。そのために、発信時刻と到着時刻とがまちまちになり、情報は混乱を招いた。栗田司令部の通信関係を受け持っていた多くの将兵が、大和に移乗できなかったことの影響はまことに大きかった。

「敵空母艦上機ナラビニ損傷セルモノハ、タクロバン基地（レイテ湾の米軍基地）ヲ使用シツツアリ」（味方電）

「高速戦艦を全速力にてレイテ方面に援助されたし、至急高速空母による攻撃を乞う」（直接傍受）

「現命令を取り消す。直ちにレイテ湾口南東三〇〇浬へ向かえ。爾後(じご)、命を待て」（直接傍受）

　激烈な戦闘の間に、いくつもある情報を整理し、そこからいまおかれている情勢を検討し、しかも早急に、正しい結論を導き出すことは容易ではない。艦橋下の作戦室では参謀長を中心として参謀たちの悲観楽観が渦を巻いた。レイテ湾口南東三〇〇浬に布陣したのは、第七艦隊の戦艦・巡洋艦隊と想定できる。前進をつづければこの敵部隊との合戦は必至であろう。これを斃さなくてはレイテ湾突入は不可能。しかも、敵は陸上基地を使用しているらしい。空母からばかりでなく、陸上機の攻撃も考えられる。ところで、その空母は？　敵の機動部隊はどこにいるのか……。三群にわかれていることは、出撃前から情報によってつかんでいた。そして、少なくとも早朝来の合戦でその一群はほぼ撃滅した（と思っていた）。一群は遠くルソン島沖にあり、南下する小沢艦隊に備えている。これもまず間違いない。では、もう一群は……？　すぐ近くのサン・ベルナルジノ海峡沖にいる（はずだ）、と作戦室は種々の検討を経た上で判断する。大分前の、午前九時ごろにつかんでいた敵の通信「救援にあと二時間を要す」というものがあったが、間違いなく、これこそがこの機動部隊の存在と位置とを示しているのではないか。レイテ湾まで二時間の円周の中に、敵機動部隊はいる……。

作戦図を前に、艦隊首脳陣の苦闘はつづいている。その間にも艦隊十六隻は大砲に弾丸を込め、発射管に魚雷をおさめ、レイテ湾をめざして驀進（ばくしん）中である。前面には敵戦艦・巡洋艦隊、側面からは陸上基地の航空機群、そして背後二時間の距離からは敵の機動部隊がじりじりと迫ってくる。敵兵力を図上にこんな風においてみれば、一つの想定が否応なしに浮かび出る。敵の重囲の中に、わが艦隊が陥っているのではないか。ワナ……敵のしかけたワナにはまりつつあるのではないか。

　恐らくそうしたときではなかったかと思われる。作戦室に、味方の南西方面艦隊司令部発信とみられる一つの情報がまい込んできた。

「敵ノ正規空母部隊〇九四五スルアン島灯台ノ方位五度、距離一一三浬ニアリ」

　スルアン島とはレイテ湾口にある小さな島である。そこから五度、つまりほぼ真北へ一一三浬。そのときの栗田艦隊の位置はスルアン島灯台より北へ五〇浬である。かんたんな算術計算でよかった。〝あと二時間で救援〟の電報を発したのは、果たして、この部隊ではないのか。しかも、この「あと二時間」の電報は午前九時すぎ発信であり、南西方面艦隊の敵発見は午前九時四十五分と、時間的にもほぼぴったり符合する、と作戦室の判断は、きちんと整理された一直線の道をたどりはじめた。

　栗田司令部の参謀たちは、敵機動部隊の所在確認で喜び、かつ戸惑った。この敵発見の情報が確実なものであれば、午前九時四十五分より二時間近くなろうとしている。敵機の来襲があってもよいころであった。かりに来援が遅れているとしても、栗田艦隊のレイテ湾突入まであと二時間近くは優にかかるのである。レイテ湾は、栗田艦隊にとって、ワナではないかと次第に強く思えてくる。大部隊が自由に回頭できない湾口で、艦載機群、陸上機群、そして戦艦・重巡の巨砲群と相対するのである。しかも輸送船団が一隻もいなかったなら……。参謀たちを戸惑わせたのはそのことである。

レイテ湾まであと二時間、急速南下中であろう敵機動部隊へもあと二時間、いずれにせよこれが日本海軍の決戦となるのである。参謀たちの頭には、マニラでの、連合艦隊の神参謀を迎えての作戦会議のときの情景が異常な鮮烈さでよみがえってきた。二者いずれを選ぶか、と迷うような状況にたったときには、輸送船を捨てて敵機動部隊の撃滅に立ち向かうのではなかったか……。

栗田艦隊は、なお、レイテ湾への南進をつづけている。苦悩と困迷と焦燥と疑惑の作戦室を中心において、十六隻の艦隊は死の前進をつづけていた。結果論でいえば、一つのことだけは確実である。それは、栗田司令部があと二時間の位置と想定しているような敵機動部隊が背後にはいない、ということである。栗田艦隊は、ついにそのことについて理解することはできなかった。

生産においても技術においてもはるかに劣っていた日本という国家が、その軍事力だけをバックにして、あるいは精神力の過信を根底にして、世界を相手の近代戦を戦い、個々の戦闘はともかくとして、大局的に敗れたのは当然の帰結なのかもしれない。たとえば技術だけを考えてもよい。一つにはレーダーがあった。他の一つには通信があった。それは設備だけではなく、情報にたいする当時の日本人の姿勢の問題でもあったであろう。レイテでの、フランスの国土と同じ広さの海にひろがって展開された戦闘は、未来戦のスタートともいえる意味をもっている。小沢艦隊が巧みに動くことでハルゼイ大将の最強機動部隊を三群ともルソン島の北方海面に引っぱり出し、レイテ島海域には強力な艦隊が存在していなかった事実、しかしその情報を、最後の最後まで、栗田司令部がつかむことができなかったというのは、不思議という以上のなにかを感じさせる。これまでにしばしばいわれてきたように、小沢司令部の不手際（送信器の故障といったような）では決してない。「艦隊が敵と触接した」ことを意味する電報も、「松田支隊の南下」を知らせる電報も、瑞鶴から大和の電信室へ間違いなく届いている。しかし、それが作戦室まで届けられなかったということになっている。

大和を中心にして、レイテへ向かって前進をはじめたころ（十一時二十七分）、小沢中将は、損傷はなはだしい空母・瑞鶴から旗艦を大淀へ、みずから司令部を率いて移乗していた。そして新旗艦大淀から、栗田司令部へ電信を送った。大淀はもともと連合艦隊の旗艦であったほど、通信能力に秀でていた。

「大淀ニ移乗、作戦続行中」と。

この電報の意味することはまことに明瞭であろう。旗艦がやられるほどの戦闘が、現にいま戦われているということである。小沢中将は瑞鶴とともに死ぬつもりであったが、艦隊はなお戦闘をつづけなければならない、全艦隊がつぶれるまで司令長官としての責任があるということから、中将は大淀移乗を承知した。その悲壮な決意が、この電報から読み取れるであろう。この電報も一時間後には大和につく。しかし……なぜか……艦橋へは届かない。栗田司令部が小沢艦隊の動向について何ら情報をもたなかったとは、評する言葉もなくなってしまう。

このときのエンガノ岬沖——執拗だった第二波の攻撃群が去ったあとの海上に、激しい空戦に生き残った直衛の零戦数機が、燃料を使い果たして不時着するのが、各艦の艦上から眺められた。もはや着艦できる空母はいない。それだけに親鳥を失った雛鳥のごとくに思われ、敗北の海に将兵の悲愁をひときわ強く誘った。司令部移乗のため停止した大淀の近くに着水した零戦の搭乗員が、風防をあけて、沈みゆく機上に無事な姿をあらわしたとき、艦上に思わず歓声がわいたのは当然のことであったろう。搭乗員は大淀めざして必死になって泳ぎだした。航海士・森脇少尉は、そのひとかきひとかきの平泳ぎに合わせて、心の中で思わず掛け声をかける。搭乗員が波間に白い歯をみせて笑ったように少尉には思えた。助かったという安心の笑みであったろうか。

しかし、戦闘は非情であった。小沢中将をはじめ幕僚がカッターで舷側にたどりつき、乗艦すると同時に大淀は前進をはじめたのである。森脇少尉は、眼前の海がみるみる後方に追いやられるような錯覚をいだいた。自分が動いているのではなく、搭乗員を抱いた海面が後方にすべった、一瞬、そうとしか思えなかった。しかし、必死に泳いでいた搭乗員の頭が、あっという間に豆粒からゴマ粒となり、波間に消えたとき、少尉はなぜか自分が代わってやりたいと思った。そして、どうせ俺たちもいずれあとを追うのだから、とあきらめた。間もなく心の整理もなされ、感傷もふりすてられて、再び少尉は果敢な戦士に戻っていく。

こうした非情の海にあって、なお全滅を期して戦わんとする小沢艦隊の敢闘精神を裏切るかのように、もっと南方海域では、このとき奇妙なことが起こりはじめた。ハルゼイ艦隊の最前衛にあって、風を切り、歯をむきだしたかのように舳（へさき）は白波を蹴立てて突撃北上をつづけていたリー少将の六隻の高速戦艦のスピードが、突然に落ちたと、見るまに、灰黒色の艦首がゆっくりと南へ南へと回りだしたのである。正確に十一時十五分だった。全速力で追いつめ追いつめ、そして、一士官の言葉をかりれば「あと二、三分で、爪先立ちすれば敵艦隊のマストが水平線上に見られるほど」小沢艦隊に肉迫してきていながら、突然、一八〇度旋回し針路を南にとりはじめたのである。

確かに、この士官の言葉に誇張はなかった。高速戦艦群はあと四二浬の距離に小沢艦隊を追いつめ、決定的な海戦を行える水域にまで迫っていた。

ニミッツ大将からの電報をハルゼイ大将が受け取ってから一時間は優に経ってい る。この一時間は、これを無視しているかのように北上をつづける最新鋭戦艦の自室にあって、豪気の大将には、懊悩（おうのう）の時間であったに違いない。キンケイド中将よりの最初の悲鳴が送られてから、考えてみれば三時間以上になんなんとしている。この間、大将は日本の機動部隊にのみ闘志を向けて北上をつづけてきた。それは、さながらハルゼイ大将の辞書に「反転」の文字がないかの如くに。……それをいま、そのさかんなる闘志を屈するのであろうか。後に回想して「黄金（ゴールデン）にかがやくとき（・オポチュニティ）」と書いているその機会に、あえて眼をつむるのであるか。

高速戦艦の四〇サンチ主砲には戦闘を決定づける弾丸が込められていた。あと一歩で、この主砲弾は日本機動部隊の頭上を襲うのである。そのぎりぎりのときにきて、〝世界が知りたがっていた〟第三十四任務部隊は、針路を一八〇度南にとった。司令官W・リー少将の心中におだやかならざるものがあったと考えられる。約三〇〇浬を北上し、一発の砲弾も発射しないで、また三〇〇浬を高速で引き返し南下せよというのだから。

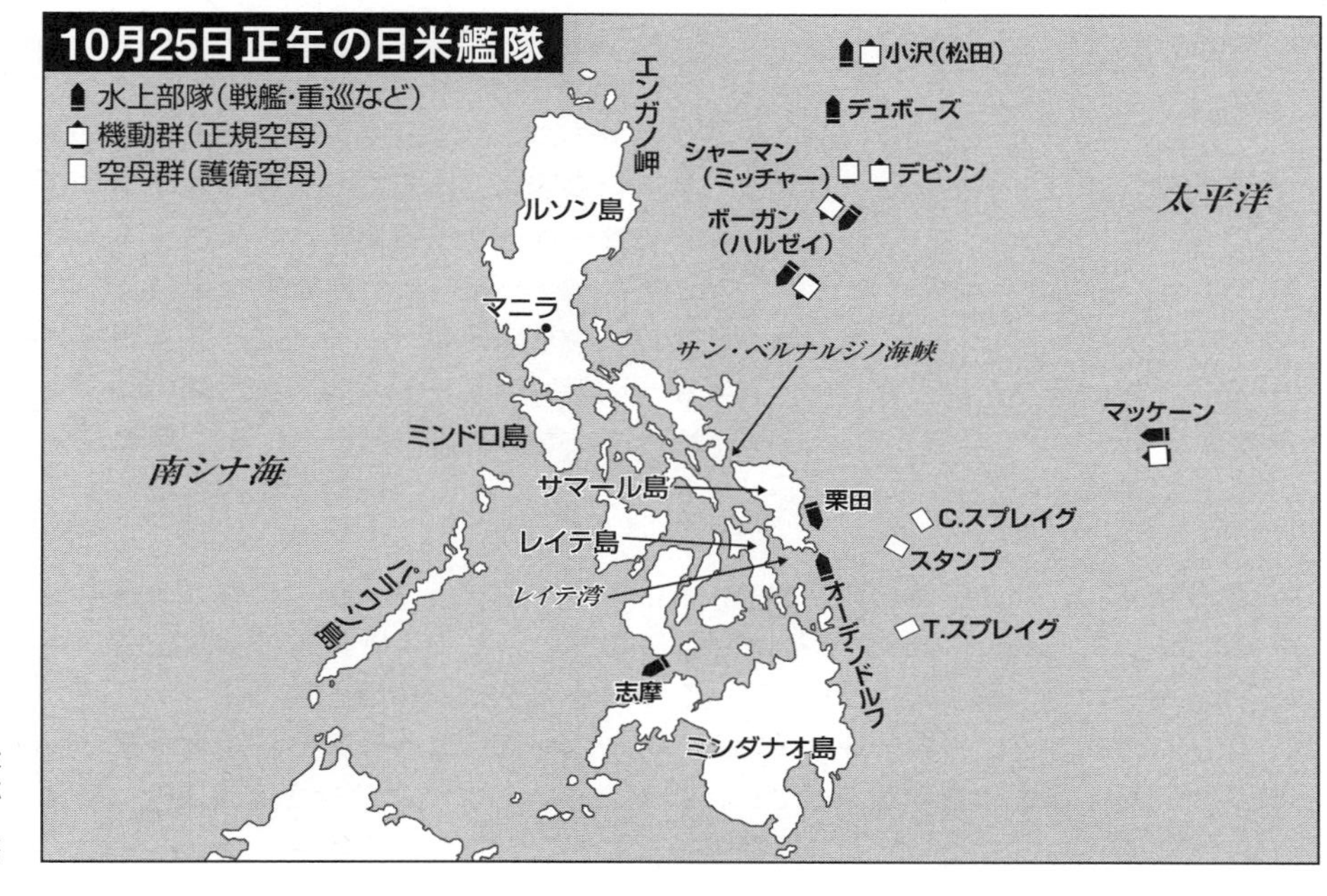
10月25日正午の日米艦隊
水上部隊(戦艦・重巡など)
機動群(正規空母)
空母群(護衛空母)
エンガノ岬
小沢(松田)
デュボーズ
シャーマン(ミッチャー)
デビソン
ボーガン(ハルゼイ)
太平洋
ルソン島
マニラ
サン・ベルナルジノ海峡
ミンドロ島
南シナ海
マッケーン
サマール島
栗田
C.スプレイグ
レイテ島
スタンプ
パラワン島
レイテ湾
オーデンドルフ
T.スプレイグ
志摩
ミンダナオ島

しかし、あらゆる感情、ゆきがかり、非難を踏みつぶし、ブルス・ラン（牡牛の突撃）が再び開始された。ハルゼイ大将は、三つの機動群のうちの一つであるボーガン隊を航空支援のため引き抜き、自分に同行するように命じ、同時に、あとに残していく二つの機動群を支援させるために、第三十四任務部隊からR・デュボーズ少将指揮の巡洋艦隊をミッチャー中将に分派した。かくて、重巡二隻、軽巡二隻、駆逐艦十二隻は、南下する本隊と離れ、第三・第四機動群とともに、戦闘海域に残る。

ハルゼイ艦隊の攻撃力は二分された。南下するのはリーの高速戦艦艦隊とボーガン機動群。そして小沢艦隊を求めてなお北上をつづけるのは、シャーマン機動群、デビソン機動群にデュボーズ巡洋艦隊。陣容はととのった。ハルゼイ大将は南下する戦艦ニュージャージーの艦橋から、気を落ち着けて、ニミッツ大将へ報告を送り込む。高速戦艦群ならびにボーガン隊を引きつれ、第七艦隊を救援すべくわれは、レイテ湾めざして前進中であると、おごそかに申しのべた。さらに、悲鳴をあげつづけるキンケイド中将にも「機動第二群および戦艦六隻、レイテに向け急進中なるも、明朝午前八時以前に到着の見込みなし」と打電した。

——レイテ海戦全般に大きな転機が訪れてきた。この十一時から十二時までの時間において、日本艦隊もアメリカ艦隊も、戦闘を決定的にするチャンスを眼の前にしながら、なぜか、それをつかみとる最後の飛躍から身をそらせた。鋼鉄の意志が不足していたわけではない。むしろ、送られてきた情報にたいする明確な分析と、冷静な判断と、謙虚な認識のなかったことを原因と考えた方がいい。自分が作った幻影にしばられ、それにたいしてのみ一途に戦いを挑んだ。それは人間のもつ過誤、油断、不手ぎわの集積の中に生まれたものであった。そこから突然に生じた転換は、かならずしも突発事故ではなかったのである。戦闘スタートから底流として静かな動きをつづけていたものが、あるとき奔騰して大きな運命の流れを形成したと考えられる。

そして正午の時点で、アメリカ海軍はすでにその新しい運命の流れに乗っていた。海戦の主力・ハルゼイ機動部隊は二〇ノットで南へ走り出してしまった。日本は、主力・栗田艦隊がこれからその流れに身をまかせ、レイテ湾を背にして、まぼろしの敵艦隊を追って北へ走り出そうとする。いずれにせよ、決定的な戦いのときは去りつつあったのである。

「武人の情けだ、引き返そう」

離脱

〈十月二十五日午後・夜〉

瑞鳳（ずいほう）
空母。昭和19年（1944）、エンガノ岬沖にて〈資料提供：大和ミュージアム〉

〈12時から14時〉

1

大和艦橋には、レイテ湾突入を前に緊張の色がみなぎっていた。混乱を持ち込むような情報や事実が流れ込んできていたが、〝救援にあと二時間〟と〝スルアン島から距離一一三浬の空母部隊〟という妙な暗合が、奇妙に栗田司令部の参謀たちの頭を支配し、心に大きな重しを載せた。そして、十二時少し前に、大和は左一七〇度、距離三八キロの水平線にマストらしいものの移動を発見した。トップの見張りはそれを「ペンシルバニア型戦艦および駆逐艦らしき四隻」と報告した。この事実も、傍受した電信「レイテ湾口南東三〇〇浬」で布陣しようとする敵艦隊の動きに、ぴったりと符合した。

苦しいような緊張が持続した。敵艦隊が前面に待ち受けているのは確実である。敵機動部隊は背後から迫っている（と思われる）。それでもなお、レイテ湾へ突入すべく栗田艦隊は突進をつづける。それが作戦命令だからである。

十二時十五分ごろ、また敵機が艦隊を襲った。だれもが新しい敵だと思った。朝から敵機とは間断なく戦いつづけ、それらはほとんど勇敢ではあったが、ばらばらの、数機ないしは単機による常軌を逸した攻撃が多かったが、こんどの空襲は見事な編隊爆撃であったからである。栗田艦隊は固い防御の輪型陣を組んでいたため、効果的に応戦した。しかし、ひとり勇戦の利根が艦尾に二五〇キロ級の直撃を受けざるを得なかった。

利根は舵機に故障を生じ、面舵になったまま、輪型陣から脱落、広い海面に大きな円を描いて回り出した。重油が長く尾をひいた。水測士・児島少尉は自分の艦の不運を呪っていた。ここで孤立しては集中攻撃を受けて沈没あるのみではないか。せっかくここまできていながら、これで運命もきわまったかと、少尉は心細く思った。どうせ死ぬのはわかっているが、同じ死ぬのも、レイテ湾に突入してからにしたいと、二時間前の反転をうらんだ。あのときならレイテ湾口に手のとどく距離にあったものを、いまはそれをはるかに遠ざかったところで、この荒だつ海に泳がねばならないのかと、かれはすっかり憂鬱だった。利根ひとりが取り残されたとき、〝孤立〟ということの意味について、児島少尉はしみじみと考えさせられていた。

「利根舵故障ス」の報告はただちに大和に届けられた。参謀たちの頭に判断するための一つの材料を利根被爆が提供した。ここで受けた攻撃は、明らかに背後に迫ってきた敵機動部隊よりのものと思われる。それほど見事な編隊攻撃ではなかったけれども……。

大和艦橋下の作戦室の混迷は深まった。米攻撃隊は、実は、スタンプ少将がほかの空母群の飛行機をもかき集め強引に発進させたものであったが、栗田司令部はまったく気づかない。そしてこの期に及んで利根損傷にひとしく眉宇を曇らせたのである。

勝負にはツキがあるという。波があるという。確かに、追撃を中止し、集合に手間どった二時間が、戦闘を形づくる曲線において、アメリカ海軍に上昇の勢いを与え、栗田艦隊は、知らず、静かな下降線を描かせていた。勝負の波とはそういうものであろうか。

大和の作戦室ではいぜんとして静かな論が戦わされていた。同じ条件で輸送船と機動部隊を目前にしたとき、輸送船を捨て、あえて機動部隊を攻撃目標にえらぶべきではないか。決戦とはそういうものである。しかも、出撃前に参謀長より連合艦隊に了解はとりつけてある。ならばこそ、レイテ湾突入中止、新しい機動部隊撃滅に向かうべきであるといいだすものがあった。日本海海戦いらいの「艦隊決戦」思想である。その参謀はつづけた。スルアン島の北一一三浬といえば、栗田艦隊の現在地点より北に約七五浬である。急ぎ南下してくる敵機動部隊と、二時間で、うまく近迫砲戦を開始できるであろう。

　後になって冷静に考えれば、機動部隊は当然一〇〇浬手前から攻撃機を放つはずであるし、早朝ならまだしも、午後一時近くもなって、まったく予期もせず日本艦隊を砲戦距離内に引きいれてしまい、あわてふためくようなことが敵に起こり得るはずがない。いや、かりにうまく砲戦距離内に引きいれるとしても、高速空母を追撃するのが如何に至難かは、つい数時間前に体験したばかりではなかったか。にもかかわらず、作戦室はあたかもそれが可能であるかのような幻想に陥っていた。今朝来の砲雷撃による敵機動部隊撃滅の喜びが、大きな幻想を確信にまで高めていた。

　レイテ湾にはもはや敵がいないのではないか、というものもあった。西村艦隊の先行突撃が日本艦隊の意図をかれらに明瞭にさせ、当然それに対処しているだろうというのである。その意味でも、西村艦隊の単独突入そして全滅が与えた影響は深刻であった。電信傍受でもそのことを確かめたし、先刻の敵艦影発見でも明瞭なように、いまや敵艦隊は洋上集結を命じられている。艦隊が移動する以上は、輸送船団もまた湾内から遠く避退しているに違いない。いや、かりにいたところで、上陸よりすでに一週間、このときに及んでは、恐らくそれらはから船になっていることであろう。こうした参謀の論理は、自然に、から船との心中の局地戦に日本艦隊の栄光を賭けるのか、という悲壮な気持にまで高まり、いつか幕僚たちを北進＝敵機動部隊撃滅への期待と確信に運び去るのであった。そしてより不思議なことは、レイテ湾口で迎撃態勢を整えているであろう敵戦艦群にたいしては、一顧だに払われていないことである。強いて脳裏から消し去ったのかと思われるほどのかたくなさで、戦艦群との決戦については一言も論じられなかったのである。

たとえ情報が断片的であり、冷静に考えればあり得ないような誤断を確信にまで高めたとしても、それが戦場心理というものであろうか。多くの戦史は、それが攻撃軍である場合、兵力の七〜一〇パーセントの損害を受ければ攻撃は頓挫(とんざ)し、三〇パーセントを超えたら攻撃は中止されることが多く、五〇パーセント以上なら退却することを示している。栗田艦隊の損害は出撃から比べれば半ばを超えていた。退却しても不思議はないときである。しかし、かれらは突撃をつづけてきた。〝悲壮な〟という形容詞をつけた方がより正確となる突進であった。損害は覚悟の上のことであったし、初めから意に介さない。全滅するもまた厭(いと)わなかった。天皇のため、国のため、そして日本海軍の栄光のために、かれらに〝退却〟はなかったのである。

ここから栗田司令部の心理の中にある変化が生じたと考えられる。早朝からの、予期もしなかった敵機動部隊撃滅が、自分たちの〝死〟にたいしてそれまで忘れていた比較をもたらしたのであろう。目標は敵機動部隊か輸送船団かという重さの差でもあった。事実は重さに差はないと考えるべきであるのに、日本の軍人精神からしてみれば、比較にもならないほどの差をもっている。もちろん死に変わりのあろうはずはない。そこに当然のことのように〝栄光の死〟が加わってきたのである。当然退却すべき状況に追い込まれながら耐えに耐えてきた艦隊首脳部の心に、一通の電報が希望の小石を放り込んだのである。艦隊決戦思想の論はみるみるうちに幕僚たちの心をゆり動かした。それは胸の中にくすぶっていた小さいものが急に燃え上がったといいかえてもいい。いや、そうとしかいいようがない。鋒をあくまでレイテ湾に向けるべきか、あるいは敵機動部隊に指向すべきか、いずれにせよ、死であることに変わりないとしても、どちらがより成果をあげ得るか、どちらにより多くの〝栄光〟が与えられるか。問題は意識するとしないとにかかわらず、そこへしぼられていく。しかも栗田中将は艦隊決戦論者であった。

根底となるのがただ一通の電報であり、湾内はからではないかとする類推であり、想像の上の敵であり、そのほかなにも確認していない不安があろうと、この場合それは問題とならなかった。敵空母撃滅という先入観がすべてを可能に結びつけて律するのである。主観的な抽象的な世界にのめり込む。期待が確信となり、そして現実となっていく。戦いのほんとうの残酷さ、惨烈さを知らない三代目海軍の、エリート士官のロマンティシズムか。結果論でいえば、「易きについた反転」という解釈がここから生まれてくる。

議論はされるだけされた。作戦室は沈黙した。いまは、決断するときであった。日本をはじめ、世界中の目と耳がその上に集中され、灼きつくような実感の中で、栗田健男中将は決断する。

「北進する！」

その決断が正確には何時ごろなされたかはわからない。しかし、少なくとも、十二時十五分よりは早くはなかったであろう。十二時十五分、このとき、小沢中将が十一時ごろに発した〝旗艦ヲ大淀ニ移乗、ナオ交戦中〟の電報を、大和の通信室が受信していた。それは、なぜか、またしても艦橋にも作戦室へも届けられていなかった、ということになっている。偶然だろうか、手違いだろうか。偶然が重なると必然に見えてくるという。日本海軍は必然の滅亡の道を歩んでいたのか。捷一号作戦そのものを、すでに犠牲となった愛宕、摩耶、武蔵、扶桑、山城、最上、満潮、朝雲、山雲、千歳、秋月の死を、そしてこの後にも次々に海底に没するであろう多くの艦艇の死を、すべて空しくするような決断は、この受信の後になされたと考えられる。

無念の死をとげた多くの将兵の〝死の意味〟をもう一度思い浮かべてみよう。かれらはなんのために死んだのか？　西村艦隊の突入はなんのためか。小沢艦隊の将兵が甘んじて雷爆撃の標的になろうとしているのはなぜか。関大尉ら十三人の若い人が身を捨てて空母に体当たりをしたのは、なにを期待したからか。大和の巨砲を、長門の巨砲を、すべての艦艇の砲弾と魚雷を、レイテ湾に送り込むためではなかったか。たとえ、それがきびしすぎる現実であろうとも……。栗田司令部は小沢艦隊からの電報を手にしながら、ついにこれを見ることはなく、幻想を現実と錯誤するのであった。「艦隊決戦」という亡霊がついにかれらに決断を下させた。

栗田中将は敵機の空襲のつづけられているさなか、大西中将と三川軍一（みかわぐんいち）中将（南西方面艦隊長官）あてに、サマール島東北部の沖にあると報告された新手の敵機動部隊にたいする航空攻撃を要望し、同時にみずからも北方に転進し、敵機動部隊に決戦をいどむ決断を電信にして送ったのである。決断は報ぜられ、レイテ湾突入はあっさりと棄てられた。十二時三十六分である。

この空襲が終われば、新しい敵を求めて、やがて全艦隊は反転するであろう。レイテ湾は動かず眼前にある。敵機動部隊は動き回り、会敵はかならずしも必至ではなく、未知数である。その未知数に全艦隊の運命を賭けるのである。退却ではない。新しい戦闘を栗田艦隊は指向しているのである。

大和の作戦室での、まぼろしの機動部隊を求めての反転の決意も知らず、エンガノ岬沖の小沢艦隊では悪戦苦闘がなおつづけられていた。栗田艦隊が反転する直前の十二時三十一分、大淀に移った小沢中将は一通の電報を全軍に打電している。

「〇八三〇カラ一〇〇〇迄敵機約一〇〇機ノ来襲ヲ受ク　戦果撃墜十数機　被害秋月沈没多摩落伍其ノ他……」

この電報も、戦艦大和の受信室は受け取っている。午後二時三十分ごろである。だが、これもまた栗田中将の手もとに届かなかった。またしても、なぜ？　の疑問がわく。

ともあれ、落伍と小沢長官に報告された多摩は、一三ノットまでに速力を回復し、単艦で沖縄へ回航を命ぜられよろよろとしながら戦場を去った。また、一度は沈没の危機にさらされた千代田の消火応急措置は功を奏し、火災が鎮まったため、日向坐乗の松田少将は、千歳の漂流者を救助しやっと本隊に追いついてきた五十鈴に、曳航の準備を命じた。一艦たりとも沈めまいとする意志が全軍にみなぎっている。そして幸いしたことは、第二波の攻撃が終わったあと、第三波までかなりの間隔があったことであり、損傷艦はこの間にかなり有効な応急措置をほどこすことができた。

その原因がハルゼイ大将の突然の反転決意にあったことなど、小沢艦隊の将兵はだれ一人として知らなかった。ましてや、もし反転がなければ、小沢本隊よりかなり遅れた南の海上で漂流する千代田、救助にはげんでいた五十鈴と槇、そして損傷した多摩の四艦が、リー少将の高速戦艦に捕捉され、その四〇サンチ砲の猛射を浴びるところであったということなど、想像できるはずもなかった。

ともあれ、小沢艦隊の第二部隊ともいうべき松田支隊は、第一波第二波の集中攻撃を食い、もはや艦隊としての形をなしてはいないほど、分散してしまっていた。旗艦日向は霜月一艦だけに護衛されて、小沢中将指揮の本隊に合流しようと北上をつづけ、五十鈴と槇の視野からは消えた。

だから、五十鈴の竹下少尉が、十二時四十五分「千代田ヲ曳航、中城湾ニ向カエ」の命令を知らされたときの感想は「やれやれ」という言葉につきた。いくら最下級の士官でも、激しい空襲下での曳航作業、さらに敵潜の暴れ回る太平洋を何千浬もの距離を走破して沖縄までたどりつくことが、常識的にも不可能であることは、推量できたからである。

しかし命令は命令である。従わないわけにはいかないし、また喜んで従ったことは、その後の五十鈴の奮闘をみればよくわかる。千代田に近寄り、後甲板に曳航準備をしているとき、レーダーは敵の大編隊を探知、すぐ全力即時待機、つまり命令一下いつでも全速力を出せるよう、機関の準備をする命令が下った。またしても空襲である。が、五十鈴は致命傷ともいうべき難問をかかえこんでいる。それは、二十二日に行われた燃料洋上補給の際に、パイプが破れ重油を予定の三分の一も積まないうちに打ち切られたことである。アキレス腱に傷をうけている機関科は、艦長命令であろうと、全力即時待機などしていたらたちまち洋上で立ち往生する、二六ノット即時待機にしてほしいと意見具申した。艦長・松田源吾（まつだげんご）大佐は天を仰ぎながらこれを承認する。

午後一時、敵の大編隊は空をおおって小沢艦隊に近接した。ハルゼイ大将が戦場を去ったあと、攻撃軍の指揮をまかされたミッチャー中将が、全力をもって殴り込んできたのである。機動第一群マッケーン隊を途中から栗田艦隊攻撃にとられ、まったまたハルゼイ大将の〝牡牛の突撃（ブルス・ラン）〟のあおりで機動第二群ボーガン隊を引き抜かれ、全兵力の半分とはなったが、それだけにミッチャー中将は闘志を燃やした。百六十機の大編隊による総攻撃第三波。攻撃総隊長より敵艦隊発見の報があったとき、中将は電話機にそれまでたな上げにされていた憤懣（ふんまん）も一緒に叩き込んだ。

「空母をやっつけろ。ぴんぴんしているやつを沈めてしまえ！」

このとき、サマール島沖で不運の重巡鈴谷（すずや）に最後が訪れていた。熊野（くまの）より移乗していた第七戦隊の司令部は、鈴谷が被爆し魚雷の誘爆を起こした直後すでに利根に移されてあった。さながら司令部が厄病神であるかのように、移乗したさきの重巡は次々と不運に見舞われ、利根もいまは舵をやられ同じ海面で大きな輪を描いている。しかし、利根にはいまのところ沈没の恐れはないが、鈴谷はもう艦尾から沈みはじめていた。焰をまじえた煙は艦橋に襲いかかり、退艦命令が出されてあとの艦上には、艦長、通信長ら士官四名と応急関係の下士官兵十数名を残すばかりであった。沖波が海上から漂流者を拾いあげつつ見守る中で、鈴谷は艦首を高く上げた。そのまま横倒しとなり海底深くあっけなく姿を消した。前甲板にあった艦長らの残留員は海中に放り出された。沖波は、鈴谷の沈没を大和に報告した。サマール島沖で、栗田艦隊がこうむった最初の喪失になった。

ミッチャー中将指揮下の攻撃隊が小沢艦隊の上空で散開攻撃に入ろうとし、サマール島沖で鈴谷が姿を消したその時刻、午後一時二十五分、レイテ湾まであと一時間余に迫った栗田艦隊旗艦大和の高い檣頭は一旒の旗旒信号をはためかした。利根を落伍させたあともつづけられていた空襲も終わり、敵弾回避のため広く散開していた各艦は、旗艦よりの命令に従った。

「三二〇度ニ右一斉回頭！」

真北を零度とし、時計の針の方向に東西南北を細かくきざむ。真南が一八〇度である。三二〇度は、すなわち北々西であろう。艦隊は一斉にぐるりと大きな円を描いて、レイテ湾に背を向けた。

羽黒の甲板士官・長谷川少尉は「もう一回やるんだ！」と艦橋でしきりにかわされている戦隊司令部の幕僚たちの会話を耳にしていた。かれは反転にもさしたる感慨をもたなかった。生命にたいする執着をとうに捨てている少尉には、しきりに勇んで叫ばれている声そのものが、いまさらと思われ、なぜか、気抜けしているようにも感じ、その気抜けを押さえようと、ただ口から強い言葉が飛び出しているにすぎないように感ぜられてならなかった。

戦闘にあるのは耳をつんざくような砲撃、銃撃、爆撃の轟音だけである。しかし、喧騒が去って行くと、戦場には底知れぬ虚無が漂う。あまりに長い、しかし長いとすら感じることもできぬ戦闘によって心をむしばまれ、将兵は朦朧とした気持になっている。絶え間なくつづいた緊張感、疲労、轟音と恐怖と、そして血まみれの死者、ひん曲がった鉄骨と弾痕と、血の堆積。あとに残されたものは灰色の雲の往き来と、まったくの静寂であった。

目的地であるレイテ湾口をあとにすると知ったとき、ああ、これで終わるのだなと思った将兵は多かった。かれらはなにが終わったのか明確にとらえたわけではない。漠然と、自分の胸の底の方に、コトンと音をたてて支え棒が失われたような実感をもつのである。磯風の通信士・越智少尉が感じたものもそうしたものであったろう。なんだレイテには突入しないのか、ということの方が、反転とか新しい敵とかよりも、実感としては大きかった。そうした白々としたものを感じながら、少尉がこのときはっきり記憶しているのは、舵をやられくるくる回っている利根のあわれな姿であった。

切歯扼腕していた将兵も多かった。眼の前にレイテの入り口の島かげが見える。戦いに戦ってきた意味はこの一点に収斂される。距離的にも、時間的にも、ここまで切迫してくると、自分の気持の抑えようがなくなっていた。早く仕事をすませて帰りたかった。どこへ帰るのかそんなことはわからない。やるだけのことをやって帰りたかった。しかし、突然にそれが中止になったという。榛名の通信士・榊原少尉が感じたのは「西村艦隊は全滅し、愛宕、武蔵などもやられているじゃないか。その弔合戦もやらずに、ここまで来ていながらどうしておめおめと帰るのか」という怒りに近いものであったという。

作戦全般の大きな動きがわからないため、という理由もあろう、しかし榊原少尉の痛恨はかならずしもかれだけのものではなかった。若い士官たちは、レイテ湾の島かげの遠ざかるにつれて怒りの感情をより強くし、改めて切歯扼腕するのである。

失矧の大坪少尉のように、四六時中敵機との格闘戦だけにまき込まれ、艦隊がいつ反転したのか、まったく知らないものもあった。知らないのではなく、意識しなかった。ジグザグ航進とでも考えていたのか。確かに栗田艦隊の上に殺到する敵機は〝時間をおかずに〟攻撃をしかけてきた。記録によっても、スタンプ隊の攻撃のほぼ終了したのが十二時五十分ごろ、つづいて一時十四分、大和が右一斉回頭の旗旒をあげ全艦隊が反転し終わらないうちに、見張員は敵の大編隊を視認しているのである。大坪少尉が反転にたいしておよそあずかり知らぬ存在でいたのも当然のことであったろう。だから、このエネルギッシュな少尉は、レイテ湾に向かいつつあるものと信じ、ひたすら機銃群の指揮をとっていたのである。

その日一日じゅう、少尉の眼に映っていたのは、ほとんど垂直に空から降ってくる銀白色の星のマークの胴体のみである。星のマークはあらゆる方向から、次々と、正確な間をとって突っ込んできた。上空で順番を待つ攻撃機群、攻撃を終え機銃掃射のチャンスをうかがう群、少尉の視線はたえず上空に向けられていた。もし、そのとき艦隊がレイテに背を向けたと知らされたら、どんなにか、かれは驚き、痛憤したことであろう。

いや、そのときに驚いたものは上空にもあった。一時三十分、機動第一群マッケーン隊の攻撃機がやっと戦場に到達したのである。かれらが知らされていたのは、レイテ湾の方向に進撃する日本艦隊である。だが、かれらが戦場において見たのは、まさに正反対、レイテ湾に背を向けて走る艦隊ではないか。しかし、驚いてばかりはいられない。二時間半余り、くたくたに疲れた飛行のあげくにかれらは攻撃を開始せねばならない。あまつさえ、急げ急げとただそれだけの命令が、かれらから協同攻撃をさせるだけのゆとりを奪っていた。ハンコック、ホーネットそしてワスプの三空母の攻撃隊はそれぞれ別々に、続々戦場に到着すると、勝手な突撃をはじめた。第一線の、しかも最強と謳(うた)われた第一機動群の堂々たる編隊攻撃にもかかわらず、成果には見るべきものがなかった。至近弾をいくつか得たほかは、命中は一発もなかった。

エンガノ岬沖の小沢艦隊の受けた空襲は、そんなに生やさしいものではなかった。攻撃は瑞鶴(ずいかく)に集中して開始された。午後一時三十分、レキシントン隊十二機とエセックス隊九機が協同、一挙に小沢艦隊唯一の正規空母を狙って急降下した。さらに雷撃機が海の上を這って魚雷を打ち込んできた。

二キロはなれた、海上ではつい眼と鼻の先にいる瑞鳳からは、瑞鶴の苦戦が手にとるようであった。開戦いらい、真珠湾に、インド洋に、珊瑚海に、南太平洋に、そしてマリアナ沖と、三年間にわたる海空戦にすべて参加し、戦艦、空母、重巡などをまたたく間に撃沈してきた瑞鶴の奮戦がそのまま裏返しとなって、いま三万トンの空母にふりかかっていた。

しかし、瑞鶴は耐えながら吼えた。全艦が巨大な咆哮となった。機銃、高角砲、命中音、すべてが一つの轟音となり、血も凍るような爆風となって、大空に噴騰した。空母の隔壁は砲と爆弾の震動のためふくらみ、床はふるえ、ゆらいだ。そして、いつか傾いていた。

傾きながら白波を蹴立てて全力で飛ばしている空母、それでいながら少しずつ遅れていく瑞鶴を、ある感動をもって凝視していた瑞鳳の将兵は、一つの発見に驚きの目を見はった。爆音も水柱も火焔も黒煙も眼には入らない。かれらは瑞鶴の巨大さに圧倒されたのである。瑞鳳に比べて、瑞鶴のなんと大きいことか。傾斜したため、その飛行甲板の全容が、初めて瑞鳳からも見えたのであった。その巨大な空母はついに停止し、そしてのたうった。

瑞鶴を打ちのめしたと察知した敵機が目標を瑞鳳に移動したとき、瑞鶴の高角砲指揮官・峯少尉は自分の空母に最後の訪れたことを承知した。楽観的に考える余地もない。兵は黙ったままじっと少尉を見つめ、その顔、顔には混乱と興奮と陰惨な恐怖の色が浮かんだ。ここでしっかりしなければ、とかれは思った。艦が沈んだら助けられないものと覚悟しておけと上官からいわれ、また部下にもいいつづけてきたが、いよいよそのときが近づいたとき、どんなに覚悟を固めようとも結局は無駄であることを知った。恐怖心が生まれ、泳ぐことが恐ろしく思えた。しかし、それからのがれることは力の及ぶところではなかった。死か生か、選択の自由はないと少尉は思い、気をひきしめて遠い海をにらみつづけた。部下の眼を意識しながら平然としているように装い、海に視線を送っていた。

航海士・近松少尉も艦橋下の電話室で部下の注視を浴びていた。艦の傾斜は急速に増した。かすかにとどいていた震動もいつかとぎれ、「艦が停止しています」と舷窓よりのぞいた兵がいった。傾斜はすでに一五度を超し、うすく明かりをたもつ室に、青白い顔がいくつも浮いた。少尉は指揮官としての自分の立場を考えた。責任を負うということは決定することなのか。いまの場合、では、なにを決定するのか？　乗組員のだれもが自分の艦が沈むとは考えていないとき、艦が沈むことを伝えることか。「あわてるな、落ち着け」と若い少尉はいい、かれより年長の部下が「はい」とそれに答えた。

少尉は不意に歌い出した。

　男なら男なら
　急くな　さわぐな　最後のときは
　艦は傾く　明りは消える
　陛下万歳　あちこちに……

「貴様たちも、知っているだろう」と少尉はいった。それは、また、自分にいいきかせたものであった。「いまはそのときだ。いいか、一緒に歌っていこうではないか」

　南の、やや下がった海面では「曳航シバラク見合ワス」と千代田に信号し、五十鈴が敵機四機を相手に戦いこれを撃退していた。そしてまたそろそろと千代田に近寄っていた。軽空母といっても、五十鈴からみれば千代田は山のような鋼鉄の艦だった。それが敵機の乱舞する海面でただ潮流と風に身をまかせ動かずにいるのは、かえって鬼気をよびよせるようである。

　五十鈴艦橋では、この間にすばやい計算がなされていた。一二ノットで曳航したとしても、中城湾まで達しないうちに燃料は底をつく。途中での給油がないかぎり、千代田曳航は不可能である。艦長はすぐ日向に途中での燃料の手配を頼んだが、日向の司令官は、状況によっては千代田乗組員収容後にこれを処分し、北方に避退せよと、早くもあきらめの返事を送ってきた。

しかし、五十鈴はあきらめなかった。現実に千代田を眼の前にするものと、そうでないものとの違いであったろう。死闘のかぎりをつくして立ち直った千代田を、このまま沈めてしまうにはあまりにも忍びないではないか。問題は油だけとなれば、なんらかの手の打ちようがある。

「貴艦ハ曳航用ワイヤーヲ出シ得ルヤ」

千代田から〝可能〟の返事が返ってくる。生き残る道を、二艦は力を合わせて開こうとする。


サマール島沖では、捷一号作戦はあと一歩のところまでいってついに挫折し、いまや急速に収束に近づきつつあった。しかし、エンガノ岬沖では、不可避の危機はまだしばらくは襲いつづけるのである。しかもより拡大され、強化される傾向で。空からと、さらに海上からの攻撃の危機が……。なぜなら、ミッチャー中将は、二つの機動群があまりにも前進しすぎたと判断し、戦線の全域にわたった巨大な空母を集結し、それ以上の北上を停止した。かわりにデュボーズ重巡戦隊にたいしては、〝破損漂流せる艦を掃蕩（そうとう）すべく〟前進を下命していた。果たして五十鈴が千代田曳航に成功するか、デュボーズ重巡戦隊の追撃が間に合うか、微妙な時間の競争となった。

2

〈14時から16時〉

日本の機動部隊の誇りともいうべき空母・瑞鶴の力はついに尽きた。おとり艦隊の旗艦として、悲壮きわまる任務を終了するときがきたのである。艦橋前方に戦闘旗が鮮やかにひるがえっている。艦長・貝塚少将は大淀に坐乗の小沢中将に訣別の手旗信号を送った。

「本艦傾斜四〇度、確保ノ見込ミナシ、乗員一同最後マデ勇戦奮闘セリ。長官ノ御武運長久ヲ祈ル」

軍艦旗は、傾いた飛行甲板にならんだ瑞鶴乗員の生存者の敬礼を受けながら、明るすぎる南海の、午後の陽を浴びてするすると降ろされた。艦長は退艦命令を発するとともに、そばにならび立つ若い少・中尉らの士官に向かい声をはげましていった。

「君たちはまだ若い。すみやかに退艦せよ。死んではならん。あくまで生きて御奉公せよ。これは艦長命令である。艦長は君たち全部が降りてから退艦する。命令する、死んではならんぞ」

生きよと命令され、若い士官たちは心から〝よし、生きよう〟と思った。沈没、渦、漂流、重油、そうした事実はもう恐ろしくなくなっていた。沈むのではないか、死ぬのではないかと想像することの方が、ずっと恐怖を心に与えるのであった。歴戦の航海長が言葉をそえた。

「君たち早くいけ。泳ぎにくいから靴はぬいでいけ。脚絆(きやはん)も解いた方がよいぞ」

不思議な静寂のうちに、刻々と傾斜をます艦内をころがる薬莢(やっきょう)のみがやかましい金属音をたてた。三万トンの巨体の周囲は、艦内の火災による噴気と浸入による水泡ではげしく白く沸き立っている。「あのように泡がでてくれば、もうあまり長くはない。退艦せよ。急げ」と、艦長はふたたび若い士官たちに、生きよとうながした。

若い士官たちは顔を見合わせ、そして、艦長に挙手の敬礼によって別れを告げた。高角砲指揮官・峯少尉、甲板士官・釘貫一郎(くぎぬきいちろう)少尉、水測士・石川寿雄少尉、電測士・戸村靖少尉、航海士・近松少尉ら海兵七十三期の若い少尉たちの顔がその中にそろっていた。かれらはいわれたとおり靴をぬぎ、脚絆をとった。飛行甲板は真っすぐに歩けないほどに傾いていた。そのときになっても、容易に海へ飛び込もうとするものはいない。高所からのぞむ泡立つ水面にたいする恐怖もあった。しかし、いままでともに戦ってきた瑞鶴と別れがたいとする哀惜が、あるいは、だれかれの胸にこみあげてきたからであろうか。

近松少尉は釘貫少尉にいった。「釘貫よ、甲板士官の貴様が最初に飛び込んで、みんなを引率してくれ。士官が飛び込めば、下士官もつづいてくるだろう」と。釘貫少尉は大きくうなずいた。

「みんな、俺につづけ。ぐずぐずするな」

と悲痛な叫びをあげて、若い少尉が真っ先に海中に身をおどらせた。これを合図にしたかのように退艦がはじまった。海はかれらをやさしく迎えた。

石川少尉は飛行甲板の端で、艦橋に向かってもう一度手をあげて敬礼した。ならんで立つ戸村少尉もまた、艦橋に、あるいはいまはまったく作動を停止したレーダーに向かってか、最後の別れを告げた。かれらが見上げた戦闘指揮所の中では、貝塚艦長が白だすきを左右に双にかけ、その端をみずから手すりに縛りつけ、静かに帽子をふっていた。

沈みゆく瑞鶴のまわりを若月（わかつき）と初月（はつづき）の二隻が回って警戒した。二隻の駆逐艦はすでに沈んでしまった秋月とともに、日本海軍が空母を護（まも）るためにつくった防空駆逐艦であった。主砲は一〇サンチ高角砲で、九〇度、つまり真っすぐ上を向いて撃つことができた。これを補う一五ミリ機銃は四十挺から五十挺。空母搭載機が百機、二百機と空を圧して襲いかかる海空戦法をあみだした日本が、逆にこの空母を護るために全身ハリネズミにひとしい対空砲火をもつ艦をつくり出したのである。しかし、対空戦闘が終われば、もう一つの自分の仕事に精を出さなければならない。漂流者を一刻も早く救出することも駆逐艦の大事な任務であるからである。

瑞鶴は沈んだ。午後二時十四分である。波間に浮く将兵は遠巻きに立ち泳ぎをしながらこれを見守った。西に回った太陽を受けて無残に引きさかれた鋼板がめくれて異様に輝いた。ゆっくりした速度で重そうに艦首を持ち上げた瑞鶴は、そのままなんのためらいもなく海面に没し去った。それは轟沈とか撃沈とかの軍事用語では適当でない静かな沈没であった。たったいままで二千数百名の将兵が生死をその艦にあずけていたと思うと、将兵にはいいようのない悲しさと懐かしさがこみあげてきた。多くの将兵は顔を海に沈めて泣いた。峯少尉も泣いた。泣き、泣き、だれが先に歌い出したかわからぬが、海上に流れている「海行かば」の歌に和し、少尉は大きな声をはりあげた。

若月と初月の救助作業のはじまっているのが、波の間から望視されたとき、峯少尉は、兵学校時代の同じ分隊の、眉のきりりとした土屋幸次少尉の顔を思い出した。どうせ拾われるならとかれは考えた、〝土屋のいる若月にしよう〟と。なつかしい同期生の存在が後に峯少尉の生命を救うことになる。若月も初月も同型艦だったが、煙突に白いペンキで鉢巻きを描いて隊番号を示し、一番艦以下は○△×で区別した。少尉は、波間に見えかくれする若月の煙突にしっかりと眼をすえた。そしてその艦めがけて力いっぱい泳ぎだした。

栗田艦隊の士気は消沈していた。反転北上をはじめてよりすでに二時間、遭遇を期待していた敵機動部隊の姿を見ることはできなかった。この間に、艦隊の将兵がなにを考え、なにを感じたかを記録することは、およそ不可能である。早朝からの敵空母追撃の印象があまりにも鮮烈であったし、攻撃中止そして集合の無念があまりにも強烈であったし、さらにレイテ湾の島影を眼前にしながら反転北上の記憶がまだありありとした残影として残っている。それらに比べれば、北上の二時間は真剣に身を投ずべき目的が不明確なときであったから、ともいえよう。疲労が艦隊の上に重くかぶさってきた。しかも間断なく敵機は栗田艦隊を襲っていた。ようやく近接した機動第一群マッケーン隊の第二次、第三次の攻撃隊が、こんどは魚雷を抱き、続々と戦場にそそぎこまれてきた。

栗田艦隊はがっちりと輪型陣を組み、そのたびに見事な砲撃を加え、これを撃退した。連日の対空戦で技倆（ぎりょう）も目にみえて向上し、それになにより度胸が全将兵にすわっていた。撃墜機数はシブヤン海のときに比べれば倍加しているといっても、いい過ぎではなかった。

何回目かの空襲のとき、早霜（はやしも）の山口少尉は対空戦闘のラッパで飛び出し、艦橋と砲塔の間にある二連装機銃台の配置につき、七倍の双眼鏡を艦橋に忘れてきたことに気づいたことがある。双眼鏡を首にかけ鉄かぶとをかぶってあごひもを締め、指揮棒をもつことで、これまでのかれの戦闘準備は完了していた。その双眼鏡を首にかけることができなかっただけで、双眼鏡は直接の戦闘に何ら役立たないにもかかわらず、落ち着けない自分に気づくのであった。首から胸にかけて感じる重量感が、いかにかれを恐怖や戦慄(せんりつ)から救っていたことか。少尉は艦橋の窓に向かって「信号兵！　俺のメガネを取ってくれ」とどなった。水兵長が吊りひもで窓から降ろしてくれたのを受け取り、首にかけたとき、どっしりと完全武装を意識し、あらためて勇気百倍し敵機に向かえるような気になってくる。

栗田艦隊の将兵は、それほどまでに空襲に馴れを感じ、落ち着いて即応し、頑強に戦いつづけた。戦場にあっては神経が麻痺(まひ)し、臆病なものも突然勇者となり、常人が超人的な行動をするものであるといわれるが、少なくとも、そうした異常があったとは思えない。だれもが勇者でもなければ超人でもない。かれらは訓練どおりに、それぞれの持ち場を守っていたにすぎない。巨砲をレイテ湾まで運ぶという義務は終わっている。だから各艦がみずからを守るために専念した。そのためもあり、損害そのものは軽微ではあったが、多数の至近弾が各艦に落ち、ほとんどの艦が破損口から長く重油の尾をひくようになった。艦ばかりでなく、人的な損害も時を経るにしたがって増大の一途をたどっていった。

〝戦闘のあとに残ったものは価値のないものばかりだ。なぜなら、立派な人間は死んでいるから〟

だれの言葉かわからぬが、その意味の真の重さが将兵には実感されるのである。かれらの死、そして自分の生、それをわけるものは何なのであろう。各艦の軍医の着る白衣は血に染まり、白地はほとんど残されていない。その軍医すらも数多く死んだ。生き残った軍医が朝からしたことといえば応急の手術ばかりである。手術台のまわりには、その主を失った血まみれの腕や足が突っこまれたバケツがおかれ、入りきれないものが床にごろごろところがっている。

空襲がいつ終わるのかわからない。日暮れまでつづくことは確実である。のみならず、刺し違えるべき、栄光の死を死ぬべき、敵空母はついに影も形もなかった。灰色の空と暗緑の海。疲労と空腹と無感動と、繰り返される生か死かの戦いにたいする嫌悪感がいつか意識のずっと底の方に生じはじめていた。たしかに艦隊を喜ばし、士気を高めるようなものはなかったのである。

もっとも、艦隊を喜ばす出来事がまるきりなかったわけではない。一つには利根の艦隊復帰があった。舵をやられ、はるか南の海上に置きざり、そして結局は自沈かと思えたころ、利根は舵機を自力で修理し、三〇ノットの高速で追いついてきた。だれもが利根との再会を諦めかけていただけに、その頑張りに心からの拍手を送った。明らかに利根は右に傾いていた。しかし、三〇ノットの高速を出せる以上、艦の強度について不安を感じる必要はないであろう。利根の児島少尉は本隊の輪型陣に加わったとき、安堵とともに、なにものかに強い感謝の気持を味わった。再び羽黒と肩をならべて走りながら、しばし心の内なる感動に流されている。

もう一つの喜びは、三時少し前に、遠くから味方識別信号を送り近接する二機の日本機を見たときであろう。戦闘の海域に入ってから初めて見る翼の日の丸なのである。捷一号作戦とは、基地空軍の協力のもとに、という前提のもとに敢行された大作戦ではなかったか。しかし戦闘の三日間、待望の日の丸を一度も見てはいなかった。それだけにその鮮やかな赤が艦隊将兵の眼にしみた。二機は高度をまし、そのまま東の空へ消え、爆音が消えたあとも、将兵はじっと無言の空に見入っていた。かれらこそ必殺の攻撃を加えるべく出撃してきたものなのであろう。これで戦局は好転するかも知れないと榛名の榊原少尉は思った。たった二機で……。いや、いまの場合機数は問題ではなかった。たった二機でもいまは希望の星となった。この大空に、日の丸をつけた機が飛んでいたというそれだけで十分であった。将兵は瞼の裏を熱くしている。

エンガノ岬沖の小沢艦隊にはそんな希望のかけらもなかった。第三波の二百機に近い、三、四十分にわたる大空襲で瑞鶴を失い、ただ一隻健在であった瑞鳳もいまは直撃弾のほか至近弾の破片を無数に水面下の艦腹に受け、各部に浸水をきたし、用意してきた二百本の木栓も使い果たした。恐らく次の空襲があれば生き残れる可能性は完全に奪い取られるであろうと、最後の決心を乗組員はかためた。空に機影のあるかぎりは鉄砲を取り、去ればただちに応急班に早がわりして挺身（ていしん）した。玉砕というようなそんなデスペレイトなものではなく、艦が浮いているかぎり、生きているかぎりは、断々乎（だんだんこ）として戦う闘魂だけが、がっちりとかれらを支えていた。

しかし、残された時間はあまりに短かった。午後三時すぎ、第四波二十七機以上が瑞鳳を中心に小沢本隊を襲ってきた。瑞鳳の最後がきた。後部に魚雷一本を受け第二缶室に浸水、航行不能に陥った。艦が停まったとき、死は急速に訪れる。通信士・阿部少尉は持ち場である通信室で「総員上へ」の命令を聞いた。かれの記憶では「艦内電源はしばしば損傷を受け、そのたびに電灯は消えたが、退去命令のころは別の電源で電気はついていた」という。瑞鳳が必死になって灯（とも）す生命の明かりでもあったのであろう。

その明かりのもとで阿部少尉らは暗号電報を袋につめ一つの部屋に集めた。奇妙な落ち着きがかれらにあり、あわてて脱出したような証拠を部屋に残すまいと、最後になって、身の回りの書類の散乱や紙くずを拾った。暗号書を集めた部屋が厳重にとざされたとき、阿部少尉は、これで、自分の戦闘が終わったと、ひどく淋しい想いを味わった。

飛行甲板に生きているもの全員が整列した。浸水がゆっくりきたため危険になった部署から将兵は上へ上がってきた。上甲板の戦闘ではかなりの死傷者が出たが、艦内には大きな被害はない。瑞鳳はその名のようにめでたい飛鳥でもあったのであろう。乗組員九百十一名の大半のものが甲板上にならび、「君が代」のラッパが敗北の海に鳴り渡り、マストからは軍艦旗が降ろされ、艦長・杉浦矩郎（すぎうらくろう）大佐の発声で祖国の方に向かい万歳が三唱された。ただ一隻だけ破損をまぬがれたボートが降ろされ、ご真影と軍艦旗が大切に守られて積み込まれた。さらに負傷者が移された。瑞鳳の死の準備はすべて完了した。

それを待っていたのであろうか、一機の雷撃機が忍びよると停止した瑞鳳の前部に魚雷を打ち込んだ。すでに後部浸水のため重みが後ろにかかっていた。前部の魚雷命中、多量の水の浸入が空母の辛うじて保っていたバランスを一挙にくずした。瑞鳳の艦体は必死に耐えていたが、限度があった。ボルトが次々に折れ、外鈑（がいはん）がひきちぎれた。一万三〇〇〇トンの軽空母は静かにすべりはじめた。すべるとしか見えないほど、静かに、なめらかに海に引き込まれていった。

沈没のとき巨艦は、颶風（ぐふう）のような渦巻きをつくり、付近に泳ぐ人々を引き込んでいくのが常であったが、瑞鳳の沈没は違っていた。するするとすべる間、V字形に二つに折れた艦体が、上へ上へ、外へ外へ、付近の水を押しやった。すでに飛び込んでいたものたち、なお後ろ髪を引かれる思いに艦にとどまっていたものたちまでが、巻き込まれるどころか、そっといたわられるように大きな波に乗せられて、艦から遠くに引き離された。

阿部少尉も飛び込んで泳ぎ出したところ、背後に母艦の艦首と艦尾が高く立っているのを望見し、二つに折れたのかなと思うまもなく、大きな波に下から持ち上げられ、かれの身体は遠くにはじきだされていた。渦に巻き込まれないように注意せよと教えられていたものを、むしろ波によって救われ遠くへ運び出されるのに、いかにもちぐはぐな感じをかれは味わった。

三時二十七分の瑞鳳の沈没により、小沢艦隊の空母は、停止してずっと南の海上でなお瀕死（ひんし）の苦闘をつづけている千代田のみとなる。艦隊の陣容は乱れ、五、六〇浬にわたって散っていた。南から、千代田を警戒する五十鈴と槇、単艦でよろよろしながら北上をつづける多摩、霜月を従え本隊に合流せんとして急行する日向、瑞鶴の沈んだ海域で救助活動をつづける若月と初月、そして本隊の大淀、伊勢は瑞鳳の生存者の救助にあたっている。どれもこれも孤独な戦いであった。

二七ノットで追撃するデュボーズ少将の重巡戦隊が、このころようやく戦闘海面の南端にとりついていた。重油の海である。その海の上に、点々として漂流者が浮いている。死にかけているものもあったし、どうやら生きられそうなものもいた。うつむきの死体が近くを流れていった。死者の上を照らすこの明るさはどうしたことであろう。駆逐艦が派遣され、味方の漂流者だけを海中より拾った。撃墜された飛行機の搭乗員は、ゴム・ボートの上で救援の手の到着を待ちわびていた。

3

〈16時から18時〉

午後四時になった。戦艦から駆逐艦への燃料の洋上補給が、一秒でも早く終わるのを、ニュージャージー艦橋でハルゼイ大将はひたすらに待ちわびていた。二〇ノットで南下救援の足は、つれてきた駆逐艦の燃料不足の訴えのため、一二ノットに落とさざるを得なかった。初めの計算になかった突発事に大将は癇癪をやっとのことで抑えている。この間にも、キンケイド中将よりの電報が、続々と大将の手もとにとどけられた。〝敵艦隊は避退するかに見える。しかし救援はいぜん必要〟と事態は一時好転したかと思うそばから、〝敵艦隊レイテ湾に向かう。護衛空母群の攻撃機損害多し、空母は湾内に避退。水上戦闘部隊の燃料弾薬ともに不足、救援を頼む、至急に〟という悲鳴がとどけられてくる。一体、レイテ湾はどうなっているのか。

　午後四時を数分すぎたとき、ハルゼイ大将はすっかり業を煮やした。もはや待ってはいられなかった。補給が終了しないうちに、かれは強引な命令を下した。リー部隊のうちでも特に高速を出せる旗艦ニュージャージーとアイオワの二戦艦を中心に別働隊を作り、これに軽巡、駆逐艦八を配し、大将はみずからが指揮して飛び出していった。残りのものは補給完了次第あとから急行せよ、と。

「針路南、速力二八ノットとなせ。三〇ノットの準備をなせ。夜戦に備え」

　旗艦の艦橋でわめきながら大将は、キンケイド中将に、翌朝午前一時までにサン・ベルナルジノ海峡に着くであろうと知らせた。その後に中将から〝日本艦隊サン・ベルナルジノ海峡方面に避退、サマール島沖に数隻の破損艦漂流中〟という安心できるような電報が送られてきたが、一顧だにせず、二隻の戦艦を引きつれて、戦艦

四、重巡二をもつ栗田艦隊を撃滅すべくひたすら南下するのである。勝負など念頭になかったのであろうか。

ハルゼイ大将に撃滅されるべき栗田艦隊の上空には、そのころマッケーン隊からの攻撃機がつづけざまに投入されていた。

午後四時すぎ、初めて戦果らしい戦果をば攻撃隊はあげることができた。不運のクジを引いたのは早霜である。通信士・山口少尉の記憶では、こんどは駆逐艦にも本気で向かってきたぞ、と思われたその直後のことという。駆逐艦は艦体を右にひねり、左によじって、急降下をかわし、いささかの遅滞も、ささいな過ちも見せなかった。しかし至近弾がつぎつぎと落下、破片が空を切って飛び、少尉は自分の顔が血だらけになったようにも思えた。山口少尉は無事であったが、早霜は深い傷をうけた。ジャイロコンパスが故障し、機関をやられて速力がみるみる落ちた。小艦が敵機の乱舞する戦場で落伍することは自殺そのものであった。

僚艦の秋霜が心配し、面舵いっぱいに大きな円を描くと、早霜の右舷に並行してきた。霜の名のつく駆逐艦四艦が捷一号作戦にうちそろって出撃しながら、朝霜は負傷した高雄（たかお）とともにすでにブルネイ湾へ戻り、清霜は武蔵の生存者を救出後、これも浜風（はまかぜ）とともにコロン湾へ向かっている。戦場にあるのは、早霜、秋霜の二隻のみ、その僚友が斃（たお）れた。

相接した二つの艦を逆まく海が間を隔てていた。しかし、心を安める渟泊、きびしい訓練、生命を賭けた戦闘と、つねに力を合わせならんで助けあってきた二つの艦である。四隻の艦は昭和十八年十一月（朝霜）から、十九年五月（清霜）にかけて完成した。そのころ戦闘は苦難へと向かっていた。いずれの艦も、うららかな春の日射しを一日として浴びたことも、秋の月の波にゆられるのを静かに楽しむこともなかった。ただ、すさまじい戦火の中に即座に投げ込まれ戦いつづけ、そうした苦難の連続のはてに、一艦がいま眼前で傷つき隊列から離れようとする。

秋霜は静かに問いかける。

「貴艦損傷ヲ知ラサレタシ」

山口少尉はふと涙ぐみそうになる。早霜は答える。「先行セヨ、ワレ独航可能ナリ」。乗組員は機関の故障をものともせずに、烈々たる敢闘精神を燃やしている。

エンガノ岬沖の千代田は、早霜のように自分の力で生きのびることはできなかった。その千代田を生かすための努力を、いま、五十鈴はあきらめなければならなかった。敵機動部隊にいちばん近いためか間断なく敵の空襲を受けつづけた。そしてただ一発だけ小型爆弾の命中を受けたが、これが艦橋の電路系統を破壊し、五十鈴の、人間でいえば神経をたち切ったのである。羅針儀が止まった。高角砲も舵も、電流が止まったため動かなくなった。ただちに舵は人力操舵に切り換え急場をしのいだが、空襲下の千代田の曳航はこれでまったく不可能になった。

槇とともに五十鈴は、停止している千代田に接艦し人員の移乗をはかったが、空襲はなお激しく、しかも槇も命中弾を受け火を発した。このままでいれば、三艦そろって全滅の憂き目をみなければならない。やんぬるかな、闘志の松田艦長も意を決した。

「空襲ノタメ千代田曳航行不能。本艦暫(しばら)ク避退、夜ヲ待チ救援ニ任ズルモ、状況悪ケレバ人員ヲ救助ノ上船体ハ処分ス」

と旗艦日向に報告、千代田にもその旨を知らせ、槇とともに北方への航進をはじめた。四時四十分に少し間のあるころである。運命のいたずらとしかいいようのない戦闘がその後に起こった。敵も味方もその時点では予期していないことであったが……。

それは攻撃を終え帰投の米空母機が、水平線の彼方から北上してくる味方の重巡艦隊をみとめたときにはじまる。飛行機はただちに戦場に引き返すと、やや北へいったところで、漂流している日本艦隊の軽巡洋艦一を発見、その位置を知らせた。午後四時だった。戦闘はその四十数分後に起こった。いよいよ速度をあげて追撃してきたデュボーズ重巡戦隊は、射程内に軽巡ではなく空母一隻をとらえたのである。かれらは欣喜した。距離一万八〇〇〇メートルで重巡が砲撃を開始、さらに一万四〇〇〇まで接近し軽巡も射撃をはじめた。日本の空母は勇敢にもこれに応戦したが、射程の短いその砲は手前の方に高い水柱を上げるだけであった。

否応もなかった。空母は瞬時にして火に包まれた。しかし、なお反撃をやめなかった。デュボーズ少将は砲撃を中止し、駆逐艦隊に突撃を命じ魚雷でとどめをさすことを計画した。駆逐艦隊は喜び勇んで前進したが、ついに魚雷発射の機会はめぐってこなかった。

空母は黒煙を天に注して沈みつつあった。火焔の壁は、飛行甲板を完全におおいかくしている。西日が、噴き上がる火の粉の舞いを凄絶な美しさで照らしていた。艦にもし心があるなら、魂があるなら、それを欲したであろう絢爛たる光の乱舞の中で、空母は音もなく海底に沈んでいった。

海も空も青、心にしみ通るような青一色で、西の水平線にちぎれて流れる雲のみが、橙色に染め上げられた。あとに、わずかな生存者が波間に浮かんでいた。かれらは近づいた米駆逐艦に助けられることを好まなかった。ノウという強い拒否の声が、まだエネルギーを残している日本兵の口から洩れた。かれらは助けられるより、このすばらしい海の青に染まることを欲していた。

北上をつづけている五十鈴の艦橋からも、南の水平線に、ひとすじの黒煙の立ち昇るのが眺められた。乗組員が思ったことは、ただ一隻取り残された千代田が敵機の集中攻撃を受けているのだろうということである。水上戦闘など思いもしなかった。艦橋は暗澹たる空気にとざされた。しかし、五十鈴自身も、八方からの敵機の攻撃に必死の応戦をしなければならないときであり、悲壮感が敵機にたいする激しい抵抗となっていた。

このとき、第五波百二十機以上の、小沢艦隊の散らばった各艦への攻撃がはじまったのである。ほとんど間をおかずに第六波約三十機も襲ってきた。空母四隻を失った艦隊は、伊勢がもっぱら主力の攻撃を引き受け、奮戦はめざましく、回避せる魚雷十八本、爆弾四十発以上、しかし無数の至近弾で損傷し、浸水したが、どれも致命傷となるのを見事に防ぎ通した。

伊勢の測的士・高田少尉は多くの部下を見張員あるいは機銃員の応援に出し、みずからは数名の部下を指揮し最後まで陸戦用機銃で奮戦した。すべての機関銃は真っ赤に焼けた。それを空襲の波と波の間にオスタップにいれた水で十分に冷やしては、また撃ちまくる。戦闘は銃も人も水を欲した。いたるところに水を満々とはったオスタップが用意され、固定されていた。ほかにもサイダーもおかれてある。指揮棒を片手の少尉は栓を抜く余裕もなく、瓶の先を鉄板に打ちつける。中味はあっという間もなくあふれでて、一滴も喉に入らず、かれは眼を白黒させた。

伊勢が受けた直撃弾は左舷飛行機射出装置に一発だけであったが、多数の至近弾のためバルジに浸水し、このため伊勢はわずかに傾斜した。四度か五度の傾きであるが、高田少尉には「山にでも登るように」感じられたことであった。

小沢中将坐乗の大淀も艦首右舷に直撃弾一を受けたが、前部弾薬庫に注水し誘爆を防ぎ、いぜん健在で戦闘をつづけた。航海士・森脇少尉はずっと艦橋にあって戦闘を見守っていたが、艦橋下で頑張る同期の高角砲指揮官・草間四郎少尉の活躍に、もう矢も盾もたまらなくなってきた。背が高くて、赫ら顔で、額のしわのため多少猿に似て、よくとおるだみ声……ユーモラスなこの秀才の友を殺すわけにはいかないと思った。森脇少尉は艦橋の窓から身を乗り出すと、長い棒で、「草間ッ、あっちだあっちだッ」、と敵機の方向を指示しはじめた。だれに命ぜられたわけでもない。命ずるものがあったとすれば、それは友情というものであったろうか。草間少尉はびっくりしたように振り返って見上げたが、オッというように手をあげて白い歯を見せた。海の上の、戦闘の中の、心の交感はそれで十分だった。

戦闘の轟音は、しかし、森脇少尉の叫び声をしばしば消した。鋭くとがった明らかにそれとわかる爆弾の炸裂音、急降下の甲高い音、そしてはじける機銃音。敵機の機銃掃射は艦橋を中心に行われ、森脇少尉の眼の前を金粉をまいたように光って銃弾がとび交った。その一弾がかれの首からかけていた双眼鏡に当たってはねかえったとき、少尉はびっしょりと背中に汗をかいた。

小沢艦隊への空襲は第六波までで終わった。記録によれば来襲機数延五百二十七機。戦闘時間約十時間。敵も味方も、疲労は骨身に徹していた。米攻撃機のなかにはシブヤン海で栗田艦隊と、スール海で志摩艦隊、そしてエンガノ岬沖で小沢艦隊と戦って生き抜いてきたものもあった。確かに戦闘はすべての人間から人間らしさを奪っていた。鼓膜は炸裂音で破られ、目は爆発や硝煙の中で痛められ、海も大空も震えてみえた。けだるいような熱が出て、顔は一日で陰惨な黒さを見せ、塩を吹いていた。時空の感覚はおかしくなり、すべてが無我夢中のうちに消えた。たったいま思ったことを次の瞬間には忘れているのである。正常だと思いつつも、だれもが正常ではなくなっていた。

長い一日の、南海の太陽のもとで行われた戦闘が終わって、暮色がDead Calmの海に迫ってきた。幾千の将兵や艦を呑んだ海を、一面血のように赤く染めて、陽が沈もうとする。敗北の海に、艦首の切る波がしらだけが白く映った。汗ばむ額、濡れる服を、将兵は風にあてた。一秒が正確に一秒を刻むとは思えぬほど苛烈な一日が終わって、これからは一秒がまさに一秒であるおだやかな時間が訪れるのであろうか。戦闘は、終わったのである。人々は、ともかく、このときまでは生きのびてきたのである。

4

〈18時から20時〉

その著『第二次世界大戦史』にチャーチル元イギリス首相は書いている。

「栗田の頭が、いろいろな出来事の圧迫によって混乱をきたしたことは、あり得ることだ。なにしろ三日にわたって絶え間なく攻撃され、重大な損害をこうむり、旗艦はブルネイを出発するや否や沈められたのだった。同じような試練を経験したもののだけが、栗田を審判することができる」と。

それは正しい。が、栗田中将は、もう午後六時の時点では混乱していなかったはずである。艦隊はサン・ベルナルジノ海峡入り口付近に達している。日没までに海峡入り口に達し、夜の闇にまぎれてここを通過し、できるだけ西へ突っ走って翌日の敵の攻撃を避ける、それがこのときの栗田中将が描いていた構想であるに間違い

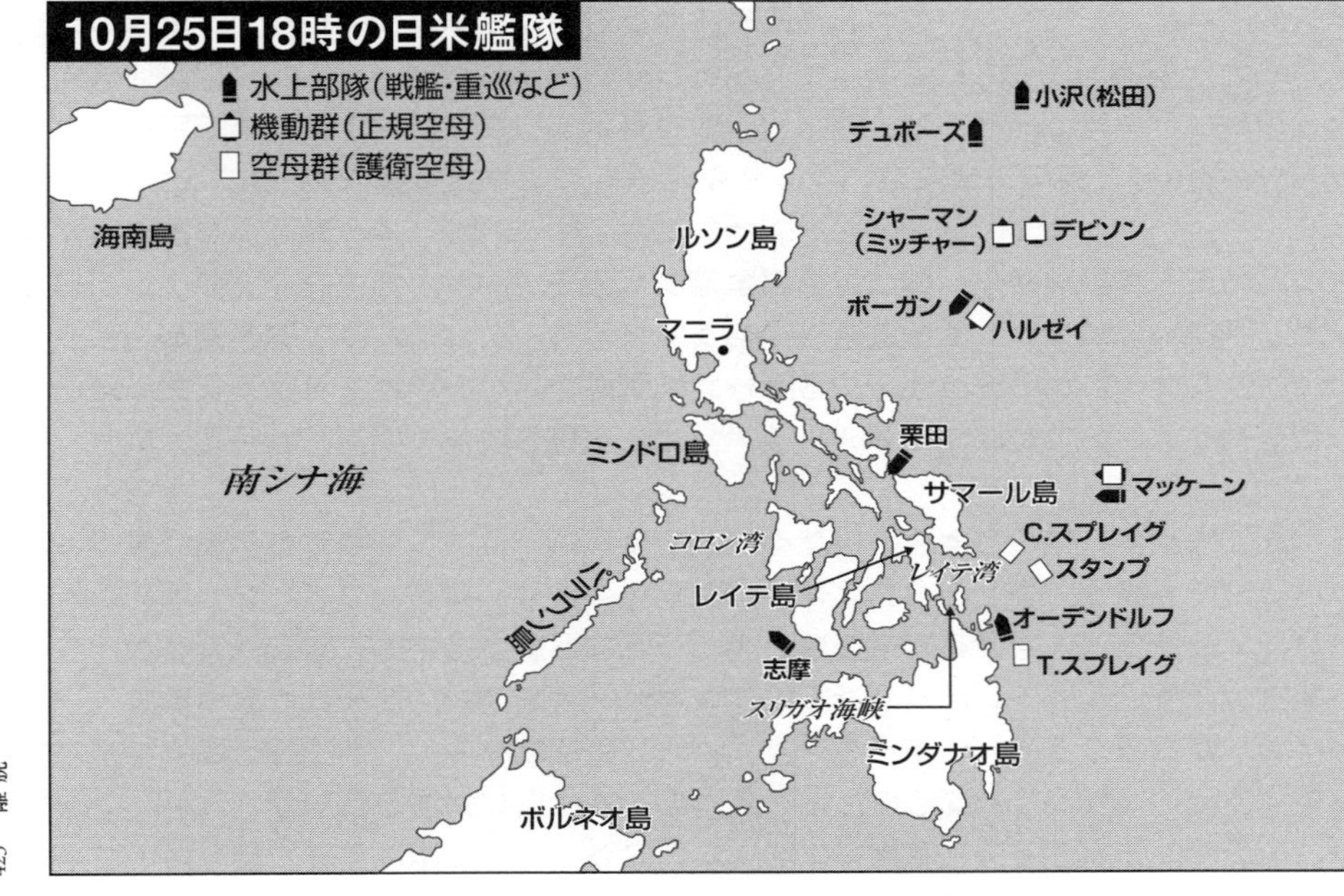

10月25日18時の日米艦隊
水上部隊(戦艦・重巡など)
機動群(正規空母)
空母群(護衛空母)
海南島
南シナ海
ルソン島
マニラ
ミンドロ島
パラワン島
コロン湾
レイテ島
志摩
スリガオ海峡
ミンダナオ島
ボルネオ島
栗田
サマール島
レイテ湾
小沢(松田)
デュボーズ
シャーマン
(ミッチャー)
デビソン
ボーガン
ハルゼイ
マッケーン
C.スプレイグ
スタンプ
オーデンドルフ
T.スプレイグ

ない。夜の間に海峡を通過していなければ、翌日は艦隊が全滅の憂き目をみるであろう。すでに駆逐艦の燃料はブルネイ帰投にも不足をつげている。そうした状況下にある中将の頭から、レイテ湾が忘れ去られたものであってもやむを得ない。しかし、全滅を賭してという攻撃精神も忘れられていたのであろうか。いかなる損害もいとわぬはずの捷一号作戦の真の目的が、その頭の中には存在していなかったのであろうか。考えていたのは、フィリピンを奪われれば、その存在の意味を失ってしまう連合艦隊の温存ということだけなのか。それとも勝利の喜びに意気揚々としていたか。

午後六時すぎ、残存十五隻の艦隊がサン・ベルナルジノ海峡に入るべく単縦陣に序列を組み直しているとき、連合艦隊長官よりの電命が栗田中将にとどけられた。

「第一遊撃部隊ハ今夜乗ズベキ機会アラバ残敵ヲ捕捉撃滅セヨ。爾余ノ部隊ハ右ニ策応スベシ。今夜夜戦ノ見込ミナケレバ機動部隊及ビ第一遊撃部隊ハ指揮官所定ニヨリ補給地へ回航セヨ」（発信午後四時四十七分）

しかし、乗ずべき機会のあろうはずはなかった。捕捉撃滅は夢のまた夢である。むしろ捕捉撃滅されないために、海峡を通過し、西へ西へと突っ走ることしか、とるべき道はない。こうして栗田艦隊は二二ノットで海峡に入った。海峡からずっと東に無限に広がる洋上は静かな色彩の変化を見せはじめる。サマール島は紫色に染まり、それが薄墨色に変わると、やがてその上空に南十字星がかがやきだす。対潜警戒のジグザグ航進も行わず、ひたすら十五隻は西へ進む。

各艦はこのころになり、はじめて戦闘配食の夕食がくばられた。磯風のそれは粥(かゆ)であった。単調な塩味ではあったが、生きていることをそのまま実感させてくれる温かい味がある。粥をすすりながら通信士・越智少尉は思った。「これでもうすんだのだな。すべてが終わったのだな」と。

榛名の榊原少尉が考えたことは、ブルネイへ帰投すると知らされた航路が、まるきり昨日と同じなのだから、夜が明ければ空襲を受けるのだろうというあまりパッとしない推理である。「明日は明日のこと。今日は今日だ」と少尉は思った。空母と刺し違えるべき死が、どんな風の吹き回しか、退却の死と変わったことに少しく不満を抱くのだった。

栗田艦隊はこうして二十五日の夕闇にまぎれて消えたが、小沢艦隊はそのまま北方海面の黒洞々(こくとうとう)たる夜に消えさるわけにはいかなかった。なお、広く散った海域で、漂流者の救助に全力をつくさねばならないのである。

日向と霜月が、小沢本隊に追いつき合同したのが午後六時二十分。大淀を旗艦とし、伊勢、日向、霜月の四隻が悄然として死者の海に勢ぞろいした。出撃時の大機動部隊の面影は微塵もない。奮戦しつづけた伊勢もいまは泣くかの如く左肩を落とし傾いている。海も泣いているかのようである。瑞鳳の生存者はあらかた救出された。下げられたロープにすがり、伊勢の高い舷側を昇ってくる元気な兵もあった。なかには片腕を吹きちぎられているにもかかわらず、残った手と口とでロープにしがみつき、よじ登ってきた下士官もあった。それを眼にしたとき、高田少尉は、人間の気力のすさまじさに敬虔の念をいだいた。普通の能力を超えた生命の力に強い感動をおぼえた。

本隊の後方約四〇浬の暗くなった海上に四散して、多摩はいぜんのろのろと単独で後退をつづけ、若月は生存者救助のために浮かんでいた。瑞鶴の峯少尉は、土屋少尉のいる若月に拾ってもらったとき、どういうわけか時計を見た記憶をもっている。しかし、「時計は防水がしてなかったため」二時半で止まっていた。それは瑞鶴沈没の十六分後を意味する。

近松少尉は、最後の最後になって若月に救い上げられようとしていた。一緒に泳いでいた石田中尉の「日没になったら救助は打ち切られる。いまが最後の機会だ。全力を出して泳ごう。それで駄目ならあきらめようぜ」という言葉がかれを救ったことになる。かれらは生命がけで近寄ってきた若月めざして泳いだ。駆逐艦からはしきりと激励がとんだ。そして少尉がやっとの思いで舷梯に手をかけ、足をかける、一瞬後、若月は高角砲を発砲しながら動き出したのである。海上に多くの漂流者を残し……救助作業は、事実上、これが最後となった。少尉は救われたとき、なにものかに祈った。

五十鈴の艦橋では重苦しい議論がつづけられていた。ずっと同行していた槇は燃料の不足を訴え、先行北上し、五十鈴はいま単艦で暗い夜、不吉な運命に直面していた。この艦が海に浮いてから、この夜の議論ほど真剣に戦わされたことは一度もなかった。いつものような、海軍軍人にありがちの冗談めいた、からっとした発言はきかれなかった。副長、機関長が、千代田の救助を断念し、一路北上することを艦長に進言していた。理由に、すでに千歳や秋月の生存者を乗せ、これ以上人員を収容する余地が少ないこと、被弾による人員・器材の損傷がかなり大きいこと、あまつさえ燃料の在庫量が少なく、一六ノットで二十時間しか走れないことなどをあげ、艦長の決断をうながした。

それらはどれも深刻に考慮すべき困難である。しかし、五十鈴は千代田を曳航すべき任務をまだ果たしていない。千代田がかりに沈没していたとしても、それを確認しないことには任務を果たしたとはいえない。少なくともそれが五十鈴の義務であり責任ではないか。五十鈴は菊の紋章をいただく軍艦であった。命令は、なにがあろうとも天皇の命令なのである。通信長、砲術長らがこもごもに不明確ではあったが、そのような意味の意見をいって反論した。

艦橋にはしばしの沈黙があった。航海士・竹下少尉にはその沈黙が痛いように感ぜられた。この沈黙に耐えることは辛いことだと思う。それよりもこの任務に耐えることの方が、もっと辛く、しんどいことであろう。五十鈴は北へ向かってこの間にも走っている。恐らく、このまま進行をつづけることの方が、人情の自然というものなのである。しばらくおいて、艦長はぽつんと「航海長、きみ、意見は?」といった。航海長・斎藤哲三郎(さいとうてつさぶろう)少佐は即座に、ごくもの静かに答えた。

「武人の情けです。引き返しましょう。千代田がいるところへ……」

艦長は微笑んだ。武人の情けの一言が胸に落ち、艦長の微笑みを見たとき、若い竹下少尉はほとんど泣きそうになった。それはすべての理屈をこえている。

「ワレ反転、千代田ニ向カフ」

大きな決心を伝える電信が虚空に飛んでいった。艦長は一八〇度反転を命じた。五十鈴は将兵の大きな感動と興奮を乗せて南へと走り出した。燃料の許すかぎりの速力を上げてひたすら走った。千代田の漂流していた海域へと。こうして南下しているとき、駆逐艦初月が漂泊し、なおも水面に浮かんだ生存者を救助しているのに、五十鈴は出合った。互いに小さな発光信号で味方識別を確認しあったが、千代田の姿はない。「千代田ノ消息知ラサレタシ」「千代田ノ消息不明、ワレ瑞鶴乗員ヲ救助中」。しばらく信号のやりとりがつづく。

「現在地教へ乞フ」と初月がたずねてくる。早朝いらいの激戦で走り回ったためもあり、夜明けの天測位置以外には、正午のメリディアン・パスも観測できず、夕方の天測もできていないのが恐らく各艦の現状であったろう。頼みとするのは、航跡自画器による航海図に風向・風力・潮流の影響と、計器の誤差を修正した推測位置のみである。五十鈴はこれを伝えると同時に、初月に千代田の救援方を依頼した。初月は、一旦は僚艦の乗員救助でその余力がないと答えてくる。五十鈴が燃料在庫量の不足を理由にさらに依頼し、これに駆逐艦が快活に応じた。そして「承知シタ」の発光信号が終わった直後であった。

五十鈴の艦橋にあった竹下少尉は、南後方の暗黒の中に、まばゆいばかりの閃光を見た。光は水平線を一瞬のうちに見せた。そして数十秒の間をおいて空気を震わせる音とともに両舷に夜目にも白く大きな水柱が突き立った。同時に、遠雷のような爆発音を聞いた。一瞬にして艦橋は興奮のるつぼと化した。五十鈴のレーダーも二万四〇〇〇メートルのところに目標を探知し、電測士は叫び声を艦橋に投げ込んできた。

「電探、感三」

艦長はすぐ反応した。「合戦準備、夜戦に備え」。命令をうけるや全艦の動きは迅速である。早足で通路を抜け、ラッタルをかけ昇り、かけ降りる靴音がしたかと思えば、もう全員が戦闘準備を完了していた。艦長は、つづけて厳然として号令をかける。

「砲雷同時戦用意！」

それこそは竹下少尉が、実際の戦場において初めて耳にした号令であった。しかし、五十鈴は対空巡洋艦に改装されていた。そのため一二・七サンチの高角砲を主砲とする軽巡一隻と、同じ口径の主砲をもち、救助者を満載した駆逐艦とで敵の大部隊とまともに戦うことになる。不利は目にみえていた。五十鈴艦長は初月に連絡し、一応戦場より離脱を策する、その上でなお、もし追いつめられたら、二艦で肉迫魚雷戦を敢行するほかはない、と判断をつたえた。

だが、五十鈴にはもう一つの強敵があった。燃料不足、この強敵には勝てそうにもない。機関長は、全速で走れば一時間で終わりである、と暗澹（あんたん）たる表情でいった。敵の砲撃を逃げ得たとしても、基地に帰りつく前に五十鈴は動けなくなる。竹下少尉は暗然として言葉もなく自分の生涯の終焉（しゅうえん）をみつめた。今日は何時間ここに立ちつづけて戦ったのだろうかと妙なことが考えられた。くたくたに疲れ切った身体をしっかり立て、両脚に自分の重みを感じた。かれは疲労を、それも絶望的な疲労を、感じた。

艦長は静かに電文を口授した。艦橋は静まりかえっている。

「ワレ敵水上部隊ト交戦中。千代田捜索ヲ断念。北西ニ避退中。視界内味方駆逐艦一隻」

デュボーズ少将がレーダー上一七浬前方に敵影二を見、砲撃開始を命じたのは、午後六時五十一分である。重巡には遠距離にある敵艦を、そして軽巡には近接しているやや小さな艦影を目標にせよと指示した。三〇ノットの高速で走る艦の砲煙は風に舞い上がる葬礼の花びらのように渦まいた。近接していた艦種不明の敵艦が、果敢に突っ込み、応戦してきた。

砲声は殷々（いんいん）として夜の海にこだました。曳光弾が白光の弧を描いて飛び、デュボーズ艦隊は一方的な乱打の中で、やや遠距離にいた大型の敵艦を射程の外へ取り逃がした。一隻取り残された敵艦のまわりにあらゆる方角から攻撃が集中された。敵艦の周囲の海面は落下する砲弾の水煙でわきかえった。射弾が明らかに敵艦をとらえ短く火炎を上げたが、正確な戦果はだれ一人としてわからない。砲火のたえまない目のくらむ閃光が確認しようにもそれを不可能にしてしまう。

敵艦の応戦は勇敢であり行動は敏捷であった。二度にわたって巧みな位置から魚雷を発射し、デュボーズ少将はそれを避けるべく急速変針を強いられた。敵艦は火に包まれながらも、全速力で北方に避退し発砲をつづけた。その頑強な、しかも容易に屈しない敵艦が、小さな駆逐艦と思うものはだれもいなかった。

砲戦開始いらい間もなく一時間になろうとした。爆発の噴煙と破片の飛散のおさまらぬうちに、つづいて一弾が叩き込まれるという状況に陥りながら、その艦はいぜんとして抵抗をやめようとはしなかった。速力は一七ノットから一〇ノットに落ちていた。しかし、なお屈しなかった。


結果論でいえば、この初月一艦の死闘がおとりの役目を果たし、五十鈴は幸運なことに戦場から離脱することができるのである。七時十五分、初月奮戦の報は、北上をつづけている小沢艦隊主力にも届けられた。大淀の電信室がこれをキャッチした。

「ワレ水上部隊ト交戦中」

大淀の艦橋はひきしまった。かなたの水平線上に砲弾あるいは爆弾の閃光らしいものが、確かに遠望されるではないか。夜戦の機会が訪れてきた。

「艦隊――左へ一八〇度方向変換をなせ！」

小沢中将の命令はきびしく力強かった。戦艦二隻、軽巡一隻、駆逐艦一隻はその大部分が損傷を受け、日向をのぞいては満足に戦える艦はないといっていい。小沢司令部は追撃してくるのがハルゼイ機動部隊の高速戦艦群と考えていた。恐らく突進は蟷螂（とうろう）の斧（おの）にすぎないことになろう。しかし、小沢中将はあえて花と散ろうというのである。小沢中将は艦橋に立ち、みずからが乗り出して電話員を督励した。あたかも、駆逐艦長時代の若さを取り戻しているかのように、その声には張りがあり、行動は軽快であった。

しかし、損傷でよろよろの艦隊は隊型をととのえるのに手間がかかった。損傷した艦隊は思うようには動けないのである。あ号作戦で一〇〇万トンの大艦隊を叱咤（しった）した小沢中将は、いまやわずか四隻の戦隊を率い、世界最大最強のハルゼイ艦隊に立ち向かう。全滅を覚悟し、全滅するために出撃した艦隊が、幸運にも生命の糸をつないだにもかかわらず、改めてみずからの手でそれを断ち切り、再び全滅を期して南下しようとする。

小沢司令部の幕僚一同が艦橋下の作戦室に勢ぞろいした。いずれにせよ、あと二、三時間の生命とする覚悟を、どの男たちも眉宇に浮かべていた。参謀たちの射るような視線のなかに小沢中将は静かに口を開く。最後の出撃に際しての長官訓示、と、だれもが思った。しかし、それはただ一言、

「みんな、ご苦労さんだった」
ただ、それだけであった。

5

〈20時から24時〉

砲撃開始いらい約二時間、そしてほとんど停止してからも実に二十分以上、初月は頑張り抜き、巨砲を相手に戦い抜き、その短い生命を終わろうとしていた。どの一弾が致命傷になったというわけではなく、猛打の山なす積み重ねの果てに、息を引き取る。それほどの長い時間、浮いていられたのがむしろ奇蹟であった。艦はもうそれ以上耐えられないまでに耐え、義務以上の奮戦をなしとげている。

重巡は近接し近距離から連続して砲弾を撃ち込み、軽巡サンタ・フェは星弾を不敵な敵艦の上で破裂させた。白く冷たい死の光がまるで白昼の惨劇そのものに、ほとんど原形をとどめないまでにうちのめされた艦を照らしだした。一瞬、だれもが信じかねた。あれほど勇敢に、あれほど頑強に、あれほど徹底的に戦いぬいた艦が、二四〇〇トンの駆逐艦であるということを。火の海が艦をおおい、それでもなお、その中でときどき発砲の閃光がきらめいた。海中の火山が爆発しているように、何本もの大火柱が小さな艦をおおって噴騰していた。

八時五十七分、こうして初月は姿を消した。一度は海中より救われた瑞鶴の乗組員らも再び海底深く引き込まれた。いっぺんに闇が戻った。近接していた駆逐艦からの報告がとんだ。

「駆逐艦は沈みました。われわれはすっかりだまされていました」

電信用紙をにぎりしめデュボーズ少将はぽつりといった。

「私の胸は張りさけそうだ」と。


九時過ぎ、砲雷戦のための万全の作戦をととのえた小沢本隊の、敵機動部隊との刺し違えの死の南下が再びはじめられた。敵潜水艦群が次第に包囲網をせばめてきていることは十分に推察されていたが、艦隊はジグザグ航進をせず真一文字に前進をつづけた。交戦中の初月を救わなければならない。間にあわないまでも、初月だけをいまに及んで見殺しにできないと、艦隊の将兵はまなじりを決して交戦海域へと急航するのである。

この小沢本隊が、北上してくる五十鈴と暗黒の海上ですれ違ったのは、それからしばらく経ってからである。五十鈴の燃料はもう限界に達している。砲戦における全速力二十分あまりの航進がこたえた。このままでも沖縄へつけるかどうか疑問とする。発光信号で五十鈴は、千代田救援を駆逐艦に依頼したこと、砲撃されたが脱出し、そして燃料の極度の不足のため一路北上することを報告した。これに答えて、大淀は、艦隊はこれより南下し敵水上部隊と決戦を行うべく急航中であることを告げた。主力である空母四を失った小沢艦隊は事実上潰滅しているといっていい。この艦隊の生きる道はあるのか。南下するもの北上するもの、それぞれの艦の苦悩と悲惨は永遠につづくように思われた。

生きることの苦しみをいさぎよい死と代替することで、急速に、終止符を打とうとするものもあった。サマール島沖の戦闘海面に取り残された筑摩は修理に精魂を打ち込み、一時は自力航行可能なまでに立ち直ったが、所詮何百浬も走ってなお生き残ることは不可能のようであった。筑摩艦長・則満宰次(のりみつさいじ)大佐は自分の責任において決断した。乗組員を護衛の野分に移し、栗田中将の指示に従い、自沈しようというものであった。戦場から脱出のチャンスがない以上は、筑摩が敵の手に落ちるのを防ぐためにも、いまこそ重大な決意を必要としたのである。

すでに指示を送ってあった栗田中将にとっても身を切られるよりも辛い想いの命令であったろう。傷つき取り残された味方の艦が抵抗する力もなく、戦場掃蕩のために送り込まれる敵艦隊のため空しく葬り去られるということは、全軍の責任を負う主将として心理的にも、責務としても耐えられない。それ故に、午後七時十五分ごろ、サン・ベルナルジノ海峡の中ほどを航行中に、命令を残存漂流の各艦ならびに警戒の駆逐艦に伝えてあった。

「極力自力航行ニ努ムルモ、見込ミナキモノハ、艦ヲ処分シ、乗員ヲ警戒艦ニ収容ノウエコロン湾ニ帰投セヨ」

九時三十分過ぎ、筑摩はこの命令に従い、キングストン弁が開かれて、海底に静かに身を横たえた。

二十分後、鳥海にも同じ運命が訪れた。前部機械室の大破は如何（いかん）ともしがたかった。自力航行の「見込ミナキモノ」として、藤波（ふじなみ）は鳥海の乗組員の移乗を完了させ、そしてみずからが放った魚雷が命中し重巡が波間に沈むのを確認すると、速やかに戦場をあとにした。

鳥海が沈みはじめたころ、栗田本隊十五隻の各艦は、サン・ベルナルジノ海峡を通過し、シブヤン海に入った。空には星が一面にかがやき、ルソンの山なみからは下弦の月がひっそりと上りはじめている。昨日航行した海面を艦隊は無言のまま引き返していく。武蔵の沈んだ海、その想いは将兵の胸に迫る。敵空母を沈め、駆逐艦を倒したことで、武蔵の無念は晴れたであろうか。将兵はだれも自分の心がわからない。波一つ、うねり一つなく、月明かりに海は白々として、ずっと水平線につづき、同じ暗さの中で海と空の混淆があった。この溶け合った一線まで、敵の勢力圏下にあると、将兵は皮肉な心でそう思った。夜が明ければまた敵機の攻撃が繰返されるであろう。これは皮肉でなくにがい現実である。一分一秒を争って、艦隊は敵艦載機の行動半径より脱すべく、西へ西へと急航する。将兵はいま現実に自分が生きていることがいかに幸運であったかについて考えてみようともしなかった。今日生きているのは、明日死ぬためにのみ生きているとそう観じていた。

本隊十五隻のずっと前方には、武蔵の生存者を元気づけ、負傷者を介抱しながらマニラへ航進する清霜、浜風の二駆逐艦があった。ミンドロ島の西を回り、すでに敵機の行動半径の外へ抜け出している。警戒すべきは、敵潜水艦だけであろう。見えざる敵を相手に、無言のうちに神経の火花を散らしている。

ブルネイ基地へ向かっている高雄の周囲には長波と朝霜が健在だった。機関をやられている高雄を護りながら、遅々たる航行ではあったが、基地はもう眼前にある。朝霜の一室には、重油の海を泳いで助かった愛宕の高橋少尉が身体に変調をきたし、ずっと横になったままでいる。高雄の橋本少尉は電探室にあって、見えざる敵との格闘をつづけている。かれらは、主力がいかに悲惨な戦いを戦ったかについて、あまり知らされてはいなかった。

武蔵とともにシブヤン海で戦い傷ついた妙高（みょうこう）は、右に傾いたまま、よろよろとコロン湾に入ろうとしていた。機銃群指揮官・島田少尉をはじめ妙高の将兵は、このとき一瞬息をのむ想いを味わった。いつ忍び寄ったのか、敵潜水艦が魚雷四本を発射していたのである。運命は妙ないたずらをする、と少尉はむしろあきれかえった。艦の損傷が、艦を救うことになった。妙高の遅速を敵潜水艦は誤って計算していた。航行の自由のきかぬ妙高を、魚雷の方から回避してくれたのである。魚雷が四本とも艦首の前を走り去るのをみながら、不敵の島田少尉は〝下手くそなやつだな〟と思ったことを記憶にとどめている。

艦首にぱっくり口をあけられた熊野は、栗田本隊のすぐ前方を走っている。夜の闇が艦影を消していたが、もしこれが昼の航行であるなら、水平線にそのマストを望見できたかもわからない距離にあった。甲板士官・大場少尉はこれから艦が向かおうとするマニラ湾のことを思い出していた。生きてそこの土を踏めるとは考えてもみなかったことだとの喜びに近い感慨があった。

栗田本隊のはるか後ろからは駆逐艦四隻がそれぞれ熊野と同じように単艦で、サン・ベルナルジノ海峡にむかいひそかな退却をつづけた。傷ついた早霜はすでに海峡に入っていた。サマール島東岸にそい、鈴谷の乗組員を収容した沖波、鳥海の最後を見とどけた藤波、そしていちばんあとから、筑摩の護衛艦だった野分とつづいた。それぞれの生存者を収容しながら。

早霜の航海士・山口少尉は艦橋にあって、息をつめながら艦長、航海長の操艦を見守っていた。艦橋に塑像のように立つ人影、しわぶき一つない。海峡の両岸には一灯もなく、早霜もまた灯を消してすべるように走っていく。潮流は八ノットの速さである。しかも狭水道、浅瀬はいたるところにありで、通行に馴れた船乗りにも魔の海峡と恐れられている。そこを羅針盤を損傷したままで早霜は通り抜けようというのである。艦長、航海長は必死になって声をかけ合った。乗組員全員が見張りとなって両岸をにらみ通していた。

ニュージャージーの艦橋にあって、ハルゼイ大将はずっと南の空をにらみつけていた。超高速戦艦二隻を中心とする前衛部隊は、もう六時間も速力をあげてサン・

ベルナルジノ海峡入り口に艦首を向け前進をつづけた。栗田艦隊が海峡を通過して避退する前にこれを捕捉撃滅しようと、あるいは無謀ともいうべき闘志を燃やして突進してきた。午後十時、それは栗田艦隊が一列になって海峡を抜けシブヤン海で対潜警戒航行序列に組み直したころである、大将は海峡入り口まで六〇浬の距離に迫っていた。あと二時間、あと二時間で敵を射程内にとらえることができる。

しかし、そのめざす敵がその時点で彼方の西の海面にあり、ハルゼイ大将麾下(きか)の高速戦艦部隊は、結局のところ敵を求めて三〇〇浬も北上し、また別の敵を求めて三〇〇浬の距離を全速で南下したにすぎないことを、猛将〝ブル〟提督は理解したくもなかった。ふりあげた拳は空回りしたまま、空しく下ろされねばならないのである。

一方、エンガノ岬沖の海面では、そのハルゼイ大将から戦場残留を命ぜられたばかりに、空母一、駆逐艦一撃沈の戦果をあげ得たデュボーズ少将の重巡戦隊は、午後十時少し前に、これ以上の追撃は危険と判断し、反転南下をはじめていた。敵を求めて散っていた駆逐艦も集合を命ぜられ、戦隊は、ずっと南の海面で待機する主力ミッチャー中将の機動部隊と翌朝に決められた合流をすべく、一かたまりとなって重油の海を離れようとした。

こうしてエンガノ岬沖の、空からと、水上からの戦闘は終わった。が、それで戦闘のすべてが完了したわけではない。引き揚げてくるであろう日本の残存部隊を待ち受け、海底では、〝狼群〟潜水艦がそのコースの所々に分散し鋭い歯をみがいている。

そして遠く、ついに決戦場とはならなかったレイテ湾では、マッカーサー大将も、キンケイド中将もオーデンドルフ少将も、九死に一生を得たC・スプレイグ少将も、だれもかれもが眠ることを欲していたことであろう。しかし、かりに眠れたところで、あわただしい夢に悩まされ、すぐに目覚めてしまう。戦場の夜はそうしたものである。そして目覚めて思い出せば、激烈無残な昼の戦闘が夢のように思われてくる。さまざまな人のさまざまな悪夢を包みこんで、ついに決戦場とならなかったレイテ湾は、いま、闇の底に沈んでいた。

十時三十分、初月救援のため二五ノットで南下をつづける小沢本隊は、北上してくる若月と会い、敵艦隊の陣容の報告を受けた。新型戦艦二隻、巡洋艦一隻、一水雷戦隊により編成されているものと考えられるという。小沢本隊の各艦は勇みたった。駆逐艦の数こそ劣れ、ほぼ兵力では互角の戦闘が挑めるではないか。味方も戦艦二隻、軽巡一隻、駆逐艦は若月をふくめて三隻。信じがたいことだが、空しく全滅されるために出撃した艦隊に、敵を撃滅できる好個のチャンスがめぐってきたのである。みずからの力の極大と、損傷しているとはいえ艦の性能を極限まで活用し、最後の栄光をこの手につかみとるのである。日向の中川少尉は俄然張り切った。かれの印象にあるのは、朝から味方の艦の沈むところばかりであった。もうたくさんなほど艦の沈むのを見せつけられた。こんどは、敵艦が沈むところが見られるのである。少尉は「早くから万歳を叫びたい思いであった」という。

伊勢の測的士・高田少尉は測的艦橋にあって、部下とともに固唾をのみつづけた。こんどこそ、自分たちの出番である。赤く焼けた陸戦用機銃は心おきなく棄てることができた。ときどき、南の水平線、暗黒の海に、白熱に閃光が走るのは、果たして何なのか。

こうして、おとり艦隊から撃滅艦隊へと変じた小沢本隊の前進はつづいた。戦いの神にもし慈悲があるなら、この艦隊に捨て身の戦闘をさせてやって欲しかった。しかし、めざすデュボーズ戦隊はすでに南へ引き返している。運命は、ついに夜戦を許さぬごとくフィリピン海域を支配している。

午後十時十分。栗田中将は連合艦隊司令部に打電した。

「朝来ノ敵機動部隊ヲ撃破後、新タニ北方ノ敵機動部隊ニ向カイタルモ、敵ハ反覆空襲シツツ我東方ヲ南下セリ。基地航空部隊ノ成果ナラビニ保有燃料ニ鑑ミ夜戦実施ノ見込ミタタズ。二〇三〇サン・ベルナルジノ水道ヲ経テコロンニ向カフ」

主将・栗田中将のさびしい決戦終結宣言ともいうべきこの電報が飛んでいるとき、米潜水艦ジャレオは、潜望鏡にとらえた目標にたいして、魚雷攻撃の準備を完了した。艦長は目標を軽巡洋艦と判断し、十一時五分、艦首の魚雷三本を発射、ただちに左旋回すると艦尾よりさらに魚雷四本を打ち込んだ。全力攻撃である。艦長がみつめる潜望鏡に、その命中の模様が映った。艦の中央、艦首と艦橋の間、さらに後檣の後ろと、計三発が目標を倒した。

五分後、月光を受けて銀色に光る海に、その軽巡洋艦は沈んだ。深い静寂があとに来た。小沢艦隊の、単艦微速でよろよろとしながら基地へ向かう多摩の淋しい最後である。初月と同じように生存者なし。海兵七十三期の若い少尉は四人乗艦していたが、ついに一人も帰らなかった。

決戦の日、十月二十五日の戦闘の、日本海軍にとっては、これが淋しい幕切れとなった。

葬送

〈十月二十六日〜二十八日〉

「海行かば水漬く屍、山行かば草むす屍……」

広島県・江田島の在りし日の海軍兵学校〈資料提供：大和ミュージアム〉

〈26日＝夜明け・朝〉

1

アメリカにとっては追撃戦の、日本にとっては苦しい退却戦の幕開けは、駆逐艦野分（のわき）の奮戦であり喪失である。自沈した筑摩（ちくま）の乗組員を収容し、ルソン島の東岸ぞいにサン・ベルナルジノ海峡に向かっていた野分は、二〇ノットで西へ舵をとり、海峡に入ろうとしたとき、戦艦二隻を中心とするハルゼイ大将の前衛部隊に捕捉された。アメリカ側の記録によれば、午前零時二十八分にレーダー上に目標発見、軽巡三と駆逐艦三がこれに向かい、同五十四分砲撃開始、そして、野分の姿が海面に見えなくなったのが午前一時三十五分、実に四十分近い砲撃戦であった。ここにもまた、エンガノ岬沖の初月（はつづき）や多摩（たま）と同じように、小さな、一隻の、駆逐艦のけなげな奮闘があり、無言のうちの全滅があった。筑摩の生存者も、運命をともにしたことは、改めて書くに忍びない。

駆逐艦ミラーとオーエンの二隻が沈没海面とおぼしき海域に達したとき、海面下に重苦しいような爆発音を二度にわたって聞き、ただちに、オーエンが星弾を撃ちあげたが、人ひとり浮いていない海面が冷たく光っているだけであったという。生存者なし。

　そして星弾が光を失ったあと、全戦闘海域には闇がかぶさり、音を失った。

　このころ、小沢艦隊は撃滅すべき敵艦隊をついに発見できず、再び一八〇度反転し針路を北にとっていた。燃料の関係もあり、やむを得ない引き揚げである。栗田中将が発信した〝夜戦実施ノ見込ミタタズ〟の電報を確かに大淀（おおよど）が受け取った。主力部隊が作戦を終了して帰路についているのである。いまはもう結果の良否を問うているときでもなければ、戦闘の巧拙を論ずる必要もないであろう。〝おとり〟の使命だけはものの見事に達成されたのである。そうした確信と満足を胸にして、小沢残存艦隊の大淀、日向（ひゅうが）、伊勢（いせ）、若月（わかつき）、霜月（しもつき）、槇（まき）の六隻は奄美大島の基地へと艦首を向けた。

　太平洋を圧して出撃した日本海軍最後の機動部隊の、空母四隻はすべて海底に沈み、残りの艦影もいま月明かりの海の彼方に消えようとしている。機動部隊があったという誇りすらが歴史の彼方に埋もれていくのである。小沢艦隊の海戦史上の任務はすべて完了した。

　歴史といえば、その昔、川中島で戦った上杉謙信の軍が午前の攻撃戦から午後の退却戦へと移ったとき、その軍勢はいくつにも分散し、苦しい戦に耐え抜いた事実が記述されている。レイテ湾に向かった栗田、西村、志摩の三艦隊の退却の様相は、鞭声粛々夜サン・ベルナルジノ海峡を渡った相似までもふくんで、幾分かそれに似ているようである。

栗田艦隊があるいは単艦、あるいは二、三隻の小部隊をふくめ、主力十五隻を中心に八隊にわかれたと同様に、志摩艦隊も那智、足柄、不知火、霞の主力はコロン湾に向かい、沈んだ最上の乗員を収容した曙は単艦でひたすらマニラへ向かって航進し、そして損傷した阿武隈と護衛の潮は、被害個所の応急処置のためミンダナオ島の北端ダピタンで仮泊、夜明けを待ってマニラへ向け出航の予定、という風に三つにわかれていた。西村艦隊については悲愁のみがある。山城、扶桑、山雲、朝雲、満潮の主力はスリガオ海峡の海底に眠り、その五千名余の将兵の九割九分までが艦と運命をともにした。海峡を出たところで最上も、ごく少数の生存者を残して沈んだ。そして、ただ一隻残された時雨のみが、敵にも味方にも忘れられたように、単艦蹌踉として基地ブルネイへ向かっていた。

闇はこれらの艦も人をも深く包む。当直を終えた将兵はどろのように眠る。どの艦にも死臭が満ちている。血の匂いがする。いたるところに死者がおり、負傷者が倒れ、医療資材と設備とが緊急に必要だったが、戦場にあってはその切ない希望もかなえられない。情勢が好転するまで、一分一秒が死者の数をふやすことを意味した。事態が好転するのはいつのことか。

　ダピタンで、不眠不休ほとんど全員があたったが、さしたる修理もできぬままに阿武隈と潮は、暁闇にマニラに向け出港した。速力八ノット、それが傷ついた軽巡のだし得る最大限。もう一度、空からの攻撃が行われるならば……。二十六日の夜明けが、そっと忍び寄ってくる。暗い海が濃灰に変わり、さらに灰色から青一色の海へとゆるやかな転換が行われる。太陽をこのときほど将兵が望まなかったときはないであろう。明るくなった海にまた死闘が繰りひろげられる。まだ敵の制空権下にある海域なのである。事態が好転するときなどは永遠にないのであろう。

　この朝まだき、サン・ベルナルジノ海峡の北東海面に、マッケーン中将の機動第一群とボーガン少将の機動第二群が勢揃いした。空母九隻から夜明けとともに攻撃隊が飛び立ち、早くも西に機首を向けながら、夜のうちに進発していた索敵機の敵発見の報を待ち受ける。レイテ沖海戦三日目の戦闘がはじまろうとする。

　早い時期に避退した栗田艦隊主力は、夜明けにはもうシブヤン海峡を通過し、タブラス海峡の南端を驀進（ばくしん）していた。あと数時間で敵の制空圏外に出る。しかし、早朝から各艦のレーダーが敵機影をとらえ、戦闘配置につくや間もなく七時五十分に最初の飛行機が探知され、九分後に羽黒の見張りが索敵機を視認した。〝あるいは〟という切ない希望は失われた。

攻撃機百六十機以上が、栗田艦隊主力十五隻を中心に、朝日をあびて、その海域に広く散在し退却をつづける各グループにも、いっせいに攻撃をしかけてきた。どの目標を選ぶかは、敵機の思うがまま、選ぶがままであった。

十五隻の主力部隊には、午前八時半より四十分間にわたり第一波三十八機、第二波二十機が連続して襲った。大和に爆弾二発が命中したが、損害軽微。しかし、第二水雷戦隊の旗艦能代は魚雷一発の命中により操艦不能に陥った。戦隊司令官・早川幹夫少将はただちに将旗を浜波に移した。そのほかの艦にも至近弾多数が高い水柱を立てた。防毒マスクをつけた応急員が、爆煙の中へ突入していく。矢矧の大坪少尉はこのとき負傷した。軽傷ではあったし、戦闘に出て負傷の一つもないようでは、「死んだやつに申し訳がない」と思い、より闘争心をかきたてた。

負傷というより九死に一生を得た人もあった。志摩艦隊の阿武隈は潮とともにダピタンを出港、微速でコロン湾へ向かい三時間をわずかにすぎたとき、激しい空襲を受けた。しかも、艦載機とは違い双尾翼、四発の陸軍機B-24であった。六機ずつの編隊にわかれ、五十数機が交代に爆弾を落とした。爆弾は艦載機のものよりはるかに巨大だった。通信士兼第一機銃群指揮官・有村少尉が負傷したのが果たしていつごろであるのか、どのくらいの至近弾によるものか、少尉にもわからない。

魂に直接響くような音の中で艦はゆれ、水柱が林立した。有村少尉が六尺棒を振るって、「射チ方ハジメ」と叫んだ瞬間である。なぎ倒された兵隊の死骸の間に、少尉の身体は叩きつけられ、機銃はくず鉄となって煙を上げ、ねじまげられた。倒れている兵隊の戦闘服がぷすぷすと燃え、煙が立ちのぼっていた。いたるところでうめき声がした。腕が千切れとび、首がころげた。

少尉は全身に爆弾の細かい破片を受けていた。かれのまわりには、銃員の血と肉片とが散乱していた。眼の前に赤い靄（もや）がかかったようなうすい視力で、いちいち自分の身体の傷をあらため、そして右脚の脛（すね）の下の傷がいちばん深いことを確かめた。「なぜそんなに気丈だったかわからないが……」と、少尉は回想する。二十歳の若さと、部下をもっているという責任感とが重傷のかれをささえた。骨はくだけていた。そして動脈がやられたのだろうか、つぶれた右脚から血がほとばしり流れている。鉄床におのれの血がたまった。かれは無意識のうちに、というよりも無我夢中で、力いっぱい太腿を縛り、止血の応急処置をしていた。

艦首をやられ、単艦でのろのろと退却をつづけてきた熊野（くまの）も、敵艦載機の攻撃を受けていた。爆撃機四、雷撃機七、戦闘機十二を相手に、傷つける重巡は獅子奮迅の戦いをしたが、命中弾一、至近弾数発を受け、ついに航行不能に陥った。甲板士官・大場少尉は、爆弾命中で周囲のものが吹き飛んだときに、奇蹟的にひとりだけ生命をとりとめた。右舷の機銃銃座付近にいたかれが、なぜとはなしに姿勢を低くしてうずくまったときである。爆風があっという間に少尉の横に立っていた下士官兵を吹きちぎった。命中は音というものではないと多くの経験者は語った。それは震動で、一切が裂け吹き飛ぶ。そして、それは光線であり、風であり、破片であった。大場少尉は全身に弾片を浴び血を噴きながら甲板に昏倒した。

かれは兵にかつがれて戦時治療室に運ばれていった。ラッタルも鉄の壁面も血で生々しく染められている。それに弾痕や破片の跡。軍医官も看護兵も、少尉を一眼みて処置のしようのないことを悟った。少尉は簡単な治療をうけただけで隅の方に寝かされた。隣の兵員室には血みどろの戦死者が安置されていた。内臓がはみ出し、骨は砕けていた。顔にはどれも白布がかけてあり、枕もとには肌身につけていた遺品がおかれている。千人針、手紙、写真、時を刻むのをやめた時計、帽子……。そのなかに少尉が加わるかどうか、それはかれの気力と体力と、生への意志にかかっていた。少尉は昏睡をつづけている。

早霜(はやしも)も完膚(かんぷ)なきまでにやられた。艦首に魚雷がまともに命中し、もぎ取られたが、錨甲板が上から折れまがって波よけの役を果たした。横から見たら艦首が四角くなっている奇妙な艦と見えたであろう。錨鎖(びょうさ)がだらりと垂下し、早霜は錨を海中に下ろしたような格好のままに応戦したが、至近弾、機銃弾多数を浴び、破口から海水が浸入、燃料タンクに海水が混入しはじめ、しばしば缶の火が消えそうになって、煙突から白い煙を上げた。航海士・山口少尉は、白煙とは縁起くそ悪いと思った。胸の双眼鏡に陽が直射して光って見えた。

断雲の行き来こそあったが、その日の戦闘海面は、灼(や)けつくような太陽が照りつけ、澄青の海はそれを反射してまぶしくかがやいている。その上で、連合艦隊の最後の、しかも決定的な海戦の終章が戦われているのである。それは海上決戦の主力はあくまで母艦航空部隊であり、水上部隊はその補助兵力にすぎないという、太平洋戦争の性格を見事に浮彫(うきぼり)するような戦いであった。いかにその外容が毅然たるものであっても、飛行機をともなわない水上部隊は、単にみかけ倒しの艦隊でしかないことを象徴するような凄惨な戦いであった。

太平洋戦争は空母と空母の戦いであった。飛行機がすべてを決した。過去の海戦史の原則や教訓は、ちりあくたのように捨てられた。制海権は制空権なくしては得られない。空を制した方が海もまた制したのである。さながらそれを証明するためかのように、レイテ沖海戦は戦われ、そして静かに、幕を下ろそうとする。

2

〈26日＝昼〉

栗田艦隊の能代の沈むときがきた。遠く水平線上をちょうど航行していた志摩艦隊の足柄の艦橋から、かすかにそれは望見された。停止した能代は集中攻撃を受け、そして左に大きく傾いていた。駆逐艦が一隻これを見守っている。足柄の安部少尉は戦闘の苛烈さを感じて心を曇らせた。沈みゆく艦をすぐそばに見ながら、乗組員を救助することもできず、黙って通り過ぎていく。一門一銃の火力の増加がなんらの役に立たぬことは、これまでの海戦が実証しているのである。かれの心は悲壮というよりも悲痛であった。

足柄と霞が水平線のかなたに没したあと、能代は転覆した。上甲板から投げ出された乗組員が赤い艦腹にはい上がって、航跡の波にゆられながら、警戒の駆逐艦に向かい懸命に手を振った。十一時十三分である。

ずっと離れた海域——阿武隈に退艦命令が発せられたのは、それから十五分後の二十八分であった。右脚をくだかれ、全身に破片を浴びた有村少尉の気力はまだ辛うじて残されていた。艦橋に這いのぼり、ひとなめになめつくす炎の舌を振り返りながら、まるっきり感覚のない片脚のままでうまく泳げるだろうかと気にしていた。艦首から次々と将兵が海中に飛び込みはじめた。少尉はそろそろと這っていく。見すてられてなるものかという強い気持が、海を恐れさせなかった。

水に入って、間違いなく自分の身体が自分の力で浮くのを確認してから、少尉のとっさに思案したことは、早く艦から遠ざかることである。しかし、浮くことはできても、前進することには非常な困難があり、重傷の身には容易でない努力を必要とした。無茶苦茶にまだ生きている方の手足を動かし、渾身の力をふりしぼったが、そのわりには成果がなかった。かすかな絶望を感じだしたとき、少尉の身体は後ろからだれかに押されて、前へ前へと進みだした。名も知らぬ下士官の姿をそこにみとめて、有村少尉はただ眼をみはり、このことをどう考え、かれになにを言ったらいいのか、とっさに思いつかなかった。ただ一つ、しっかり押してくれよと、心の中で欲張って注文を出している自分に気づいておどろいたことだけを、少尉はおぼえている。

十二時四十二分、阿武隈は沈んだ。沈没後、潮が敵機の集中攻撃を受けた。B-24が十二機編隊で艦の後方から攻撃態勢をとったのをみとめ、旗甲板にいた通信士・森田少尉は「これで本艦の運命はきわまったか」と、覚悟のほぞを決めた。昨夜、ダピタンなどで仮泊せずあのまま航行をつづけていたならば、阿武隈も潮も無事であったであろう、と、うらみがましく思う気持がわずかにのぞいたが、少尉はそんな弱気になるおのれを激しく叱咤した。旗甲板の少尉のそばに立つのは先任将校・筆前大尉。スリガオ海峡突入のときの、「きんたまはあるか」という大尉の奇妙な質問を思い出し、少尉は再びひそかに股間をさぐってみた。このときも、あった、健在そのものである。

瞬間、艦は右に大きくかしいだ。敵機の胴体からぱらぱらと黒いものが落ちた。それが爆弾の形をして見えたときは命中しない、ただ黒く丸いと見えたときは直撃と、森田少尉は、談笑の間やたび重なる実戦で、しっかりと身についておぼえていた。投下と同時に艦は大きく左に傾いた。これが爆弾回避の唯一の戦法である。投下直前に右あるいは左へ大きく舵をとり、投下と同時に、逆方向に再びいっぱいに舵をとる。旗甲板の少尉はぐっと眼を見開いて、黒いものの落下をにらみつける。黒いバナナのように爆弾の形が見えた。命中しないッと思う間もない、黒い水柱が何本も立ち、そのしぶきを浴びて先任将校とかれの戦闘服が真っ黒に染まった。

敵機は反復三回の攻撃で立ち去っていった。一弾の命中もなし。機銃員二十数名が斃れたが、潮の艦首は白波を蹴立てている。しきりに発砲しながら戦う駆逐艦のこの健闘を見ながら、波間で阿武隈の有村少尉はしきりに声援を送っていた。ついに小さな駆逐艦が攻撃に耐え、これを撃退したことを知ったとき、喉に突き上げそのまま声になりそうな喜びが湧いてきた。駆逐艦がカッターを降ろすのが望見され、これで助かる、そして死にかけている右脚もあるいはもう一度生き返れるかも知れない、とはかない望みをもった。

駆逐艦の任務はいそがしいの一語につきた。戦艦や重巡に比べれば、駆逐艦ほど〝船〟という言葉にぴったりしているものはない。戦闘、護送、救援、あらゆる任務をもちあらゆる戦場にかけつける。駆逐艦ほどチーム・ワークが要求され、それだけにその艦独特の雰囲気、社風にならべて艦風とでもいうべきか、味というか、そうしたものをもっているものはない。その乗組員は、軍人というより、〝船乗り〟といった方がはるかに似つかわしい。「渋くて、律儀で、スマートで勇敢」である。潮も間違いなくそんな駆逐艦の一つであった。戦闘がおわれば艦をとめ、黙々としてカッターを降ろし、海面に憔悴の色をこくしている阿武隈の生存者の救助に向かうのである。片脚を失った有村少尉が、森田少尉のいる潮に助けられるのはもう間もなくであろう。兵学校時代は分隊も違い、あるいは見知らぬ友であるかもしれないが、遠い南の海にきて一つの艦で顔を合わせ、生死をともにするようになるのである。

傷ついた早霜も、潮に負けないくらい駆逐艦らしい駆逐艦であった。しかし、その早霜もついに駆逐艦であることをやめなければならなかった。いかに機関科員が総員で、重油から海水を分離する作業に力をつくしても、あとからあとから海水が混入し、もう微速でしか走れなくなっている。三五ノットの高速でしぶきをかぶって驀進してこそ、駆逐艦の本領があった。それが海の上のかたつむりとなっては、もはや何をかいわんやであろう。

やむなく艦長は、ミンドロ島南方のセミララ島の近くの無人島の陰に一時避泊する決意をかためた。そこで艦内を整理し、破口を修理、さらに重油の整理作業を強行しようという腹づもりで、早霜はそろそろと島に近づいた。水深が浅くなるにつれ、たれ下がった錨が海底にひっかかり進航は難渋した。やむなくこれを切断、さらに艦尾の魚雷揚収用のダビットをはずして錨の代用とし、綱の先につけて投下、早霜は島から七〇メートル、水深五メートルの地点に落ち着くところを見出した。しかし、果たしてそこに安住できることか。

こうして、一息ついたとき、乗組員は沖合をゆく味方の駆逐艦を発見した。鈴谷(すずや)

の乗組員を収容して、単艦で後続してきていた沖波であった。沖波の方でも早霜の悲惨な姿を発見し、速力を上げて近接した。早霜の山口少尉はそのときの沖波の印象を描出する。「甲板から砲塔まで救助された裸に近い将兵で満員であった」と。

十分に近接すると、沖波の艦長はメガホンで呼びかけてきた。「全員移乗せよ！」。

早霜の平山敏夫艦長がまけずにやり返す。「バカをいえ！　自力航行可能だ。重油をたのむ」。

二隻の駆逐艦は身体をすりよせるようにしてならぶと、給油のためのホースが渡された。生命あるものが輸血管によってつながれ、大切な血の一滴、友情の一滴が移されようとした。そのときである、見張員は敵機の来襲を伝えた。ただちに繋留ホーサーは断ち切られ、戦闘開始である。沖波はさかんに応戦しながら西方海上へ去っていく。名残を惜しむ暇もない、倉皇とした戦場の別れになった。

敵機は浅瀬で停止した早霜に急降下爆撃を繰り返した。機銃群の反撃猛射は、直撃から艦を救ったが、至近弾は艦側の海底を掘り返し水柱と一緒に珊瑚礁が飛び散り、だれもが初めて直面する凄まじくも異様な戦闘になった。

航海士兼機銃群指揮官・山口少尉はこの戦闘にも健在であったが、少尉の恩師である暗号員・秋山兵曹は足首に敵弾を受け倒れた。木曾の山の中の小学生を集め、早朝かけ足で小山に登り、手旗信号を教え、海のいかに素晴らしく美しいかを説いていた先生が、その素晴らしい海で、すさまじい海の戦闘で、重傷を負うたのである。戦闘の合間に、山口少尉が見舞ったとき、額に脂汗をたらした先生は、淋しそうな笑顔で愛弟子を迎えた。

　早霜の甲板に戻り、兵たちが艦側に乗り出すようにして騒いでいるのを見て、何かと後ろからのぞきこんだ少尉にとって、五メートル下のすきとおってみえる海底が、信じられぬほど幻想的な光景に見えたという。珊瑚礁の海底には、爆撃で白いすりばち状の穴があいて「月の表面の噴火口」のようで、青い、いや緑に近い水を通して屈折して、穴はゆらゆらと揺れた。そして海面にはおびただしい魚が浮き上がり兵員たちはその魚をとろうと歓声をあげている。その声のほかは何も聞こえない。気味の悪いほどの静けさである。砲声も爆音も地に落ちた。後ろの山のしたたるばかりの緑の樹海が、山口少尉の心に甘い感傷をもたらしていた。

3

〈26日＝夕暮れ・夜〉

ようやく夕暮れが訪れてきた。傷ついてミンドロ島近くの島陰に憩う早霜、後続する藤波(ふじなみ)の二隻の駆逐艦をのぞいて、小沢、栗田、志摩の三艦隊の生き残った艦艇のほとんどが、敵機の行動半径の圏外の海に離脱することに成功している。まだ潜水艦からの攻撃の脅威は去らないというものの、おもむろに紅にそまりゆく海と空の青はかれらをやさしく迎えいれた。いや、外国語では船は女性名詞である。かの女らと書くべきかも知れない。鳴りやむことのない砲声と銃声はおさまったのである。対空弾の赤や青や紫の、狂い咲いた花々のような硝煙で空を埋める必要はなくなったのである。もはや戦闘艦ではない。その優美な艦形は女性代名詞で呼ぶのがふさわしいのか。しかし、悲しい船列である。生き残った将兵にとっては、愛しいと書いてカナシイと読むべきかもしれなかった。

　愛しい艦艇は次々と基地に帰還する。午後四時、高雄(たかお)、長波(ながなみ)、朝霜(あさしも)の三艦はブルネイに到着した。その乗組員そして愛宕、摩耶の生存者にとって、自分の肉体と鉄との闘争はひとまず終わった。

　相前後して、燃料の不足に悩まされつづけた五十鈴も沖縄の中城湾(なかぐすく)にたどり着いた。それこそ〃やっと〃という想いである。五十鈴が普通に積む燃料は約一〇〇〇トン、そして走りまくり燃料計がゼロを示し、ポンプがもう吸えなくなったとき、タンクの底に残る量が約五〇トンであるという。実は、その五〇トンを食いつないで、五十鈴の、自分自身を生き残らせるための戦いが、つづけられてきたのである。機関科員はもとより手すきのものが総動員で、真っ黒な重油タンクに入り、ガスにむせびながら、底にたまった水たまりのような重油を汲み出して、重油ポンプに流し込んだ。こうして五十鈴が中城湾に着いたとき、油の残量はわずか一二トンであった。

航海士・竹下少尉は、久しぶりに機関長の眉間の皺ののびたのを見て、わずかに帰還の喜びの一部を味わった。海中より救われて五十鈴に移乗していた千歳の艦長付、岩松少尉は、久しぶりに思い切って背のびした。ずっとガンルームにいたが、ことあるたびに五十鈴の若い士官からは、「できるだけ邪魔にならないようにしていてくれ。足らなくなったら呼ぶから」といわれ、乗艦を失ったものの悲哀を一身に感じ、髀肉の嘆をかこちつづけていたからである。

コロン湾には次々と残存艦、損傷艦が入ってきた。那智、足柄、霞、不知火、沖波、潮、そしていちばん遅れて熊野がその傷だらけの姿を現した。

臨時の治療所となっていた潮の兵員室では、阿武隈の闘志の通信士・有村少尉が横になっている。救助されるまでもちつづけていた気力はすっかり萎えて、全身に浴びた負傷の痛みでまったく動けなくなっていた。右脚の傷は悪化をたどった。無数の重軽傷者を前に、潮の看護兵は汗と血と薬品の臭気と、暑い熱気の中にあって、簡単な治療をする以外には手のほどこしようもない。有村少尉は、こんな簡単な治療では危険だなと、くだけた右脚を見ながらつぶやいた。しかし、ものをいう気にもなれなかった。ましてや、ものを食べることなどは、したくともできない。配給されたにぎり飯を手にはしたものの、痛みで米の一粒も喉には通らなかった。

　熊野の大場少尉は昏々（こんこん）として眠りつづけている。生死の間をさまよっていた。いまは、かれをそっとしておいてやるほかはない。少尉にあっても生も死も同じことなのかもしれない。が、生きているから〝死〟について考え得る。死と死体はきびしく区別されねばならない。意識のあるなしはともかく、かれの精神と肉体は、生と死とを考えつづけ、そして死について考えることのできる〝生〟を得ようと、懸命な戦いをつづけている。かれは死者ではないのである。

　夜のとばりが下りた。南十字星が青白い光をまたたかせていた。死者は葬られようとしていた。栗田艦隊各艦は、それぞれの艦長判断によって、南の海に荘厳な水葬礼のラッパを響かせていた。後檣（こうしょう）にはためく軍艦旗がするすると半下される。半旗をかかげ、黙々と、重油の尾を長く長くひいて進む艦隊は、それ自身がすでに壮大な柩（ひつぎ）であった。

戦艦大和の戦死者二十九名は、演習弾を重しとして毛布で手厚くくるまれて後甲板にならべられた。遺髪や爪、または腕時計など戦死者の手もとの品が、遺品として残されている。当直以外のものは戦闘服装で整列した。副長をはじめ各分隊代表者、分隊長、分隊士たちは黙念として頭をたれ、見事に、美しく散華した戦友たちの冥福を祈った。主砲第三分隊長・長船少佐の読経の声が、潮風にとぎれつつ流れていた。砲術士・市川少尉には、その声が訴えるように泣いているようにいつまでも耳の底に残っていた。

矢矧の戦死者三十五名。このうち、機銃群指揮官・大坪少尉の一期先輩になる伊藤比良雄中尉が、士官ただ一人の戦死者となった。かれのためには工作科が作った立派な棺が用意され、棺には生前中尉が大好物としていた煙草と、倒れるまで握っていた指揮棒がいれられた。純白の布に包まれた上に「故伊藤大尉之霊」と黒々と書かれてあった。大坪少尉には自分が死んだら中尉になると、いわば決まりきったことが、その文字を見ながら改めて思い出されてきた。後甲板に「気をつけ」のラッパが嚠喨と響きわたった。勝者の喚声でも敗者の絶叫でもない。自分の義務を果たして見事に散ったものへの祈りの声でもあろう。泡立つ海に投ぜられた大尉の柩には十分に重い錘をいれてあったが、容易に沈もうとせず、別れを惜しむかのように、しばらく白い航跡の波間に浮いているのが、夜眼にもあざやかであった。艦は静かに水葬の海を回った。

海行かば水漬く屍
山行かば草むす屍

羽黒の長谷川少尉は、甲板士官なるがために、水葬礼の指揮をとらねばならなかった。戦死五十五名。ちらばった身体、主を失った手足をひろい集め、氏名と所属を確認するのに、半日以上かかった。戦いに戦った羽黒には、戦死者が受ける儀礼ともいうべき砲弾が不足していた。少尉はやむなく打殻薬莢を遺骸に抱かせ手厚く毛布に包んだ。死者はある間隔をおいて、逆巻く波の、うねり上がった波頭へと吸い込まれていった。儀杖兵の捧げる弔銃が胸にひびく乾いた音を響かせた。同時に、信号兵がラッパを吹奏した。

大君の辺にこそ死なめ
かえりみはせじ

………

歌は涙のなかにあった。天地を引き裂く轟音も、いまは、落ちた。鼠色の、人の型をした海軍毛布が、戦闘の五日間、夜昼のわかちなく後檣にかかげられた軍艦旗のはためく音と、悲しい調べに送られて、ゆらゆらと立って無限の深みへ沈んでいった。

4

〈27日〉

「機銃員集合、前甲板！」

十月二十七日早朝より早霜の伝令が艦長命令を伝えた。そして整列した機銃員に、負傷の足をひきずりながら壇上に上ると艦長・平山中佐は力強くいった。「いままでは本艦も走っていたので、お前たちの撃つ弾丸も命中率が悪かったろうが、本日はこちらも止まっている。十分狙って日頃の腕前を見せてくれ。俺は上からよく見ているぞ！」。艦長はつづいて全乗組員に命令した。

「機銃員のみ残り、あとは全員背後の無人島に移れ」

捷一号作戦そのものの戦闘は終わった。しかし、早霜の戦闘は終わらないのである。艦に残った各機銃群指揮官と下士官に、スラバヤ土産の葉巻が配られた。航海士兼前部機銃群指揮官・山口少尉は、「葉巻は匂いだけでさっぱりうまくないな」と思ったことを記憶している。そのうまくない葉巻も最後の戦闘と思えば、腹にしみた。大きく煙を吐き出しながら、昨夜士官室で話し合われた司令・白石長義大佐と艦長とのやりとりを、少尉はふと思いだした。

司令はいった。「みんなよく戦った。すでにわが艦は航行不能になった。これ以上本艦にとどまることは、有為の将兵を失うばかりであろう。島に上陸したらどうか」と。

しばらくの沈黙があったあとで、艦長はきっぱりといいきった。

「司令のお考えはわからぬでもありませんが、わが艦は、まだ戦闘力をもっています。帝国海軍の艦で、戦闘力があって艦を捨てた例はありません。私は艦を捨てるわけにはまいりません。もっとやらせてください」

これで決まったと少尉は思う。この一言で勇気がひしひしと湧き、心が不思議に安らぐのを覚えたのである。

水平線に太陽が昇るとともに、予想どおり敵機が姿を現した。十数機の編隊は島陰にへばりついた駆逐艦を見くびるかのように、ゆっくりと上空を旋回した。そして一機ずつ順序よく急降下を開始した。一機対一艦の真剣勝負を、勝ち誇る敵は挑むかのようである。珊瑚礁の岩片をまじえた水柱が再び傷ついた艦をおおい、機銃は頑強に抵抗した。直撃弾なし。そして、燃料タンクよりガソリンをもらしながら引き揚げる敵数機をみとめたとき、山口少尉はやったぞと心の中で歓声をあげた。

攻撃は数時間おきに数次にわたってつづいた。銃員の負傷、戦死が相ついだが、直ちに補充され、水雷科分隊からも参加するようになった。山口少尉も傷ついたが、なお元気旺盛である。

こうして奮戦をつづける早霜をみとめて、二隻の駆逐艦が急遽救援に赴いてきた。鳥海の乗員を収容して引き揚げ途中にあった藤波。そしてコロン湾に一旦は避退したが、そこで次の命令を受け出撃してきた志摩艦隊の不知火である。二艦は発光信号で連絡しつつ近接してきた。しかし、不運はその直後に襲った。敵の大編隊が東の空に姿を現したのだ。三艦は協力してこれを迎え撃ったが、寡勢の駆逐艦の抵抗は、正攻法で攻撃を加える大編隊の前には、あまりにもはかなかった。

藤波も不知火も、早霜の眼前で火災を発し、西へ西へと避退をつづけながら防戦善闘したが、その最後が急速に訪れた。水平線上で、藤波は轟沈した。そして不知火はミンドロ島の島陰に隠れた海域で、これも無念の涙をのみ、誰一人見ていない海に沈んだ。

早霜の将兵は、艦上にあるもの、島にあるもの、ひとしく暗澹たる思いにとらわれた。しかし、陰鬱な感情の渦にまき込まれている暇はない。内火艇を派遣し人員救助に向かわねばならない。救援されるものが一転して救援にまわるのも、運命というものであり、戦場の皮肉でもあった。

山口少尉は艇指揮を申し出たが、艦長はこれを「空襲中、機銃指揮官は残れ」という理由で許可しなかった。そして、救助に向かった内火艇が途中で空から攻撃され、一人の救助者もなく空しく帰ったのを見たとき、もし俺がいっていたら……と少尉は残念の歯がみをしたことを記憶する。

救われなかったのは藤波と不知火だけではなかった。早霜そのものもたび重なる爆撃の至近弾で破孔をひろげ、浸水はさらに勢いを増し、二十七日の夕刻の迫るころ艦尾はすでに水中に沈んだ。乗組員がもつ艦への愛着をはなれて客観的に判断すれば、早霜はすでに沈んでいると答えねばならなかったのである。

5

〈28日〉

三昼夜にわたった戦闘は終わった。いまは敵機も上空を通りながらも、半ば沈んでいる早霜には眼もくれようとしなかった。小沢艦隊は奄美大島で五十鈴と合同、駆逐艦が拾いあげた漂流者と、各艦の負傷者は日向と伊勢に移乗させ、「なつかしの日本内地」への帰還の途についている。針路四五度、速力二二ノット。コバルト色の海はこの日も鏡のように静かで平らであった。

栗田艦隊は新南群島（南沙諸島）をまわり、敵潜水艦も出入し得ない〝デンジャラス・グラウンド〟の中をぬい、南シナ海を迂回して、一路ブルネイ基地に艦首を向けた。思えば六日前、必勝の旭日旗を朝風にひるがえし威容海を圧した艦隊は、戦艦七隻、重巡十一隻、軽巡二隻、駆逐艦十五隻、計三十五隻の大艦隊であったが、残るもの戦艦四、重巡二、軽巡一、駆逐艦六の十三隻、しかも、いずれも大小の損傷を受けている。大和は五〇〇〇トン以上の水をのんで前甲板をほとんど水面近くまで沈め、長門は舷側に大穴をあけ、はげしく水しぶきを立てて進み、利根は右舷に傾き、矢矧ものめるように艦首を沈めていた。

しかし、いかに艦形が打ちひしがれていようとも、若い将兵の士気はなお凜々としていた。さしたる損害を受けなかった榛名の通信士・榊原少尉はもう一合戦やるものと心得ていたし、磯風の通信士・越智少尉には敗北の実感など毫もなかった。敵機動部隊を追って海戦らしい海戦の行い得たことが大いなる喜びであり、兵学校に学んだことをこのときほど誇りに思ったことはなかった。南の海の太陽が、少尉には強烈に映った。まぶしくて、大きくて、しかも溶け落ちるような色彩で、あれこそが大いなる闘魂の奔出と思えるのである。

羽黒では副長の命令で、元気をつけるための士官合同の昼食会の準備がすすんでいた。甲板士官・長谷川少尉は士官室にその席をしつらえながら、そこにしみついた死臭を消す方法はないかと思案していた。そういうときは香水がいいぞ、と水上機の搭乗員が教えてくれた。さすが飛行機乗りは妙なことを知っていると、大そう感心したことを、少尉はおぼえている。かれはとび回って艦内にあるだけの香水を集めた。それを士官室にふりまきながら、その芳香にうっとりとし、そしてよく戦ってくれた羽黒に化粧をほどこし晴れ着を着せてやることは実に意義深いことであると、自分で自分の行動に酔った。

艦長・副長らが室に入ってきたとき、一様に妙な顔をした。しかし、たしかに死臭は消えていた。香水の匂いに男の感傷を溶け込ませ、さきほどまで治療室であった室で、無言のうちの食事がつづいた。士気を鼓舞するための昼食ではあったが、ともすれば滅入りがちになるのは仕方のないことであったろう。出撃前夜のブルネイで、大いに歌い、元気よく舞っていたものの姿が、いくつも永遠の彼岸に去っている。出撃に当たって多くの戦士は歌った。

さらばラバウルよ
また来る日まで
しばし別れの涙がにじむ

しかし、いまは、しばしの別れではなかった。永遠の別れが、生と死が、将兵をわけたのである。なんのために多くのものが死に、そして傷ついたのか、その問いが、解答のできない切実なる設問が、生き残ったものの胸に迫り、いくつかのなつかしい顔が浮かんでは、また消えていった。

………

十月二十八日午後八時半、栗田艦隊主力はブルネイ湾に投錨した。再び帰り来ぬと思っていた静かな湾の風景を見たとき、将兵の心にはじめて悲しみが湧き、死に遅れたという想いだけが痛烈に襲ってくる。

羽黒艦長・杉浦嘉十大佐は、傷ついた艦をいたわるように操艦しつつ、予定されていた錨地に近づいていった。あとに片肩を落としたように傾いた利根がつづく。二人の艦長の命令や指令の声が広い湾内にひびいて消えた。羽黒の投錨したすぐ隣へ、利根がよりそい、肩をならべるようにして錨を下ろした。夜の闇の中に、戦いに戦い抜き、十隻のうちにわずかに残された二隻の重巡の艦橋の赤い明かりが、それぞれの乗組員の心にあたたかいものを流し込んできた。

杉浦艦長と黛艦長が、それぞれの艦橋の窓から半身をのり出し、漆黒の中でしばらく黙って見つめあっていたが、握手をするような身ぶりで、二人は手を長くのばした。それがとどくはずはないのであるが、二人の男はしっかと相手の掌をにぎり合ったように、こぶしをつくり、大きく上下にふった。おッという低いうめきともつかず、叫びともつかぬ声が、二人の口から発した。

「よくぞ……」と杉浦艦長が底力のある声でいい、絶句するのを長谷川少尉はみた。よくぞ生き永らえて会えたな、と艦長はいいたかったのか。よくぞ戦ったと互いの激闘を賞しあいたかったのか。絶句したまま、杉浦艦長は、静かに挙手の敬礼を送った。黛艦長もそれに応えている。戦闘帽のひさしにあてられた手は、容易に下ろされようとしない。周囲の眼など意識にのぼらぬごとくに、そのまま男と男の心の交感はつづけられている。

ともにレイテ湾口まで迫り、一万メートル以内までに踏み込み、敵を全滅させることもできた羽黒と利根。いや、そんな勲功のことではなかったであろう。恐らく、もっと真摯に〝生還した喜び〟を祝し合う。それこそは、ともに力のかぎりをつくし、爆弾、魚雷、銃撃をものともせずに、一直線に、ただその義務にたいして真っしぐらに突撃した勇気ある男だけが知る喜びである。

これが、と長谷川少尉は思った。これが真の男の友情というものであろう、と。

このころ、セミララ島の近く、無人島の陰に身をよせ、作戦の最後を飾って戦いぬいた早霜は火を発していた。機関室から燃え上がった火災は艦を包み込んだ。島から消火班を編成し送り込もうと試みたが、いまはもうそれもかなわない。生存者は全員が島に上陸した。艦から流れ出た重油も燃え、真紅の火の海の中に早霜が浮かび、泣哭(きゅうこく)するが如(ごと)くに黒い影がのたうった。鉄甲の艦を溶かし、燃やしつくさんばかりに火は、深い夜の闇の中に、いつまでも、いつまでも燃えつづけている……。

エピローグ

故伊藤正徳氏はその著『連合艦隊の最後』〈文藝春秋刊〉の中に書いている。「本作戦に於ける軍艦の喪失は、
戦艦三隻、航空母艦四隻、重巡洋艦九隻、駆逐艦十三隻、潜水艦五隻――合計三十四隻。

に上り、敵に与えた損害は僅かに弱艦四隻に過ぎない。……一体、帝国海軍はこんな弱い海軍であったのか。

否、筆者はそうは思わない。根因は惨敗をこうむることを目的としたような作戦そのものに帰するのだ……この作戦命令は〝艦隊の死に場所〟を指示したものである。大艦隊を、一〇〇〇浬（かいり）の敵地へ丸裸で航進させ、最後が港湾の中へ突入せよ、というのだから、初めから戦略の常識を破却して立案された自殺的作戦なのである……」と。

もしそうであったなら、なぜ作戦命令どおりに港湾に突入しなかったのか。

ともあれ、史上最大の海戦は終わった。生き残った各艦は新しい任務を課せられ、

海底に深く身を横たえるまで、なお果敢に戦いつづける。しかし、大局的にみれば、連合艦隊は栗田艦隊が反転したときをもって命を絶った。もはや戦力としての艦隊は消滅してしまったのである。しかも、この海戦は、大艦巨砲あるいは艦隊決戦思想にたいする壮大無比な告別の辞であるとともに、〝日本帝国〟の最終章をかざる雄大な葬送譜でもあった。

ここでは海戦が残した大きな疑問、葬送譜を奏でる残存艦や、海戦にその青春の情熱をすべて注ぎ込んだ若い士官たちの、その後のエピソードのいくつかを拾ってみる。

Ⅰ通信の問題

〈瑞鶴（ずいかく）の送信機〉

このレイテ沖海戦のカナメは、小沢艦隊がハルゼイ艦隊を北につり上げ、そのすきに、がら空きになったレイテ湾に栗田艦隊が突入することにあった。これは、すでに書いたとおり、成功の一歩手前までいった。小沢艦隊はハルゼイ部隊のつり上げに成功し、栗田艦隊はがら空きのレイテ湾に突入できる絶好のお膳立てを整えた。ところが、オトリ作戦の成功を知らせた小沢長官からの電報が栗田長官の手に届かず、「目」をもたぬ栗田長官は、したがっていつも自分のまわりを三群のハルゼイ艦隊（正規空母よりなる）に取り囲まれていると考えていた。

「敵機動部隊が南方にいないことが明らかになっていたら、当然、レイテ湾に突入していたであろう」

と小柳参謀長もいうとおり、これら小沢長官の電報が、届いていたら、護衛空母を正規空母と思い込むこともなく、いわゆる幻の敵機動部隊発見電にまどわされることもなく、計画どおりレイテ湾突入が敢行され、驚天動地の大砲撃撃滅戦がレイテ湾を揺るがせ、海を朱に染めていたであろう。

なぜ、この小沢長官の電報が、栗田長官の手に届かなかったのか。

それを調べる前に、問題をハッキリさせるため、小沢長官が発信した栗田長官あての問題の電報（いずれも連合艦隊長官と栗田長官の双方にあててある）には、どんなものがあったか、から入ってみる。問題の電報というのは——
①二十四日、敵機動部隊にたいする航空攻撃開始を知らせた電報
②伊勢（いせ）・日向（ひゅうが）を中核とする前衛部隊の派遣を知らせた電報
③小沢艦隊上空に敵偵察機があらわれ、ハルゼイに発見されたことを知らせた電報
④翌二十五日朝、ふたたび敵艦上機の触接を受け、ハルゼイの攻撃が近いことを知らせた電報

⑤敵艦上機八十機来襲、交戦中であることを知らせた電報
⑥瑞鶴に魚雷命中を知らせた電報
⑦小沢長官が大淀（おおよど）に移乗、作戦を続行中を知らせた電報
⑧敵機百機の攻撃を受け、秋月（あきづき）沈没、多摩（たま）落伍を知らせた電報

の八通。そのうち、⑤と⑥は、発信の前後に瑞鶴自体が沈没したため、発信を確認できないままに終わったから、結局のところ六通になる。しかし、この六通だけからでも、小沢艦隊のオトリ作戦成功が、いいかえれば、ハルゼイ機動部隊が北につり上げられ、敵主力は南方にいないことが十分に読みとれるはずであった。

それが読みとられれば、栗田長官は、サン・ベルナルジノ海峡をウソのように平穏に通りすぎたあの前後のナゾを解いたであろうし、二十五日朝、不意に鉢合わせをしたC・スプレイグの護衛空母群を、一時間半もの間、徹頭徹尾、正規空母群、つまりハルゼイ機動部隊の一群だと誤判断しつづけることもなかったろうし、また、初めに述べたハルゼイ機動部隊の三群に三方から取り囲まれていると考え誤ることもなかったであろう。

そこで、主題に戻る。なぜこれが栗田長官の手にとどかなかったのか。

その理由は、瑞鶴（小沢艦隊旗艦）の送信機が故障していたから、というのが、一般にいわれていた、いままでの通念であった。

これを活字にし、本にした最初は、恐らくJ・A・フィールド（『捷作戦・レイテ湾の日本艦隊』・昭和二十二年刊）ではなかったか。かれは、米海軍少佐。レイテ沖海戦に参加し、終戦後三カ月目に米戦略爆撃調査団の一員として来日。豊田長官以下、関係の提督、幕僚などに会い、訊問（じんもん）調査し、その成果をまとめて本にした。

「……この広い戦場にまたがる複雑な作戦が成功するかどうかは、主として各部隊が適切なタイミングで動くかどうかにかかっており、それはまた、各部隊の間に情報が迅速正確に流されるかどうかにかかっていた。小沢艦隊が航空攻撃を開始したことを知らせる緊急電報、つまり小沢がハルゼイをとらえた第一電は、豊田と栗田とにあてて発信されたが、明らかに瑞鶴の送信機が故障していたため、そのどちらにも届かなかった」

と書いた。「明らかに」という言葉に傍点をつけたが、これはapparentlyの邦訳であり、それは普通の場合、実際には調べなくてもロジックとして当然そうあるべきだという意味に使う言葉である。

というのは、直接の責任者である瑞鶴の通信長・高木中佐は戦死しており、一方、受信宛先の栗田艦隊司令部では誰もその電報を見ていないと証言しているのだから、アメリカ的な判断からすれば、当然瑞鶴の送信機が故障していたとしか考えられず、したがって「明らかに」という言葉になった、と思われるのである。

この推論は、その後刊行された豊田長官の談話筆記(『最後の帝国海軍』・昭和二十五年)、小柳参謀長の手記(『栗田艦隊』・昭和三十一年)、ニミッツ長官の手記(『ニミッツの太平洋海戦史』・昭和三十五年)などに受けつがれ、あるいは肯定され、伊藤正徳氏の『連合艦隊の最後』(昭和三十一年)では「送信機の能率が低かった」ためと書き改められた。いいかえれば、今日までそれは小沢艦隊側の一方的な理由で栗田艦隊に達しなかった、とされていたのである。

ところが、その通説は間違っている。

前述の①の電報(発信時刻十一時三十八分)は、十二時四十一分、大和(やまと)が受信していた。

②も、大和が受けていた。

③は、東京では受けたが、大和では受けていなかった。

④も同様、東京では受けたが、大和では受けていなかった。

⑦は、大和で受けていた(受信時刻十二時十五分)。

⑧も、大和が受けていた(受信時刻は二時三十分)。

この、「受けた」とか「受けなかった」とかいうのは、戦闘に参加した各艦船や部隊は、戦闘が終わると、みな「戦闘詳報」という詳細にわたる報告を提出する。その「戦闘詳報」に記録されているとか、いないとかいうことなのである。

戦闘中は記録係をきめて、艦橋で艦の戦闘行動を逐一書いていく。電報の発信、受信も書く。それを戦闘が終わったあと整理して、艦でガリ版にし、編制にしたがって送達提出する。戦闘中、艦内外で起こったこと、射撃、雷撃、戦果、被害、燃料、弾薬の消耗、通信、戦訓、所見など、一切を盛りこんだ五〇ページから一〇〇ページくらいのガッシリしたものである。これを「戦闘詳報」という。敗戦で散逸していたこれら資料が、戦史室の努力で、ボツボツと集められた。なかには、日本では全部焼却してしまっていて一冊もなく、米海軍が沈没艦船から拾い上げたものが戦後返却され、戦史室に秘蔵されることになったものもある。その戦艦大和の「戦闘詳報」の発受信記録に、①②⑦⑧が載っており、同じ東京通信隊の記録に、①②③④⑦⑧の受信が記録されているのである。

　すなわち、瑞鶴の送信機は故障していなかったのである。

〈司令部の証言〉

　では、なぜ、

（一）大和が受けた①②⑦⑧が、栗田長官の手許に届けられなかったか

（二）大和は、①②⑦⑧を受けていながら、なぜ肝心の③④を受けなかったか

つぎの問題は、その二つにしぼられる。

（一）については、日本海軍では、電報は暗号化するか、隠語化するか、ともかく

ナマの電文は打ってはならぬことを原則としている。つまり電報を受けると、すべてそれをナマの文章（平文）に翻訳しなければならない。翻訳には、慣れた暗号員でも、十分も三十分もかかる。翻訳された電報は、普通の書き流し文字に書き改められ、通信長、通信参謀のチェックを受け、艦橋に届けられる。一種の流れ作業である。普通は電信取次がそれを艦橋に持っていくが、急ぎの場合は電信室から艦橋に通じる電話か伝声管で艦橋に内容を届け、あとで電報文を確認のため重ねて持参する。電報用紙には、届け先が全部刷りこまれていて、見た人は自分のところにサインするから、届け洩れが起こる可能性は、まずない。

にもかかわらず、小柳参謀長はじめ生存の栗田艦隊司令部幕僚たちは、これらの電報は見ていないと、戦史室で証言している。

なぜだろう。

戦史室の研究によると、旗艦愛宕（あたご）が沈んだとき、栗田艦隊の司令部付電信員の大半は、駆逐艦朝霜（あさしも）に救助されたが、これが大和に合流する機会を得ないままブルネイに逆戻りしてしまった。そのため、大和の電信室は、大和自体と宇垣中将の第一戦隊司令部の上に、艦隊司令部の交信が加重され、艦隊司令部のための電信員は半数しかおらず、すっかり作業が過重になった。電報は受けても、翻訳洩れができ、艦橋にも届け洩れができたのではないかという。

しかも①②③の受信は、ちょうどシブヤン海で、大和が米機の猛烈な空襲を受けているときにあたっている。戦闘中の混乱にとりまぎれて、受信洩れが起こり、あるいは司令部に伝わらなかったのではないか、ともいう。

〈大いなるナゾ〉

以上の解釈に戦史室のベストがつくされていることは十分認めながらも、どうもまだスッキリしない部分がある。事実に照らして、スッキリしないのである。つまり、艦隊司令部の電信員と暗号員の数が、愛宕にいたときの半数以下に減っていたとしても、大和にはもともと宇垣中将の第一戦隊司令部がある。戦隊司令部電信員に艦隊司令部電信員の半数が増強されたから、杓子定規にさえしなければ、受信洩れ、翻訳洩れ、届け洩れが起こるほどの落ち込みはない。戦闘中の混乱で届け洩れが起こったのではないか、という解釈は、かえって苦しすぎるのではないか。

別に大和の艦橋にも電信室にもアンテナにも爆弾が命中したわけではない。にもかかわらず、そんな戦闘中に混乱を生じ、それにとりまぎれて重要電報の届け洩れが発生するようでは、戦闘を任務とする海軍の、しかも戦艦大和の戦闘力（通信も戦闘力を構成する重要な要素である）が弱すぎる。

とすれば、その理由は、ナゾとしかいいようがなくなる。戦史室も、「大きなナゾだ」といっている。山野井（やまのい）実夫（じつお）・小沢艦隊通信参謀は「普通はちょっと考えられない、なにか、よくよくの事情があったということになりますね」ともいう。ナゾが真に不可知のナゾなのであろうか。

〈戦闘詳報〉

さらに、つけ加えておく。

日本海軍では、通信はすべて暗号化するか、ないしは隠語化するか、ともかくナマの通信文では電波にのせないのを原則としていたと書いたが、その百点主義のためのマイナスが、もう一つある。その電報が、どれほど重要な内容のものか、どれほど急ぐのか、翻訳してみないとわからないことである。

たとえば指定がウナ（至急）とかキン（緊急）とか、発信者が誰で、受信者が誰だ、とかで見当をつけるほか、翻訳しないとわからぬ。そこで重要電報が翻訳のところで、アトまわしになる可能性が生ずる。「見当だけで」翻訳の優先順位をつけるところでの、ミスというには酷にすぎるミスも起こる。

だからといって、自隊自艦あての電報の翻訳洩れ、届け洩れがあるとするのは、論外である。直撃弾を受けたり、艦が沈んだりしないかぎり、常識からすればそんなミスは起こり得るはずはない。それでも起こったとすれば、もしそれを証拠立てる重要な資料がなければ、不本意ではあっても、なぜ起こったかはナゾだ、としかいいようはないであろう。戦後二十数年もたてば、当事者の記憶が薄らぐのは自然であり、ムリにツジツマを合わせようとすれば、真実を離れる可能性も起こるからである。

（二）の、大和が①②⑦⑧を受け、③④を受けなかったことについても、同じようなことがいえる。要するに起こり得るはずのないことが起こった、奇妙なナゾなのである。

それに、付け加えておきたいのは、「戦闘詳報」の本質が、戦闘が終わったあと、記録を「整理」して書かれるものであること。つまり、「戦闘詳報」を書くときに、当然、取捨選択が行われていることを意味する。③④がほんとうに受信洩れなのか、記載洩れなのか、今日になると、裏付け資料が得られず、調査が極端に困難になる。したがってこれも、そのナゾの部に含められる、ということになるのである。

〈栗田中将の証言〉

戦後の昭和二十四年十二月に、栗田健男元中将がGHQの戦史課にたいして興味深い証言を行っていることが、その後に明らかになっている。

「小沢部隊が敵の快速空母の全グループを北方に牽制しつつあるという情報は、その片鱗すらも私の耳に入らなかった。今でも明瞭に覚えていることは、二十五日夕部隊がサン・ベルナルジノ海峡に入る前、小沢部隊の戦況を報ずる電報を見た。私はこのとき折角の小沢部隊の奮戦であるけど、今となってはもう時期遅れだと思った」

となると、小柳参謀長らがしきりに戦後になって主張した（らしい）瑞鶴の通信機の故障という定説は、一体どういうことなのか。知っていながら自己弁護のため、あえて糊塗（こと）したということなのであろうか。

栗田元長官はこうもいっている。

「大和の戦闘詳報によると、十二時過ぎと十四時過ぎに小沢部隊の電報を受領しているが、私は部隊がレイテ湾突入を中止した前後に、このような電報は聞いた記憶がない」

この証言は、さきの⑦⑧電をいうものであろう。とくに⑦は重要である。反転決意直前の十二時十五分に大和が受けているからである。が、総指揮官の栗田中将は知らないという。少なくとも大和はこの時点では、宇垣中将の第一戦隊旗艦である以上に、栗田中将の第二艦隊旗艦なのである。であるのに、大和の戦闘詳報は、第二艦隊司令部のそれではないのであろうか。作戦前後から、第一戦隊司令部と第二艦隊司令部とは、かならずしもしっくりとはいっていなかった、ともいわれている。戦闘詳報のナゾは深まるばかりなのである。

Ⅱ小沢艦隊

〈日向艦長・野村留吉少将の戦闘日誌の終章〉

「十月二十九日(日)、敵潜水艦は昨夜ついに我を見失いたるものの如く、夜来、電探、水測ともにその情報を得ず、六時、針路三二〇度、一路沖島水道に向う。天明とともに友軍航空部隊の対潜警戒を受く。去る二十日威風堂々豊後水道を出撃したる機動部隊本隊を見送れる彼等は、いまここに戦艦二隻、軽巡一隻、駆逐艦三隻の当隊を迎え、いかなる感を為すや。

　十二時三十分、無事沖島水道に入る。伊勢、霜月、槙は工事の都合上先行す。夕刻より満天曇り、時に細雨あり、されど十二日の月明ありて視界は必ずしも不良ならず。二十一時、懐しのクダコ水道（註＝呉港に入る関門）に入る。二十二時三十分、灯火管制下の呉軍港に入り26番浮標に繋留を終る。……全航程約三千四百浬、思えばわが部下はよく戦えり、わが軍艦日向はよく戦えり、この感謝、この喜び何にたとえん……」

〈小沢中将の戦闘報告の結び〉

「本艦隊は遊撃部隊としてその目的を達成せしめるために、敵の南進を阻止せんとしてその力の及ぶかぎり最善の努力を尽せり。唯わが遺憾とするは軍艦の甚大なる犠牲を余儀なくされたこととなり」

〈五十鈴の航海士・竹下少尉の手記〉

「故国の山河に接して、まず〝よくぞ今度も死にそこなった〟と慙愧の念の強い一方、この次こそはとの感情が高ぶってきたのを覚えています。しかし、兵隊さんは正直でした。

〝航海士、五十鈴が沈まなくてよかったですね〟と生きている喜びを体いっぱいにして、こう話しかけてきたのも覚えています」

〈心霊の不思議〉

昭和十九年十月、福島県相馬市のある工場で、女子挺身隊の中に集団的に全身浮腫ができる奇病が出た、ということで、瑞鶴の航海士・近松少尉の父君がその診療に向かったことがある。一夜泊まり、就寝中に、父君は夢をみた。白い夏軍装をきた少尉が敬礼をして近づいてくるのだ。不審に思い、

「いまごろどうしたのか、休暇か」

と問うたが答えず、少尉はふたたび敬礼して消え去っていった。時を同じくして、永年愛用していた懐中時計が、枕もとの近くにおかれたまま、自然にゼンマイが切れてしまった。とっさに、父君は少尉の身に異変があったに違いないと考えたという。

その日こそ、近松少尉がフィリピン沖の太平洋上に漂流し、白昼夢を見ながら、両親や故郷に悲壮な訣別を告げ、青空にたいして、この情景を〝情けあらば伝えてほしい〟と祈っていたときであった。近松少尉が救助打ち切りの最後になって救われたのは、あるいは〝奇蹟〟であったのかもしれない。

〈生き残り艦のその後〉

日向・伊勢・大淀＝ともに呉軍港で空襲を受け大破沈坐または転覆（昭20・7）。五十鈴＝潜水艦の攻撃を受け沈没（昭20・4）。槇＝終戦時無傷残存。若月＝オルモック湾空襲で沈没（昭19・11）。霜月＝潜水艦の攻撃を受け沈没（昭19・11）。

Ⅲ志摩艦隊

〈マニラにて〉

霞（かすみ）が志摩艦隊の各艦とともにマニラ湾に入港し、そこで機銃群指揮官・加藤少尉が見たものは、荒涼無残たる擱坐（かくざ）船団の行列であったという。また、そこで偶然に、同じ艦隊にありながら別れ別れになっていた阿武隈（あぶくま）の士官たちとも会った。その中に、頭に白く包帯をした同期の伊規須太郎（いぎすたろう）少尉があり、二人の若い士官がかわした会話はこうであった。

「やあ、どうした？」

「どうもこうもねえ。チン（沈）だ」
「糞ッ」
「俺は後部の高角砲にいたが考えるといまでも恐ろしいよ。なにしろ貴様、爆弾の雨だ。それが魚雷を誘爆させたらしい。あとはわからない。気がついた時は海の中で浮かび上がろうとして夢中で水をかきわけてもがいていたわけさ。爆風で吹き飛ばされ、お陰で助かったんだ。もう艦は嫌だ。ひと思いに死ねる飛行機が良いなあ」

　軍艦が嫌だの想いは、沈んだ艦の乗組員将兵の共通したことのようである。そして、奇妙なことは、レイテ沖海戦後、艦を失った若い将兵には痛烈な敗北感があり、沈まなかった艦のそれは、奇妙にも勝利感であったという。

〈有村少尉の脚〉

　コロン湾で、二、三日すごした後、阿武隈の通信士・有村少尉は迎えにきた病院船に移され、マニラの海軍病院に運ばれ、さらに昭和十九年暮れに内地まで送られ、目黒の海軍病院で右脚を脛（すね）のところから切断した。少尉は生きのびたが、ついに右脚は生き返れなかった。

〈生き残り艦のその後〉

那智（なち）・曙（あけぼの）＝マニラ湾大空襲で沈没（昭19・11）、足柄（あしがら）＝潜水艦の攻撃を受け沈没（昭

20・1)、潮(うしお)=終戦時無傷残存。霞=菊水作戦（大和特攻）に参加、沖縄へ向かう途中空襲を受け沈没（昭20・4)。

Ⅳ西村艦隊

〈生き残り艦のその後〉

全滅した西村艦隊のなかにあってはひとり生き残った駆逐艦時雨(しぐれ)は、「呉の雪風(ゆきかぜ)、佐世保の時雨」といわれたほど、いかに困難な戦闘にも生き残って帰る武運めでたい艦とされていた。しかし、潜水艦ブラックフィンの雷撃を受けてついに沈んだ。昭和二十年一月二十四日である。

Ⅴ栗田艦隊

〈愛宕のご真影〉

同期の久島少尉の生命を奪うことにもなった愛宕の天皇、皇后のお写真は、波間に漂うところをひろわれ、朝霜とともにブルネイ湾に戻った。その後、奇しき因縁か、久島少尉と〝いざというとき〟の約束を結んでいた高橋少尉が、呉まで届ける役目を受け持ち、無事日本内地に着いた。久島少尉の魂が守り抜いたのであろうと、高橋準氏はいまも思っている。

〈武蔵の戦闘詳報〉

生き残り乗員によって武蔵の戦闘詳報がまとめられたが、望月少尉の記憶では、魚雷二十七本、一〇〇キロ爆弾十六発を受けて沈んだ、という。この戦闘詳報は、後に望月少尉が肌身につけて日本内地に持ち帰り、連合艦隊司令部に届けた。

〈大場少尉の負傷〉

マニラへ着くまで、全身に破片を受けた熊野の大場少尉はなお昏睡をつづけていた。しかし、少尉の若さがかれを救うことになる。マニラより病院船氷川丸で内地に帰り、横須賀の海軍病院に入院、そこで全身の破片を取りのぞいた身体は、たちまち元気を取り戻していた。若さとはいいものだと、大場三郎氏はいま感慨ぶかげにいった。

〈宇垣中将の俳句〉

檣頭に鷹のとまれる勝ちいくさ

の句をはじまりとした捷一号作戦が、完敗と終わり、艦隊主力がブルネイ基地へ向かいつつあった十月二十七日、第一戦隊司令長官・宇垣纏中将はその日誌『戦藻録』につぎの三句を記している。

水葬のつづく潮路や戦あと

今宵また水葬の数あり月曇る

　　夜波白く水漬く屍を包みけり

惻々とした悲愁が伝わってくるようである。

〈早霜の戦闘〉

　十月二十九日朝、前夜火を発し燃えに燃えつづけた早霜は、翌朝、全艦赤錆の鉄の素肌をさらし、見るも無残な想いを乗組員に感じさせた。しかし、後部が沈没擱坐したものの艦首はなお浮いていた。とはいっても戦闘力はなくなった。やむなく乗組員全員が後ろの無人島に上陸した。そして、機密図書、軍機海図などの重要書類を、通信士・山口少尉が先頭になって二日がかりで焼却するのをきっかけに、全乗組員が陸戦隊となり、島での秩序正しい生活がはじめられた。

　この島の生活を描くだけで一編の物語となる。艦上においても、島の生活においても、海軍を支えているものは、士官の不屈の闘志、先輩の栄光をけがすまいとする責任感と、下士官兵の技倆と研究と真摯な向上心であることが、山口少尉にはしみじみと感じられたという。

　無人島の上に、日本の水上機が飛来し、かれらを発見したのは、島に上陸後十日ほどもしてからである。着水したこの水上機に伝言を頼んだ。「司令・白石大佐以下百五十名ウチ負傷者五十名、島ニアリ、食糧ハ二カ月分」と。そして救助船がきたのは、それよりさらに十日後であった。

しかし、半分浮いている早霜を捨てて全員が引き揚げるわけにはいかなかった。マニラから爆薬を運び、艦の要部を破壊し自沈させるまでは、先任将校・田中義一大尉を指揮官として三十名が島に残留、早霜を見守ることになった。運命は、この日までともに戦ってきた将兵を二つにわけるのである。だれもがそうとはっきり意識しなかった生と死とに。

山口少尉は、当然乗組通信士である自分が残留すべきであるとして、申し出たが、司令部付として一緒に乗艦していた同期生の阿部啓一少尉が、あっさりとこれを引き受けた。

「貴様は負傷しているから先に帰れ。俺が残るよ」

小銃十五、拳銃五の武器と三十名の将兵を島に残して、こうして早霜の将兵は二隻の機帆船に分乗、一週間後にマニラ湾に着いた。そのまま負傷していた山口少尉は病院に送られ、島に残った三十名のことはずっとあとになって聞いたという。山口少尉の手記——

「ずっとあとで、残留員の看護兵曹が、マニラに着いて語ったという話を伝え聞いた。島に残っていた三十名は、その後二隻のカッターに分乗してミンドロ島に渡ったが、途中で先任将校の組と、阿部少尉の組とは連絡がとれず、離れ離れになってしまったようである。

恐らく、上陸米軍やゲリラと苦戦の末、阿部少尉は戦死されたことと考え、ただただご冥福を祈る。阿部君の好意を軽い気持で受け、〝じゃー、お先に〟と別れた結果……。島を去るときの早霜のデッキから帽子を振っていたかれのことを思うと、申しわけないことをしたというお詫びの気持でいっぱいになる」

山口少尉の恩師・秋山兵曹はマニラまでは無事であった。そして、そこの海軍病院で、病院船で内地へ送られる少尉は、マニラに残る恩師と別れた。それが最後の別れとなった。別府の海軍病院についたとき、少尉が聞いたニュースは「ミンドロ島、サンホセに米軍上陸」というものである。フィリピンの戦いはマッカーサー軍の蹂躪(じゅうりん)にまかせ、マニラが陥落したのは、昭和二十年二月三日である。戦後、山口裕一郎氏は懐かしの恩師と会うことはできなかった。

〈生き残った艦のその後〉

大和・矢矧(やはぎ)・朝霜・磯風(いそかぜ)・浜風(はまかぜ)＝菊水作戦（大和特攻）に出撃、沖縄へ向かう途中、空襲を受け沈没（昭20・4）。長門(ながと)＝終戦時小破残存。金剛(こんごう)＝潜水艦の魚雷四を受け沈没（昭19・11）。榛名(はるな)＝呉軍港空襲のとき大破沈坐（昭20・7）。高雄(たかお)＝シンガポール港で英国豆潜の攻撃を受け（昭20・7）行動不能のまま終戦を迎う。妙高(みょうこう)＝潜水艦の攻撃により大破（昭19・12）シンガポールにおいて行動不能のまま終戦。羽黒(はぐろ)＝ペナン沖にて空母機ならびに駆逐艦五隻の攻撃のため沈没（昭20・5）。熊野＝空襲によりコロン湾で沈没（昭19・11）。利根（とね）＝呉軍港空襲において大破沈坐（昭20・7）。秋霜（あきしも）・沖波（おきなみ）＝マニラ空襲のさい沈没（昭19・11）。岸波（きしなみ）＝潜水艦の雷撃を受け沈没（昭19・12）。長波（ながなみ）・浜波（はまなみ）・島風（しまかぜ）＝オルモック湾空襲のさい沈没（昭19・11）。浦風（うらかぜ）＝潜水艦の雷撃を受け沈没（昭19・11）。清霜（きよしも）＝水上艦艇および陸軍機の空襲を受け沈没（昭19・12）。雪風（ゆきかぜ）＝〝呉の雪風〟らしく大和特攻の折も出撃し生還、終戦時無傷残存。太平洋戦争中唯一隻の武運めでたい艦といわれる。

Ⅵ海軍兵学校第七十三期

〈生と死〉

以上でもわかるように、レイテ沖海戦の戦闘に直接参加した六十隻のうち、終戦時に無傷で残存した艦は、わずか駆逐艦三隻である。連合艦隊は最後の一艦、最後の一兵まで戦ったこの一事をもってしても如実にわかる。レイテ沖海戦で生き残りながら、その後の戦いで死んだ最下級の少尉の数もかぎりない。海戦で死んだ人、その後の戦いで死んだ人の数を合わせて、第七十三期のレイテ沖海戦参加者の九十六名が戦死している。

もっとひろげて兵学校七十三期全体を見ると、艦船・飛行機を合わせ、卒業生九百一名のうちの三百三名の多くの人が戦死している。実に三人に一人。かれらは二十歳の若さで散っていった。

〈生き残ったもの〉

いま、かれらが語り、あるいは書いているいくつかの言葉――。

「俺が生き残って貴様が死んだ。この間に何の必然性もなかった。あるのはただ偶然が生死をわけたに過ぎない。しかし、この偶然によって、われわれは今日も生きている。死んだ貴様に何か後ろめたさを感じ……」

「艦とともに生き、艦とともに死ぬ。軍艦旗のもとに生き甲斐も死に甲斐もあった。それと同じような真摯な生き方が、なぜこの人生でできないのか。いまの俺の人生には、その下で生きもでき、死にもできる人生の〝軍艦旗〟がないのですよ」

「敗れて死んでも人は何事かを訴えている……いかに平和な時代でも、戦場での生死の関頭にも似たギリギリの状況に立たされることがないとはいえないであろう。その場合、いかに進退するかということは、同時にいかに生きるかの問題でもある。そこに思想が生まれる。戦没者たちの、その死の意味をこんにちあらためて味わい直してみる意義の一つも、ここにあるように思われる。生きのびたところでたかだか百年、巨人のごとく歩み去る時の流れに比すれば、それは一瞬の幻にすぎない。ならば、おのれの死に所を心得、スッキリとした死にっぷりで、死者の国から現世に語りかけるのも一つの生き方ではなかろうか」

「見事に死ぬことが立派に生きることであった。見事に死にっぱぐれた男は、ただ漫然と生きるよりほかはない。立派に死んだやつの声にひとりで耳をかたむけながら……」

「逃れることのできない死との対決——それが一人の人間にとっての戦争の本質なのだ。それ以外のなにものでもない。そのときの絶望感を、当時の、いや、いまの為政者も知っているのだろうか」

決定版のためのあとがき

本書は、いちばん初めに、一九七〇年（昭和四十五年）八月、オリオン出版社より『全軍突撃・レイテ沖海戦』の題名で刊行された。のち一九八四年（昭和五十九年）六月に朝日ソノラマ文庫の航空戦史シリーズの一冊にも『レイテ沖海戦』と改題され上下二巻で加えられた。いずれのときも、元大本営参謀・海軍中佐吉田俊雄氏との共著という形で世に出ている。が、いまはともに絶版になっていて、古書店でもあまり見かけることがなくなった。

ＰＨＰ研究所の大久保龍也君や西村映子さん、そのほか数人の編集者が本書を読み、このまま永遠の眠りにつかせるのは惜しい、と嬉しいことを言ってくれた上に、その再刊を強く勧めてくれた。三十年も前に書いたものゆえ、読み直すとかなり面映（おもは）ゆいところがある。曲筆はないが舞文（ぶぶん）の箇所はここかしこにある。執筆当時のことを思い起こすと、壮大なる海戦記を書くということのほかに、日本には妙に少ない海洋文学を書いてみよう、というわれにもあらぬ大いなる意図を、ひそかに心に抱いたことを覚えている。それで自然と肩に力が入ったものなのであろう。読み直してみると、自分の昔の文章にたいする嫌悪も一部あって、気持のなかにはかなり逡巡するものがあったが、結局は勧めに応じることにした。いまの文章だってさしたるものに非ず、のぼせるな、という自省もある。

その上に今回は、吉田俊雄氏の書いた前半の戦史の部分（海戦にいたるまでの長い作戦計画の部分）を、吉田氏の許しをえて、まことに失礼極まりないことながら省かせていただくこととした。いまの読書界では五百ページをはるかに超えるような本は歓迎されないというのが、最大の理由である。それと三十年前の最初の出版時と違って、レイテ沖海戦までの戦史はかなり周知のこととなっている。むしろ海戦そのもののくわしく書かれた記録がない。読者の要望はそちらにある、という出版社側の判断にわたくし自身も動かされたからである。吉田氏には深くお詫びを申し述べ、お許しいただいたことに感謝申しあげたい。

最初の版のときの「あとがき」に書いたことであるが、レイテ沖海戦を主題とする日本ならびにアメリカのこれまでの各書は、栗田艦隊（サマール沖海戦）、小沢艦隊（エンガノ岬沖海戦）、西村艦隊ならびに志摩艦隊（スリガオ海峡海戦）、さらに神風特別攻撃隊の戦闘という風に分けてまとめるものばかりで、読者としては全体像が容易につかめない傾向が強かった。本書は当然のことながらこれらを連関ある一つのものとし、それぞれの動きを、さながら図上演習のように、一枚の図面の上に時々刻々に書き記し、追跡し、一つの戦闘のもっている錯誤、誤断、運不運、躊躇がどのようにほかの戦闘に作用し、いかに全作戦に影響を与えたかについて、俯瞰的に描いてみた。そこに本書の特色のすべてがある。

また、この海戦には連合艦隊のほとんどの艦艇が参加した。前後して四日間にわたって戦われた海戦の結果は、戦艦三、空母四、重巡洋艦六、軽巡洋艦四、駆逐艦十一が沈没し、なけなしの航空機百機以上が撃墜され、七千四百七十五名の将兵が戦死する。連合艦隊は組織的な戦闘力を失って事実上壊滅した。レイテ沖海戦がいかに悲惨な戦闘であったか、一つ一つの艦の動きを通しても、おそらく如実に知ることができるであろう。それらの艦一隻一隻の戦闘を完全に描くことは不可能としても、本書は可能な限りそれを調査し追跡した。対して米軍に与えた損害は、飛行機による攻撃ならびに神風特攻の突入による戦果を加えても、空母三、駆逐艦三を撃沈したにとどまる。この海戦は大日本帝国の最終章を飾る雄大な葬送賦でもあったのである。

本書をまとめるに当たって、海軍兵学校第七十三期の方々に取材し、いま考えても、大変なご迷惑をかけたように思う。すっかり無音に打ち過ぎてしまったが、あれから三十年たって、まだお元気でおられることであろうか。ここにお名前だけをと思ったが、それよりもこれまた一つの記録として、取材時の、つまり三十年前の、現職をも書き記すことにしたい。戦後日本は、死線をくぐったこれらの人々のたゆまぬ努力によって築かれたことが、その肩書を見ることで察せられるではないか。（アイウエオ順）

安部時寛（村樫石灰工業東京営業所長）、阿部勇（英和精工社長）、有村政男（富士銀行本店調査部調査役）、池田清（東北大学法学部教授）、石塚司農夫（順天堂大学事務長）、市川通雄（三鷹市立二中教諭）、岩松重裕（日本郵船経理部副部長）、越智弘美（日本航空運航基準課長）、大坪寅郎（海上自衛隊需給統制隊企画室長・一等海佐）、大場三郎（自営・牛乳販売店）、加藤新（自営・陶器販売）、児島誠保（大森薬品社長）、榊原梧朗（三井物産総務課長）、島田八郎（東京トヨタディーゼル取締役・乗用車部長）、高田芳春（日本水産トロール課長）、高地一夫（日本航空工務本部管理部次長）、高橋準（東亜燃料工業人事課長）、竹下哲夫（自営・歯科医院）、近松正雄（自営・内科医院）、中川五郎（旧姓＝黒田　KK柳善社長）、馴田幸穂（古鷹商会社長）、長谷川保雄（長谷川繊維工業社長）、橋本文作（早稲田大学工学部教授）、峯真佐雄（住友ベークライト東京営業部長）、望月幹男（千代田火災海上保険人事課長）、森田衛（海上自衛隊、護衛艦もちづき艦長・一等海佐）、森脇輝雄（栗田工業・大阪支店）、山口裕一郎（三重県立水産大学・講師）

また、その取材時には、まだ壮健であった小沢治三郎、志摩清英、栗田健男、小柳冨次、寺崎隆治の元提督の各氏にお目に掛かり、いろいろと話をお聞きしたことも思い出される。小沢さんはほとんど何も語らなかった。執拗なわたくしの問いかけに、ポツリと「命令を守ったのは西村君だけだったよ」と言われたのが、強く記憶に残る。栗田さんとは、わが師でもある伊藤正徳氏とともに会った。レイテ湾頭直前の反転にたいして、ほとんど弁解することなく事実だけを、とくに通信の欠落についてを、淡々と話していたが、いちばん最後に「とにかく疲れ切っていたから」と洩らしたのが、非常に印象的であった。ほかに利根艦長黛治夫、小沢艦隊参謀大前敏一、秋月艦長緒方友兄、雪風艦長寺内正道の元闘将たちに、貴重な実戦談をうかがったことも忘れてはいない。そして防衛庁戦史室にも面倒を煩わしたことも記憶にある。海戦の米軍側の指揮官であるC. Sprague 提督の貴重な体験談もサン・ディエゴ軍港で聞いた。

　いまは亡きすべての方に、厚くお礼を申しあげる。

　なお、書中の時間は現地時間で統一した。日本内地とは約一時間の誤差があることを付記しておく。

一九九九年十月

半藤一利

参考文献（順不同）

▼単行本（日本）

防衛庁戦史室編「沖縄方面海軍作戦」、同「沖縄方面陸軍作戦」、同「マリアナ沖海戦」、同「捷号作戦(1)」、米海軍省「米国海軍作戦年史」、「大東亜戦争写真史」、「秘密兵器の全貌」、「航空技術の全貌」、福井静夫「日本の軍艦」、伊藤正徳「帝国陸軍の最後」、同「連合艦隊の最後」、同「連合艦隊の栄光」、高木惣吉「私観・太平洋戦争」、同「山本五十六と米内光政」、同「太平洋海戦史」、毎日新聞編「太平洋戦争秘史」、猪口力平・中島正「神風特別攻撃隊」、大井篤「海上護衛戦」、横山保「ああ零戦一代」、源田実「海軍航空隊始末記」、宇垣纏「戦藻録」、富永謙吾「大本営発表」、草鹿龍之介「連合艦隊」、堀越二郎・奥宮正武「零戦」、同「提督小沢治三郎伝」、寺崎隆治「海軍魂」、児島襄「悲劇の提督」、木村八郎「日本海軍・特攻篇」、池田清「日本の海軍」、豊田副武「最後の帝国海軍」、小柳冨次「栗田艦隊」、同「日本海軍の回想とアメリカ戦史の批判」、服部卓四郎「大東亜戦争全史」、吉田俊雄「沖縄」、同「あ号作戦」、同「連合艦隊」、同「軍艦十二隻の悲劇」、反町栄一「人間・山本五十六」、富岡定俊「開戦と終戦」、吉村昭「戦艦武蔵」、佐藤太郎「戦艦武蔵の最後」、中島誠「決戦レイテ湾」、渡辺清「戦艦武蔵の最期」、松本喜太郎「戦艦大和・武蔵＝設計と建造」、海上自衛隊「太平洋戦争日本海軍戦史」、日比慰霊会「比島戦記」

▼単行本（翻訳書）

「米国戦略爆撃調査団訊問記録」、A・キング「キング元帥報告書」、C・W・ニミッツ他「ニミッツの太平洋海戦史」、グリーンフィールド「歴史的決断」、C・ウィロビー「マッカーサー戦記」、R・C・エンソー「第二次大戦史」、H・ボールドウィン「海戦」、同「勝利と敗北」、J・A・フィールド「レイテ沖の日米大決戦」、D・マッカーサー「マッカーサー回想記」、マーシャル「マーシャル報告書」、「第二次大戦米国海軍作戦年誌」

▼単行本（洋書）

S. E. Morison "Leyte". "The Two Ocean War"
C. V. Woodward "The Battle for Leyte Gulf"
W. F. Halsey & J. Bryan III "Admiral Halsey's Story"
Y. Kuwahara & G. T. Allred "Kamikaze"
W. Karig & W. Kelley "The Battle Report"

▼雑誌記事・手記ほか（日本）

野村留吉「比島沖海戦中の戦闘日誌」、村松豊秋「戦艦長門血戦記」、池田武邦「軽巡・矢矧奮戦記」、吉田俊雄「栗田提督突入せず！」、池田清「巡洋艦・摩耶二十年後の追悼」、同「レイテ海戦覚書」、葛田清一「捷号作戦に賭けた特攻足柄魂」、井上団平「パラワン水道に散った摩耶悲運の奮戦」、寺岡正雄「鈴谷誕生からブルネイ沖まで」、今官一「戦艦・長門抄」、市川通雄「私は断末魔の大和に乗っていた」、秋山一「五十鈴の戦い」、長谷川桂「遂にレイテ突入せず」、黒田吉郎「翼なき航空戦艦・伊勢巨砲に生きる」、小野田政「忘れ得ぬ戦場」、宇都宮道春「水雷屋に徹したパラワン沖払暁戦」、志摩清英「第二遊撃部隊スリガオに突入ならず」、水野弥三「怒りと炎の中に消えたオトリ艦隊」、白石恒夫「秋霜に流した鮮血」、「羽黒戦闘詳報」、「榛名戦闘詳報」、読売新聞連載「昭和史の天皇＝捷一号作戦」、海軍兵学校第七十三期生会報「海軍兵学校1～10」、そのほか「特集文藝春秋」「丸」など。

▼雑誌記事ほか（洋書）
The Battle Report of USS SUWANNEE
The Battle Report of USS KITKUN BAY
The Battle Report of USS LOUISVILLE

解説

呉市海事歴史科学館〈大和ミュージアム〉館長
戸高一成

作家であり、ジャーナリストであり、戦史研究者であった半藤一利さんの本領が存分に発揮されたのが本書である。亡くなられて二年以上が経つが、その間に、ロシアによるウクライナ侵攻があり、今も世界に戦火は止まない。はなはだ遺憾に思うと同時に、「非戦」の大切さを訴え続けておられた半藤さんの切なる願いが思い起こされる。

◆太平洋戦争と日本海軍

「レイテ沖海戦」について、まず太平洋戦争と日本海軍における位置づけを簡略に確認しておきたい。

一九四一年十二月、山本五十六（やまもといそろく）を連合艦隊（以下、GF）の司令長官とする日本海軍は真珠湾攻撃に成功する。一九四二年春からの南方作戦、インド洋作戦とその進撃を続けるが、同年六月、「ミッドウェー海戦」で敗北を喫する。この大敗北において、海軍の悪しき体質が露呈することになる。航空母艦の損害の隠蔽である。

軍令部による天皇陛下への報告にも虚偽があった。

以後、同年八月の第一次・第二次ソロモン海戦、十月の南太平洋海戦と続いた。そして同年十一月からの第三次ソロモン海戦で日本海軍の劣勢は否めない状況となる。同月三十日の「ルンガ沖海戦」で意地をみせ完勝するが、翌四三年二月にガダルカナル島の争奪戦は敗北に終わる。そして同年四月には、山本長官が戦死する。

山本長官の戦死は、軍令部にいっそう古典的な作戦を重視させるようになったのかもしれない。次にGF長官に着任した古賀峯一、そして福留繁参謀長の司令部にいて、情報参謀だった中島親孝さんに、私は戦後、直接多くの話を聞いたことがある。中島さんによれば、当時もまだ、日露戦争中の日本海海戦の再現をしようというような感覚があったという。そして一九四四年五月、戦死した古賀長官のあと、豊田副武がGF長官に着任。「あ号作戦」を発令、発動するものの、日本海軍は「マリアナ沖海戦」で惨敗する。

海戦様式が急速に進歩を遂げる中、次第に日本海軍は遅れをとるようになっていたのである。水上戦闘能力を有効にするための通信技術、レーダーにおいては特にそうだったと私は思う（この点は後述する）。また「米国とはこう戦う」ということをまとめた年度計画も毎年パターン化されたものとなり、それを天皇陛下に提出するようになっていた。もちろん対米戦略として、航空戦力の充実が急務であることは現場の指揮官もわかっていた。けれども軍隊組織の最前線で生きる日本海軍の士官たちが、上層部へ進言することなどまずあり得ないことだった。

◆レイテ沖海戦と「艦隊決戦」思想

半藤さんはプロローグで、このマリアナ沖海戦にさかのぼって書き始めておられる。日本海軍の敗北を決定づけた海戦だからであろう。

この海戦での敗北後、日本本土に迫る米軍を想定した最後の決戦の計画が「捷号作戦」である。北海道からフィリピンまでを四つの戦区に分けたのだが、台湾沖における航空戦では惨敗を喫する。以後、海軍の攻撃は「特攻」に頼ることになるのだが、この、あってはならない作戦に踏み込んだ時点で、日本は敗北を認めるべきだったと、生前の半藤さんと語り合ったこともある。

同年十月二十三日より、フィリピン沖での海戦が始まって、米海軍はレイテ湾とフィリピン東方海域に攻め込み、それを日本海軍が迎え撃つことになる。これが「レイテ沖海戦」であり、史上最大規模の海戦となった。それまでに艦上機の多くを失い、航空戦に戦力面で劣る中、成り立たない作戦を実施せざるを得なくなった日本海軍。海原に浮かぶ艦隊を使わずして、敗北を喫するわけにはいかないというメンツが、当時の組織内を覆っていたにちがいない。

半藤さんによれば、「この海戦は、大艦巨砲あるいは艦隊決戦思想にたいする壮大無比な告別の辞であるとともに、〝日本帝国〟の最終章をかざる雄大な葬送譜でもあった」（四七六頁）。

◆海軍兵学校七十三期生という存在

本書には、海軍兵学校七十三期の方々へのヒアリングをもとにした臨場感あふれる記述が随所にある。幾多の戦記や戦史研究の書と比べても際立つ特色といえる。加藤新少尉をはじめ、取材された方々のお名前が最後に列記されているが、七十三期生は、あの戦争に参加した事実上最後のクラスといえる。ご存命の方は百歳を迎える頃だろうか。

戦後八十年近くも経てば、記憶に混乱が生じるのは当然である。しかし半藤さんは、敗戦してから十数年後から旧軍関係者へのヒアリングにとり組んでいた。当時はまだ比較的若い七十三期生にも戦友会やクラス会の場などで取材を続けていたようだ。こうした取材では、当事者以上にそのときの周辺状況の知識の蓄積が必要になる。薄れゆく記憶を、当時者たち以上に豊富に持つ半藤さんだから、アシストをしながら話を聞くことができたのだろう。同じ場面に対しても複数の証言を聞くと、内容が自然と重層的でリアルなものになる。真似のできる取材ではない。ただ、それこそが、出版人である半藤さんにとって、三百万人を超える戦没者の犠牲に報いる道だったにちがいない。

七十三期生とは私も少なからずご縁があった。その一人で、生還された一人である田尻正司さんは、私が昔つとめた財団法人史料調査会の最後の会長だった。彼らの世代は、戦中と戦後をつなぎ、日本の復興を中核的に支えた人たちだったといえる。

半藤さんが取材をされた生存者の中でレイテ沖海戦について、私がよく話を聞かせてもらったのは、黛治夫さんだった。大きな損傷をうけた重巡利根の艦長だった方で、レイテ沖海戦の最後、サマール沖海戦では沈みゆく戦艦武蔵を実際に見た人でもある。また参考文献の著作者の中では、大井篤さん、寺崎隆治さん、福井静夫さん、松本喜太郎さん、そして吉村昭さんに直接お会いする機会があった。この名前は、私の懐かしい記憶をよみがえらせてくれる名前でもある。

真珠湾攻撃の寸前に入校し、在校期間を短縮、一九四四年四月に繰り上げ卒業し、艦船乗り組みとなった七十三期生の多くは、翌月にはリンガ泊地へと向かった（航空要員は霞ヶ浦航空隊に行ったが、やはり実用機の通常の教程を早めて、実戦部隊へ配置された）。

少尉の下で、特務士官の上に位置する少尉候補生としての見習士官の期間は通常は一年ほどだが、戦地ですぐにマリアナ沖海戦を体験した彼らは、その後すぐに海軍少尉に任官され、実戦の矢面に立つことになる。半藤さんはこう書かれている。「士官に任官するための最後の教育が、死と隣り合わせた苛烈な実戦だったのである。かれらはおかれている戦局についてそれほどくわしくはなかった。たとえ、くわしかったにせよ、もはや、かれらにとっては、どうすることもできぬ現実であった」（六六頁）。

戦火の中での凄惨な現実、そして戦争の理不尽さと突如向き合う。海軍の中で一番若い世代からみたレイテ沖海戦を半藤さんは書きたかったのだ。「艦隊決戦」思想に取りつかれたGFの指揮下で、軍人として自らの生死を賭け、戦いに挑む若き海軍士官たちの魂の声、鼓動をきっと活写したかったのだ。

◆日本海軍の誤断

GF司令部の作戦参謀・神重徳（かみしげのり）と、捷一号作戦を指揮する艦隊の参謀長たちとのレイテ沖海戦を前にしたやりとりは有名である。半藤さんは小柳冨次（こやなぎとみじ）『栗田艦隊』の記録に拠（よ）って、この有名な場面を取り上げておられる。「最終決戦に死に花を咲かせること」が「男子の本懐ではないのか」と考えていた艦隊の参謀長らに、神参謀はこう言い放ったという。

（神参謀）「比島（フィリピン諸島）を奪われては南方資源地帯との連絡を絶たれ、帝国は自滅あるのみです。どんな大艦隊を擁しようが動けなくては宝の持ち腐れとなる。比島を確保するためのこの一戦に、連合艦隊をすり潰してもあえて悔いはない。これが長官のご決心です」

（艦隊の参謀長たち）「よし、よくわかった。連合艦隊司令長官がそれほどの決心をしておられるなら、それ以上いう必要はない」「しかし、突入作戦は簡単にできるものではない。阻止すべく敵機動艦隊が現れ、輸送船団か敵主力部隊か、二者いずれを選ぶべきやに惑う場合は、輸送船を捨てて、敵主力撃滅に専念するが、それで差し支えないな」

（神参謀）「差し支えありません」

このやりとりについて、半藤さんは着眼している。「少なくとも、神参謀が承知したのは、いざとなれば敵主力艦隊も攻撃するという〝精神〟であり、いやしくも基本の作戦計画の変更ではなかった。しかし、参謀長がとっさに理解したのは、海軍伝統の艦隊決戦第一主義の確認を連合艦隊から得た、ということであった。つまり例外事項の承認であった。結論をさきにいえば、この例外事項の承認という誤断が戦闘に悲劇をうむことになる」（二三頁）のではないか、と。

神参謀の「連合艦隊をすり潰しても」という伝達発言後、半藤さんいわく「例外事項の承認」付きの「捷一号作戦」を決定した段階で、GFは自ら命を絶ったのだと私は思う。

◆敗北の悲劇を招いた要因

そして、この作戦に限らず、(明確に指摘をした文献はないと思うが) GFの作戦は、その目的を二つ、三つと挙げてしまうという難点がある。

事例としては、まず一九四二年六月のMI作戦。一つ目の目的は、ミッドウェー島の攻略である。そして二つ目が、敵の機動部隊が出てきたらこれを叩く、だった。しかもこのときは、三つ目のAL作戦という、アリューシャン列島西部要地の攻略及び占領、破壊というおまけの目的まで足してしまった。この作戦において、ダッチハーバー基地空襲という一部の成功もあったが、はたして全体としてみればよかったといえるのだろうか。

同年八月の第一次ソロモン海戦でもそうだった。最終目標は一つであるべきところが、分散してしまうのである。そこに、最終的な責任を一人に負わせないようにする海軍の組織体質によるものだった可能性を見て取れる。そしてレイテ沖海戦においても、遠い日本本土のGF司令部から督戦電報を打っているが、それらはいずれも最初の作戦計画が充分に練られていなかったためではなかったか。

　また前述のように、組織体質の問題もあった。海軍は、所帯が陸軍より小さく、失敗の責任を上層部に負わせたくないという心理があった。戦果を調査分析し、周知して、正していくのが本来あるべき姿だが、その事実を隠してしまう傾向があった。責任の追及は、次期戦闘に向けた教訓を得ることにあり、個人の責任を追及することが主眼であってはならない。しかし、個人の責任を隠して国を失うようでは元も子もない。信賞必罰が本来の姿だと思うのだが、ミッドウェー海戦では、南雲(なぐも)忠一(ちゅういち)、草鹿龍之介(くさかりゅうのすけ)といった指揮官や参謀長に責任をとらせなかった。

　ちなみに陸軍はというと、海軍より所帯も大きく、交代要員も多くいるからか、責任ありとなれば、左遷もできた。ただ、責任をとらせた後に、不思議な復帰をさせる処遇に問題があったのだが。

　ともあれ、そうした日本海軍の負の側面が、レイテ沖海戦で表出した。その犠牲となったのは、最前線で戦う若き海軍士官や将兵たちである。

◆通信技術、レーダーに関わる諸問題

　情報の錯誤による誤断も、半藤さんが本書で描きたかったところである。

　明治期の日本海軍は、無線という通信技術で世界でも最高レベルにあった。日露戦争は無線通信の時代だが、主要全艦に無線機があったのだ。だがロシアのバルチッ

ク艦隊は、無線を使わなかった。使うと、作戦がばれてしまうと考えたからかもしれない。ところが昭和期の日本では、軍当局の誰かが「レーダーを使うのは闇夜に提灯（ちょうちん）を持って歩くようなものだ」と言ったという逸話があるほどで、自国の栄光の歴史を教訓にすることができなかった。

レイテ沖海戦時には、半藤さんが書かれているように、「大和、武蔵などの巨艦の高いアンテナから艦橋の隊内電話の受話器に、敵潜水艦同士の会話が、ときどきとび込んでくる」こともあった（五九頁）。

また、日本軍が使う周波数以外で敵の電波を傍受し、敵情を察知することもあったが、実際には、内容がわからないケースが多かったようである。日本は暗号解読技術も遅れていたので、判読を間違って、逆に混乱を招くこともあったのだが、それなりの努力もしていた。たとえば、本書でたびたび登場する米国海軍のキンケイド中将による発信の無線の「通信量」での予測をしていた。その量が増えると、作戦発動がわかるという成果もあったようだ。傍受により、うまく介入できたケースもある。しかし総じて見れば、ハードウェアとしての通信機器に脆（もろ）さがあったのは否めない。

当時のレーダーや測距儀に関しての専門的な話をするとキリがないが、半藤さんはその脅威とともに精度の難点等についても勉強されていたようだ（八四、九四、

九五、一三二、一四〇、二四〇頁等)。あわせて日本海軍の技術に対する練度にも言及されている。
「昭和十八年秋いらい、アメリカ海軍のレーダーのために、しばしば苦杯をなめさせられてきた日本海軍も、やっと昭和十九年秋になって電波探信儀を完成させ、主なる軍艦にそれを取り付けた。老齢艦とはいえ、扶桑のごてごてと積み木を重ねたような四〇メートルの檣楼の頂上にも、アンテナが取り付けられた」(四七頁)
「レーダーとはなにか。先輩の海軍将校にとってはほぼ不可解の取りあつかいにくい兵器であった。そのために兵学校卒業直前、にわか仕込みのそしりはまぬがれないとしても、とにかく勉強させられて知識をつめ込み、いま第一線で操作する重責をあたえられたのが、金谷少尉(扶桑の電測士)らの最年少の少尉たちである」(四八頁)
「突入」の章で「通信文」の不明も書いておられるが、その後にも海軍では、たとえば、丹作戦(米国艦隊泊地およびサイパン島基地への航空攻撃作戦)の天候偵察機が、天候などの要件を最後にした漫然と長い電報を打ち、待機する部隊が混乱したことなどがあった。
そして戦後、このレイテ沖海戦において、もっとも注目を集め、謎とされ続けた栗田艦隊のUターンも、「情報」に関わる問題が事を左右したものだった。

半藤さんは、この反転は「艦隊決戦」という亡霊が決断させたものだと書き、さらに「大局的にみれば、連合艦隊は栗田艦隊が反転したときをもって命を絶った」（四七六頁）として、エピローグで詳しく持論を展開されている。

この反転における「小沢治三郎長官からの電報」の謎はずっと戦史研究のトピックであり続けたが、私は、戦艦大和の艦橋でその場にいあわせた「大和」主計長の石田恒夫さんに話を聞いたことがある。

石田さんは、「電報を見た」とは言わなかった。戦争中は、戦争記録を残すのが主計官の仕事で、その長だった石田さんは「レイテに突っ込む」と思い込んでおり、指揮官の栗田健男中将もそうだったと思うと言われた。（戦艦大和はこのレイテ沖海戦でおそらく最初で最後の主砲を撃ったのだが）まだ弾を残しているのはそのためだったと思っておられた。

この小沢長官の瑞鶴からの栗田長官への電報は、栗田艦隊での「希望的創作」ではなかったか（と私は推測している）。なぜなら、栗田艦隊の（電信室ではなく）艦橋トップにいた大谷藤之助参謀が降りてきて、小柳参謀長に「参謀長、回れ右を掛けましょう」と言ったということを、私が知り得たからだ。

いずれにせよ、日本海軍に情報伝達・管理面での難点があったのは否めないのだが、ただそれらも、この戦いのいわば「投げやり」的な戦略方針に起因するように思えてならない。

◆太平洋戦争という歴史からの教訓

明治期、日本は開国後のわずか六十数年で、世界有数の海軍国になった。にもかかわらず、その栄光の日本海軍が太平洋戦争によりわずか数年で消え去ることになった。

確かに戦艦大和をつくるような、先端技術の導入には大成功したといえる。しかし、大和と並ぶ巨艦の武蔵にも、被雷時における弱点があることを、牧野茂（まきのしげる）さん（終戦時、技術大佐）に私は直接聞いた。

当時はもちろん万全の設計と信じての建造である。しかし、「船体強度に関して、もう少し検討すべきであった」ということだった。最大最強の戦艦は、そのメカニズムがあまりにも複雑で繊細なゆえ、わずかな被弾で重要な戦闘力を失っていく危険性をはらんでいたという。魚雷一発の命中という部分的な衝撃が振動となって、船体全体にどのような影響が及ぼされるかを充分に検討できていなかったというのである。

実際に武蔵はレイテ沖海戦のその場面で、主砲の方位盤の旋回が不能になって、主砲が発射できないという状況に陥った。その後、多数の魚雷、爆弾を被弾し、大量の浸水によって、シブヤン海に沈むことになったのである。

　半藤さんは「太平洋戦争は空母と空母の戦いであった。飛行機がすべてを決した。過去の海戦史の原則や教訓は、ちりあくたのように捨てられた」（四五三頁）とされている。もちろん航空戦が主であったが、艦隊同士の海戦も多かった。つまり、日本の太平洋戦争における敗北は、ハワイの真珠湾攻撃で成功した機動部隊に頼り過ぎたことが原因だったといえるのだろう。

　また、戦争末期となって、正攻法が破綻した瞬間に特攻へという乱暴な思考や、持てる戦力を有効に活用する研究の弱さが、日本海軍を破滅させたともいえるのかもしれない。そもそも明治憲法下の日本では、陸海軍ともに、兵士には義務のみがあって充分な権利がなかった。権利、義務、責任の三つがすべて揃って、はじめて近代軍隊だといえるが、昭和の戦争に至るまでにその進化を成し得なかった。「お役所仕事」とまではいわないが、明治海軍のような適材適所を怠り、戦争に関わるすべての任務の責任の所在をあいまいにした昭和海軍は、作戦自体があいまいになってしまったのである。

◆忘れざるべき「栄光の死」という悲劇

レイテ沖海戦を語り継ぐうえで、「特攻」に触れないわけにはいかない。あってはならない作戦ではあるが、命を懸けて敵艦に体当たりをされた方々には、哀悼の意を捧げるべきだ。半藤さんがいう「栄光の死」へと向かった若者たちの中でも、特攻隊員は特別な存在だったといえるが、この「特攻」を日本海軍は「いつから使うつもり」だったか。

マリアナ沖海戦＝「絶対国防権の争奪戦」であろう。というのも、連合艦隊の先任参謀だった黒島亀人（くろしまかめと）が一九四三年夏に軍令部第二部長となり、ソロモン航空戦の敗北後、次の戦いでは体当たりをすることを口にしていたからである。

翌年春には人間魚雷「回天（かいてん）」、その後も人間爆弾ともいわれた「桜花（おうか）」の開発が進められた。だが両方とも、マリアナ沖海戦には間に合わなかった。それが実際のところであった。それでも神風（かみかぜ）特攻隊は、レイテ沖海戦で実施された。

神風特攻隊は、関行男（せきゆきお）大尉を総指揮官とし、「敷島隊」が一九四四年十月二十五日に突撃した。「敷島隊」「大和隊」「朝日隊」「山桜隊」の四部隊があった。

くどいほど言うが、特攻は、作戦の破綻が生んだ戦術であり、あってはならない戦術である。のちの戦艦大和沖縄特攻のとき、伊藤整一（いとうせいいち）ＧＦ長官は当初、特攻を拒否した。しかし、ＧＦ司令部の説得に負けて実施したという経緯もある。

第二航空艦隊司令部の福留中将も、レイテ沖海戦の通常攻撃で残った飛行機でやむを得ず特攻に踏み切るが、この特攻実施の権限は艦隊の司令長官が持っているのである。半藤さんは、「接敵」の章を最初として、福留中将の話を書かれているが、私がいた史料調査会の会長関野英夫さんは、この二航艦の参謀であり、当時の話を直接聞いたことがある。通常攻撃では単に戦死するのみで、戦果もない現実に、同じ戦死なら、少しでも戦死後の対応を良くしてあげられる特攻を命ずるのも、一つの慈悲と思うしかないと当時は思ったと沈痛な表情で言われていた。

ちなみに特攻をして戦死すると、二階級特進があり、遺族への待遇もかなり違ってくる。そのため、特攻せずに帰ってきた人もいたという。飛行長が問い詰めると、理由は「もう少しで一階級進むので、それまで待ってくれ、親一人子一人の母に残せる最後の親孝行だから」ということだった。

また、回天などは、戦闘機の特攻とは少し事情が違って、回天の数自体が少ないため、多くの志願者から選ぶような状態だったという。

嫌で仕方ない人も、観念しただけで消極的だった人もいただろう。名前が「八郎」だからかな、特攻の志願など聞かれもしなかった。という方もいた。

人間、それぞれにそれぞれの理由があるのである。

最後になるが、本書のようなノンフィクション作品の出来は、「どれだけ自分の時間を使ったか」にかかっているのだと思う。半藤さんは、執筆のために周到な準備をした人だったが、大和ミュージアムの二〇二二年夏からの企画展で初公開した「レイテ沖海戦の創作ノート」（昭和館蔵）には、戦場での各艦船の行動などがまとめられ、その全体像を把握しようとしていたことが見て取れる。ノート一行を十分間に見立て、分単位で変化する戦況を綿密に鉛筆で記述されているのだ。徹底してノンフィクションにこだわった半藤さんの姿勢には感動さえ覚える。残念にも、あの戦争の証言者が次第に亡くなられていく中で、この本に残された証言の貴重さ、そしてこうした一種のオーラルヒストリーを伝え残していくことの価値を強く感じずにはいられない。

昨年夏に新装復刊した半藤さんの著書『遠い島　ガダルカナル〈新装版〉』に続き、版元のＰＨＰ研究所より、解説を依頼され、快諾したのは、半藤さんとの関係もあるが、私なりに、そうした想いがあったからである。これを機に、より多くの読者に手にとってもらいたいものである。

この作品は、1999年10月にPHP研究所より刊行された(2001年9月に文庫化)。新装版の刊行にさいし、編集部にて、主に人名・艦名の固有名詞に振り仮名を多く施す等に努めたが、図版や数値等は初版掲載時のものに拠ることを基本とした。

著者紹介
半藤一利（はんどう　かずとし）
1930年、東京生まれ。東京大学文学部卒業後、文藝春秋入社。「漫画読本」「週刊文春」「文藝春秋」編集長、専務取締役などを経て、作家。『日本のいちばん長い日　決定版』（文藝春秋）、『ソ連が満洲に侵攻した夏』（文春文庫）、『歴史探偵　昭和史をゆく』『遠い島　ガダルカナル〈新装版〉』（以上、PHP文庫）等、多数の著書がある。1993年、『漱石先生ぞな、もし』で第12回新田次郎文学賞、1998年刊の『ノモンハンの夏』で第7回山本七平賞、2006年、『昭和史 1926-1945』『昭和史　戦後篇 1945-1989』で第60回毎日出版文化賞特別賞、2015年には菊池寛賞を受賞。2021年1月逝去。

ＰＨＰ文庫　レイテ沖海戦〈新装版〉

2023年7月28日　第1版第1刷

著　者　半藤一利
発行者　永田貴之
発行所　株式会社ＰＨＰ研究所
東京本部　〒135-8137　江東区豊洲5-6-52
ビジネス・教養出版部　☎03-3520-9617（編集）
普及部　☎03-3520-9630（販売）
京都本部　〒601-8411　京都市南区西九条北ノ内町11

PHP INTERFACE　https://www.php.co.jp/

組　版　宇梶勇気
印刷所
製本所　図書印刷株式会社

ISBN978-4-569-90329-3

PHP文庫

日本海軍の興亡

戦いに生きた男たちのドラマ

半藤一利 著

勝海舟による創始から太平洋戦争までの徹底的敗北まで、日本海軍史を彩る人物群像とドラマの数々を、ノンフィクションタッチで描く。

PHP文庫

ドキュメント 太平洋戦争への道

「昭和史の転回点」はどこにあったか

半藤一利 著／土門周平 解説

昭和5年の統帥権干犯から満州事変、二・二六事件、真珠湾攻撃など、戦前の昭和のターニングポイントを克明に描く歴史ドキュメント。

PHP文庫

聖断

昭和天皇と鈴木貫太郎

半藤一利 著

本土での徹底抗戦、一億玉砕論が渦巻くなか、戦争を終結へと導いた〝聖断〟はいかに下されたのか？「日本敗戦」を描いた不朽の名作！